VAHLENS KURZLEHRBÜCHER

—

Gelbrich/Wünschmann/Müller
Erfolgsfaktoren des Marketing

Erfolgsfaktoren des Marketing

von

Prof. Dr. Katja Gelbrich
Technische Universität Ilmenau

und

Dr. Stefan Wünschmann
TNS Infratest GmbH, München

und

Prof. Dr. Stefan Müller
Technische Universität Dresden

Verlag Franz Vahlen München

**VERLAG
VAHLEN**
MÜNCHEN
www.vahlen.de

ISBN 978 3 8006 3514 6

© 2008 Verlag Franz Vahlen GmbH, Wilhelmstraße 9, 80801 München
Satz: Textservice Zink
Neue Steige 33, 74869 Schwarzach
Druck und Bindung: Nomos
In den Lissen 12, 76547 Sinzheim
Gedruckt auf säurefreiem, alterungsbeständigem Papier
(hergestellt aus chlorfrei gebleichtem Zellstoff)

Vorwort

Marketing-Lehrbücher gibt es eigentlich mehr als genug. Worin besteht also die „Unique Selling Proposition" dieses Werkes? Den ersten USP verrät der Titel: „Erfolgsfaktoren des Marketing" begnügt sich nicht damit, die verschiedenen Handlungsoptionen von Marketing-Managern darzulegen. Vielmehr erläutern wir, in welchen Marktsituationen der Einsatz welcher Marketing-Instrumente Erfolg verspricht. Und jedes Kapitel beginnt mit einer „Erfolgsgeschichte" aus der Praxis. Der zweite USP ist die Kompaktheit des Buches: Wir haben das Wichtigste in knapper Form dokumentiert – ohne dabei auf theoretische Hintergründe, Praxisbeispiele und empirische Befunde zu verzichten. Und so liegt auf weniger als 200 Seiten ein Kompendium vor, welches Bachelor-Studenten den Einstieg in das Marketing erleichtert und in zwölf Kapiteln das erforderliche Grundlagenwissen vermittelt. „Erfolgsfaktoren des Marketing" eignet sich aber auch für Absolventen von natur-, ingenieur- oder geisteswissenschaftlichen Studiengängen, die sich im Rahmen eines Masterstudiums erstmals mit Marketing beschäftigen. Erleichtert wird die Lektüre durch zahlreiche Randnotizen, in denen wir wichtige Begriffe erläutern.

Der Leser wird unter **www.erfolgsfaktoren-marketing.de** durch umfangreiche Begleitmaterialien unterstützt. Dort stehen folgende Hilfsmittel zur Verfügung:

- zusätzliche Inhalte (z.B. zum Thema „E-Commerce"),
- weitere Erfolgsbeispiele aus der Praxis,
- ein umfangreiches Glossar mit wichtigen Fachbegriffen,
- zahlreiche Übungsaufgaben inkl. Lösungen, um das erworbene Wissen zu testen,
- für Hochschullehrer eine auf das Buch abgestimmte Vorlesung in elektronischer Form

---

Kurz und knapp soll auch das Vorwort zu diesem Buch sein. Nicht versäumen wollen wir es aber, den Personen zu danken, die uns bei dessen Entstehen tatkräftig unterstützt haben. Frau Kerstin Kosbab von der TU Dresden hat zahlreiche Schreib- und Korrekturarbeiten gewissenhaft erledigt und trotz mehrerer Korrekturschleifen dabei nie die Geduld verloren. Frau Susanne Seifert (TU Dresden), Frau Leonie Pötter (TU Ilmenau) und Frau Heidemarie Wünschmann aus der Unternehmenspraxis haben einzelne Kapitel Korrektur gelesen und dabei viele wertvolle Hinweise gegeben und manchen (Rechtschreib-)Fehler ausgemerzt. Schließlich gilt unser Dank Herrn

Dennis Brunotte vom Verlag Vahlen, der uns jederzeit konstruktiv zur Seite stand und unser Manuskript in ein Buch verwandelt hat. Über Hinweise, Anmerkungen oder Fragen würden wir uns freuen. Sie erreichen uns unter mls@rcs.urz.tu-dresden.de.

Dresden, München und Ilmenau im August 2008

Prof. Dr. Katja Gelbrich   Dr. Stefan Wünschmann   Prof. Dr. Stefan Müller

Inhaltsverzeichnis

Vorwort V

1 Entwicklungslinien des Marketing 1

  1.1 Grundlagen: Vom Absatz zum Marketing 2
  1.2 Vorläufer des klassischen Marketing 6
  1.3 Kundenorientierung 7
  1.4 Wettbewerbs- und Umfeldorientierung 8
  1.5 Beziehungsorientierung 9
  1.6 Effizienzorientierung 11
  1.7 Erfolgsfaktorenperspektive 12

2 Marketing-Konzeption 15

  2.1 Reason Why: Warum Intuition nicht genügt 16
  2.2 Definition: Was eine Marketing-Konzeption ausmacht 17
  2.3 Ziele: Welchen Beitrag das Marketing zum Unternehmenszweck
     leisten kann 19
  2.4 Strategie: Wie sich die Ziele erreichen lassen 22
  2.5 Marketing-Mix: Welche Instrumente eingesetzt werden 30
  2.6 Marketing-Kontrolle: Wurden die gesetzten Ziele erreicht? 31

3 Käuferverhalten 33

  3.1 Reason Why: Warum man wissen muss, was Käufer fühlen
     und denken 34
  3.2 Problemerkennung: Was Bedürfnisse sind und wie man
     sie identifiziert 35
  3.3 Informationsverarbeitung: Wie Kunden Informationen einholen
     und verarbeiten 38
  3.4 Kaufentscheidung: Wie Käufer Einstellungen bilden und
     Entscheidungen fällen 41
  3.5 Soziales Umfeld: Wie andere den Kaufentscheidungsprozess
     beeinflussen 43
  3.6 Nachkaufphase: Wie Käufer im Nachhinein mit der Kaufent-
     scheidung umgehen 44
  3.7 Neuere Tendenzen in Wissenschaft und Praxis 45

4 Informationsgewinnung 49

  4.1 Reason Why: Warum Marketing-Manager auf Informationen
     angewiesen sind 50
  4.2 Grundsatzentscheidung: Qualitative oder quantitative Marketing-
     Forschung? 51
  4.3 Desk Research: Wie man vorhandene Daten nutzt 53

4.4 Beobachtung: Was Verhaltensbeobachtungen verraten 55
4.5 Befragung: Was Unternehmen aus Umfragen lernen können 57
4.6 Experiment: Wie sich Ursache-Wirkungsbeziehungen nachweisen
    lassen 60
4.7 Neuere Tendenzen in Wissenschaft und Praxis 62

5 Innovation und Modifikation 65
5.1 Reason Why: Warum Unternehmen Produkte entwickeln und
    verändern müssen 66
5.2 Definition: Was der Begriff Produkt im Marketing bedeutet 67
5.3 Produktentwicklung: Wie man Produktideen generiert 70
5.4 Markteinführung: Wie Märkte Innovationen aufnehmen 73
5.5 Marktwachstum: Wie sich das Produkt profilieren lässt 74
5.6 Marktsättigung: Ob und wie sich der Produktlebenszyklus
    verlängern lässt 76
5.7 Neuere Tendenzen in Wissenschaft und Praxis 78

6 Markenartikel 81
6.1 Reason Why: Warum man anonyme Angebote markieren sollte . . 81
6.2 Definition: Was einen Markenartikel ausmacht 83
6.3 Funktionen: Was eine Marke leistet 84
6.4 Markenauftritt: Wie man eine Marke präsentieren sollte 86
6.5 Markenarchitektur: Welche Produkte unter dem Markendach
    angeboten werden 90
6.6 Markenentwicklung: Wie neue Produkte von Marken profitieren . . 92
6.7 Neuere Tendenzen in Wissenschaft und Praxis 94

7 Preisfindung 97
7.1 Reason Why: Warum es so schwer ist, den „richtigen" Preis
    zu bestimmen 98
7.2 Preis und Absatz: Wie Märkte auf Preise reagieren 99
7.3 Kostenorientierung: Die Rolle der Stückkosten bei der Preis-
    findung 102
7.4 Nachfrageorientierung: Wie man Preise aus der Zahlungs-
    bereitschaft ableitet 105
7.5 Konkurrenzorientierung: Wie man Preise dem Wettbewerbsumfeld
    anpasst 106
7.6 Preisdifferenzierung: Wie man Konsumentenrente abschöpft 109
7.7 Neuere Tendenzen in Wissenschaft und Praxis 110

8 Preispsychologie 113
8.1 Reason Why: Was Preise mit Psychologie zu tun haben 114
8.2 Orientierungsphase: Wie Käufer sich über Preise informieren 114
8.3 Wahrnehmungsphase: Warum Preise relativ sind 116
8.4 Wahrnehmungsphase: Welche Preisschwellen Käufer ungern
    überschreiten 120

8.5 Preisbewertungsphase: Wie Käufer Preisinformationen verarbeiten . 121
8.6 Speicherungsphase: Was wir uns über Preise merken 123
8.7 Neuere Tendenzen in Wissenschaft und Praxis 125

9 Absatzwege 127

9.1 Reason Why: Warum der Absatzweg ein Erfolgsfaktor sein kann . . 128
9.2 Entscheidungsproblem: Was für welchen Absatzkanal spricht 129
9.3 Direkter Vertrieb: Wie man seine Kunden unmittelbar erreichen
    kann 131
9.4 Indirekter Vertrieb: Welche Absatzmittler zur Verfügung stehen . . . 134
9.5 Konflikte im Absatzkanal: Wie man sie löst oder umgeht 136
9.6 Distributionslogistik: Wie man Warenströme steuert 140
9.7 Neuere Tendenzen in Wissenschaft und Praxis 141

10 Präsentation des Angebots 143

10.1 Reason Why: Warum der Handel sein Angebot inszenieren
     muss 144
10.2 Standortwahl: Wo es sich lohnt, eine Filiale zu eröffnen 145
10.3 Sortimentsgestaltung: Wie man ein attraktives Leistungsangebot
     schafft 148
10.4 Ladengestaltung: Wie das Sortiment angeordnet wird 150
10.5 Verkaufsgespräch: Wie man Kunden überzeugt 153
10.6 Erlebnisqualität: Wie Einkaufen zum Ereignis wird 155
10.7 Neuere Tendenzen in Wissenschaft und Praxis 157

11 Above the Line-Kommunikation 159

11.1 Reason Why: Was Above the Line-Kommunikation
     so schwierig macht 160
11.2 Corporate Identity: Worauf die Kommunikationsstrategie
     basiert 162
11.3 Elemente der Kommunikationsstrategie: Was und wie
     kommuniziert werden soll 163
11.4 Werbemittel: Wie die Werbebotschaft zu gestalten ist 167
11.5 Werbeträger: Über welches Medium geworben wird 170
11.6 Werbewirkung: Wie sich der Effekt von Werbung messen lässt . . 174
11.7 Neuere Tendenzen in Wissenschaft und Praxis 175

12 Below the Line-Kommunikation 177

12.1 Reason Why: Warum Unternehmen neue Kommunikationswege
     beschreiten 178
12.2 Verkaufsförderung: Wie sich der Absatz kurzfristig stimulieren
     lässt 179
12.3 Direkt-Marketing: Wie Kunden ummittelbar erreicht werden
     können 182
12.4 Öffentlichkeitsarbeit: Wie ein Unternehmen Beziehungen
     zu Stakeholdern pflegt 184

12.5 Sponsoring und Events: Wie man die Erlebnisorientierung
     der Kunden nutzt 186
12.6 Guerilla-Taktik: Wie sich Kunden und Konkurrenten überraschen
     lassen 188
12.7 Neuere Tendenzen in Wissenschaft und Praxis 189

Literaturverzeichnis 191
Sachregister 195

1 Entwicklungslinien des Marketing

1.1 Grundlagen: Vom Absatz zum Marketing 2
1.2 Vorläufer des klassischen Marketing 6
1.3 Kundenorientierung 7
1.4 Wettbewerbs- und Umfeldorientierung 8
1.5 Beziehungsorientierung 9
1.6 Effizienzorientierung 11
1.7 Erfolgsfaktorenperspektive 12

Deutschland
Land der Ideen

Für den sprichwörtlichen Ideenreichtum deutscher Ingenieure, Produktentwickler etc. finden sich zahllose Beispiele. Die Liste eindrucksvoller Erfindungen ist lang und vielfältig: angefangen beim Buchdruck über Mundwasser, Kaffeefilter, Automobil und Airbag bis zur Magnetschwebebahn. Aber allzu oft folgen aus diesen Inventionen keine Innovationen. Prominente Beispiele für das Unvermögen, kreative technische Ideen in marktfähige Produkte zu verwandeln, sind Fax, Walkman, Computer, Scanner, MP3 und Hybridantrieb. Sie alle wurden ganz oder teilweise von deutschen Ingenieuren entwickelt, aber von amerikanischen und japanischen Unternehmen (z.B. *Sony, IBM, Apple)* zur Marktreife geführt und schließlich weltweit äußerst erfolgreich vermarktet.

Zu den Ursachen dieser Umsetzungsschwäche zählt zunächst die „German Angst": die für Deutschland charakteristische Risikoaversion. Typisch hierfür ist der Fall des Erlangener *Fraunhofer-Instituts für Integrierte Schaltungen (IIS)*, das in den neunziger Jahren kein deutsches Unternehmen finden konnte, welches die von ihm entwickelte und patentierte MP3-Technologie zur Marktreife führen wollte. *AT&T* (USA) und *Thomson* (Frankreich) hingegen ließen sich bekanntlich diese Chance nicht entgehen. Häufig aber mangelt es an der nötigen Vermarktungskompetenz. Damit ist die Fähigkeit gemeint, Antworten auf folgende Fragen zu finden: Welche bislang nicht oder ungenügend gelösten Probleme kann die neue Technologie bewältigen? Wie lässt sich aus diesem Lösungsansatz ein benutzerfreundliches, bezahlbares und lieferbares Produkt entwickeln? Und auf welche Weise lässt sich der Nutzen der neuartigen Problemlösung den Zielgruppen (werblich) erklären? Ganz offensichtlich benötigen innovative Unternehmen nicht nur Erfindungsreichtum, sondern auch Marketing-Kompetenz.

1.1 Grundlagen: Vom Absatz zum Marketing

Selbstverständnis des Marketing

Marketing ist eine vergleichsweise junge Disziplin: Ende der sechziger Jahre wurden an deutschen Hochschulen die ersten Lehrstühle und Institute gegründet. Danach nahm das Fach eine rasante Entwicklung, die sich u.a. am ständig wachsenden Umfang des Standard-Marketinglehrbuchs von *R. Nieschlag, E. Dichtl & H. Hörschgen* ablesen lässt. Der ersten, 1968 publizierten Auflage genügten noch 361 Seiten, um den damaligen Wissensstand zu dokumentieren; die mittlerweile 19. Auflage (2002) benötigt dazu 1.349 Seiten. Dem Angelsächsischen entnommen, bedeutet **Marketing** zunächst nichts anderes als Vermarktung bzw. den Markt gestalten und beeinflussen. Anders als die Volkswirtschaftslehre, die mit *market* das Zusammentreffen von Angebot und Nachfrage bezeichnet, versteht die Betriebswirtschaftslehre darunter die Gesamtheit aller Kaufinteressenten für ein Produkt. Mit dieser Definition rückt sie den Kunden in den Mittelpunkt der Betrachtung.

Absatz: Das insb. von *P. Kotler* propagierte Marketing-Konzept ist von dem früher
Reaktive gebräuchlichen Absatz-Konzept abzugrenzen. Deutlich wird das veränderte
Fähigkeit Verständnis v.a. an der jeweiligen **Bezugsebene**. Dabei unterscheidet man
von Unter- (vgl. Abb. 1):
nehmen, Ver-
brauchern
die Leistun- • Marketing dient als **Mittel** zum Zweck „Absatz". Dieses traditionelle Be-
gen zu ver-   griffsverständnis lässt sich anhand der von *M.E. Porter* vorgeschlagenen
kaufen, die   Struktur der Wertschöpfungskette veranschaulichen. Demnach müssen
sie nach-   alle Unternehmensfunktionen (Beschaffung von Rohstoffen, Produktion
fragen   etc.) einen angemessenen Beitrag zur Erlangung dauerhafter Wettbe-
              werbsfähigkeit leisten. „Absatz" setzt in diesem Wertschöpfungsprozess
              relativ spät an, nämlich dann, wenn die Leistung bereits erstellt ist und es
              „nur noch" darum geht, diese mittels geeigneter Verkaufstechniken „an
              den Mann zu bringen".

• Die siebziger Jahre des zurückliegenden Jahrhunderts waren geprägt von der Entscheidungsforschung. Sie beförderte die Einsicht, dass Marketing systematisch und rational als **Methode** betrieben werden sollte, welche den gesamten Wertschöpfungsprozess begleitet. So ist bereits bei der Produktentwicklung, der Beschaffung und der Produktion zu beachten, welchen Qualitätsanspruch ein Produkt erfüllen muss, damit es bei der Zielgruppe Kaufbereitschaft auslöst. Außerdem sollten Unternehmen die Märkte, in denen sie ihre Leistungen anbieten, nicht mehr oder minder intuitiv, sondern anhand rationaler Kriterien wie Marktattraktivität (z.B. Kaufkraft) und Marktwachstum (d.h. Anstieg der Nachfrage in den kommenden Jahren) auswählen.

• Ab den achtziger Jahren beanspruchte das Marketing eine Schlüsselfunktion: als **Maxime** und Primat der Unternehmensführung. Die sog. Marktorientierte Unternehmensführung verfolgt das Ziel, alle direkt oder indirekt marktbezogenen Entscheidungen konsequent an den Bedürfnissen der Verbraucher bzw. Abnehmer auszurichten, um so angesichts der ständig wachsenden Wettbewerbsintensität das Überleben des Unternehmens zu sichern. Nunmehr verstand man Marketing nicht mehr als eine Unternehmensfunktion unter vielen, sondern als eine den gesamten Leistungsprozess begleitende, fast philosophische Grundhaltung.

Zunächst beschäftigte sich das Marketing ausschließlich mit den Transaktionen, die zwischen Unternehmen und Kunden ablaufen. Ab den neunziger Jahren wurden die Prinzipien des Marketing auf zahlreiche andere Austauschbeziehungen übertragen (z.b. zwischen Arbeitgeber und Arbeitnehmer, zwischen Partei und Wähler oder zwischen Hochschule und Studenten). Nunmehr verstand man Marketing zunehmend als **generisches Gestaltungsprinzip**, das für jede Art von Austauschbeziehung Gültigkeit und Zuständigkeit beansprucht.

Abb. 1: Bezugsebenen des Marketing

Von der Distributions- zur Effizienzorientierung

Auch der **inhaltliche Fokus** der Marketing-Theorie veränderte sich seit dem Zweiten Weltkrieg schrittweise (vgl. Abb. 2). Am Anfang dieser Entwicklung stand der sog. Paradigmen-Wechsel. Auslöser des Übergangs von der ursprünglichen Distributions- zur Produktions- und Verkaufsorientierung und schließlich zur Kundenorientierung waren die Marktbedingungen, welche sich in den sechziger Jahren stark veränderten. Hierzu zählen u.a.:

- rückgängige Verkaufszahlen (z.B. sinkende Auflage von Zeitschriften als Folge der damals populär werdenden Fernsehnachrichten),
- Sättigungserscheinungen (z.B. besaßen 1969 bereits 73% aller Haushalte ein TV-Gerät),

Paradigma: Grundlegende, von den Vertretern eines Wissensgebietes geteilte Leitidee

Gesättigter Markt: Markt, in dem die Nachfrage stagniert

- zunehmende Wettbewerbsintensität (z.B. Eintritt amerikanischer Anbieter in den deutschen Waschmittelmarkt),
- veränderte Kaufgewohnheiten (z.B. zunehmendes Qualitäts- und Markenbewusstsein).

Verkäufermarkt: Nachfrage übersteigt das Angebot

Käufermarkt: Angebot übersteigt die Nachfrage

In der Summe hatten diese Veränderungen folgende Konsequenz: Aus der Mehrzahl der bisherigen Verkäufermärkte, in denen Anbieter ihre Produkte problemlos absetzen können und somit die Distribution der wesentliche Erfolgsfaktor ist, wurden Käufermärkte. Für sie ist charakteristisch, dass die Käufer aus einer Vielzahl gleichwertiger Angebote auswählen können, weshalb die Anbieter lernen müssen, sich zu „positionieren": d.h. ihren Produkten – zumeist ideelle – Merkmale zu verleihen, die eine bestimmte Zielgruppe ansprechen und die eigene Leistung von Konkurrenzangeboten abgrenzen.

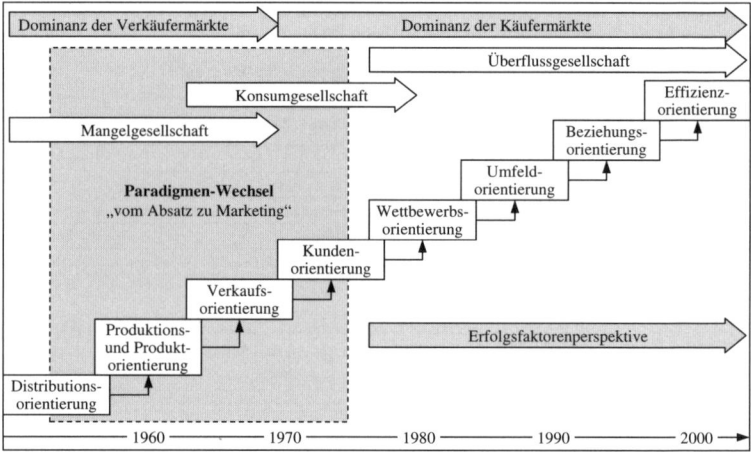

Abb. 2: Entwicklungslinien des Marketing im Überblick
Quelle: in Anlehnung an Kreutzer (2006, S.8); Meffert (2000, S.19ff.).

Anders als Abb. 2 anzudeuten scheint, verlief dieser **Entwicklungsprozess** jedoch nicht revolutionär (d.h. sprunghaft), sondern **evolutionär**. Die Marketing-Theorie entwickelte sich Schritt für Schritt: Bewährtes, in der jeweils vorangegangenen Entwicklungsstufe gewonnenes Wissen wurde nicht aufgegeben bzw. verworfen, sondern in den Erkenntnisstand der nachfolgenden Phasen integriert (vgl. Abb. 3). Dass bspw. Kundenzufriedenheit ein wesentliches Zielkriterium unternehmerischen Handelns ist, wurde erstmals in der Phase der Kundenorientierung (1970-1980) explizit formuliert. In der Phase der Wettbewerbsorientierung (1980-1990) erkannten die Unternehmen dann, dass ihre Leistungen nicht nur „Zufriedenheit stiften", sondern auch besser sein müssen als Konkurrenzangebote. Deshalb wurde das Benchmarking entwickelt. In der späteren, als „Umfeldorientierung" bezeichneten Entwicklungsphase der Marketing-Theorie konnte dann nachgewiesen werden, dass zwischen dem Ansehen des Unternehmens in der Öffentlichkeit und dem Verkaufserfolg ein Zusammenhang besteht. Denn die Kunden haben das Bedürfnis, sich mit „ihrem" Unternehmen zu identifizieren. Deshalb begannen diese, ihre Public Relations bewusst zu gestalten. Der Entwicklungsphase „Beziehungsorientierung" wiederum ist die Erkenntnis zu verdanken, dass zufriedene Kunden langfristig an das Unternehmen gebunden werden sollten, da Kundenbindung weniger Ressourcen beansprucht als Kundenakquisition. Die Phase der Effizienzorientierung schließlich rückte den Kundenwert in den Mittelpunkt der Betrachtung: Unternehmen sollten knappe Ressourcen nur in „wertvolle" Abnehmer investieren.

Benchmarking: Systematischer Vergleich des eigenen Angebots mit den Angeboten relevanter Wettbewerber

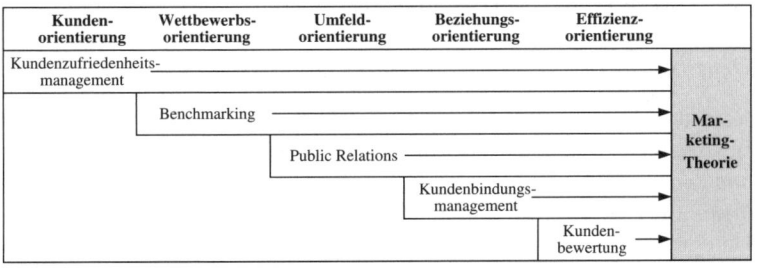

Abb. 3: Beispiele für die Evolution der Marketing-Theorie

Teil des evolutionären Wissenschaftsverständnisses ist weiterhin, dass bisweilen die in einer bestimmten Phase (bspw. Kundenorientierung) gewonnenen Erkenntnisse auf das in den zurückliegenden Phasen erarbeitete Marketing-Know how ausstrahlen und dieses aktualisieren (vgl. Abb. 4). Aus der Verbindung von Kunden- und Verkaufsorientierung etwa erwuchs die Einsicht, dass Anbieter und Händler gemeinsam Event-Marketing betreiben und versuchen sollten, das Einkaufen als Erlebnis zu inszenieren, um dadurch Impulskäufe anzuregen. In der Produktion wiederum setzte sich aufgrund der Kundenorientierung das Prinzip des Target Costing bzw. Target Pricing durch: Von der in Befragungen ermittelten Preisbereitschaft der Kunden wird abgeleitet, was ein Produkt maximal kosten darf. Und aus der Synthese von Kunden- und Distributionsorientierung entstand u.a. das Konzept der On Demand-Lieferung: Produktion und Verkauf von Produkten, die auf Kundenwunsch hin individuell gefertigt werden (z.B. Maßkonfektion).

Public Relations: Maßnahmen wie Pressearbeit, mit denen die öffentliche Meinung beeinflusst werden soll

In den folgenden Kapiteln werden die einzelnen Entwicklungslinien sowie die besondere Rolle der in der Phase der Wettbewerbsorientierung einsetzenden Erfolgsfaktorenforschung näher erläutert.

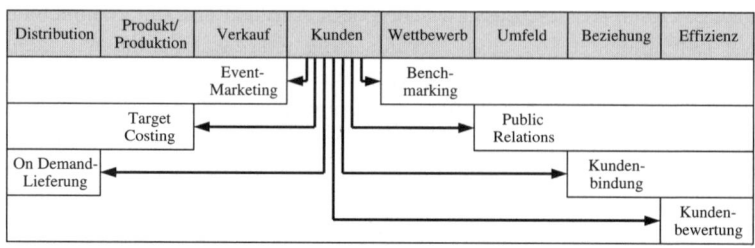

Abb. 4: Evolutionäre Erweiterung der Marketing-Theorie

1.2 Vorläufer des klassischen Marketing

Distributionsorientierung: Wie das Produkt zum Kunden kommt

American Marketing Association: 1937 gegründete Organisation der weltweit führenden Marketing-Experten

Nach dem Zweiten Weltkrieg galt es zunächst, die Grundversorgung der Bevölkerung zu sichern. Das Angebot, selbst an Lebensmitteln, war knapp und konnte die Nachfrage nicht befriedigen. Abgesehen von der Notwendigkeit, die Güterversorgung möglichst schnell zu verbessern, hatten die Unternehmen damals lediglich einen Engpass zu überwinden: die Produkte zum Abnehmer zu bringen, d.h. die **räumliche Distanz** zwischen Hersteller und Kunde zu überbrücken. Dies erklärt, warum die *American Marketing Association* 1948 Marketing folgendermaßen definierte: Erfüllung derjenigen Unternehmensfunktionen, welche den Fluss von Gütern und Dienstleistungen vom Produzenten zum Verbraucher bzw. Verwender lenken.

Engpass: Teilbereich eines Unternehmens, der alle anderen Bereiche in ihrem Handeln einschränkt und daher besondere Aufmerksamkeit verdient

Produktions- und Produktorientierung: Wie und was produziert wird

Nachdem die Hersteller die nötigen Absatzwege geschaffen hatten, galt es in der zweiten Phase, die **Produktionskapazität** auszubauen, um die wachsende Nachfrage befriedigen zu können. Da die Mehrzahl der Verbraucher Produkte zu niedrigen Preisen bevorzugt, optimierten die Anbieter ihre Produktionsmethoden und verzahnten diese mit der Distribution. Das übergeordnete Ziel lautete nun **Kostensenkung**. Schnell erkannten die Anbieter jedoch, dass die sog. Produktionsorientierung den Ansprüchen des Marktes nur teilweise gerecht wird; denn bald suchten die Kunden Produkte von möglichst guter Qualität zu bezahlbaren Preisen. Demzufolge galt es, nicht den Preis an sich, sondern das **Preis-Leistungs-Verhältnis** (d.h. die Relation von Preis und Produktqualität) zu optimieren. Aus heutiger Sicht mag diese zentrale Erkenntnis der Phase der Produktorientierung trivial erscheinen. Damals jedoch beendete sie die einseitige Ausrichtung der Unternehmen an den Produktionskosten.

Verkaufsorientierung: Wie sich die Absatzzahlen steigern lassen

Schnell wurde ein weiterer Engpass bedeutsam: Verbraucher, deren Kaufkraft begrenzt ist, kaufen möglichst nur das, was sie unbedingt benötigen. Um jedoch über diesen Grundbedarf hinaus Produkte absetzen zu können, mussten die Anbieter den Verkaufsprozess verbessern. Folglich wurden damals zahlreiche **Verkaufstechniken** entwickelt, um den sog. Persönlichen Verkauf zu professionalisieren. Zudem wurde der Verkauf in die Hände professioneller Absatzmittler gelegt. Hierzu zählt v.a. der klassische Groß- und Einzelhandel, der seit den sechziger Jahren zunehmend an Marktmacht gewann und in der Folge eigenständig Endverbraucher-Marketing betrieb (= Handels-Marketing; vgl. Abb. 5). Da der Handel so immer mehr die Position eines Gatekeepers übernahm, hatten nur noch solche Hersteller Aussicht auf Erfolg, welche nicht nur den Verbraucher umwarben, sondern auch **Trade-Marketing** betrieben (d.h. „ihren" Händlern Verkaufstraining anboten, für diese die Regalpflege besorgten und Werbekostenzuschüsse bezahlten, um die nachgelagerten Handelsstufen zu beeinflussen und den eigenen Produkten knappen Regalplatz zu sichern).

Gatekeeper: Wacht über den Zugang zu einer kritischen Ressource (z.B. Kunden)

WKZ: Werbekostenzuschuss, den viele Hersteller bezahlen, damit der Handel ihre Produkte „listet" (d.h. seinen Kunden zum Kauf anbietet)

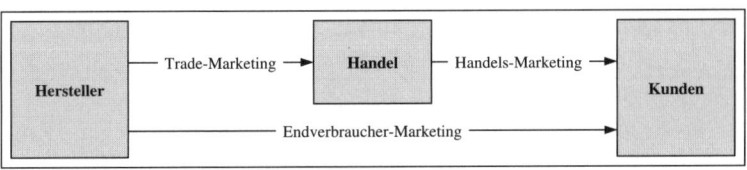

Abb. 5: Zunehmende Spezialisierung des Marketing

1.3 Kundenorientierung

Bis in die siebziger Jahre herrschte die Überzeugung vor, dass man jedes Produkt verkaufen kann, vorausgesetzt, man wendet die richtigen Verkaufstechniken an. Die zunehmende Wettbewerbsintensität zwang die Unternehmen jedoch zum Umdenken: Nun erkannten die Hersteller, dass sie nur dann langfristig überleben können, wenn ihr Angebot relevante Wünsche ihrer Zielgruppen erfüllt. Im Mittelpunkt des Marketing steht seither die **Befriedigung von Bedürfnissen** (z.B. nach Sicherheit, nach Prestige und Anerkennung) bzw. des daraus abgeleiteten Bedarfs. Manche dieser Bedürfnisse treten offen zutage (z.B. Pkw, Kleidung), andere sind latent vorhanden und müssen daher erst geweckt werden (z.B. Luxusuhren). Deshalb definierten *P. Kotler* und *H. Meffert* Marketing in der Folgezeit als „Planung, Koordination und Kontrolle aller auf aktuelle und potenzielle Märkte ausgerichteten Unternehmensaktivitäten, die durch eine dauerhafte Befriedigung der Kundenbedürfnisse die Unternehmensziele im gesamtwirtschaftlichen Güterversorgungsprozess verwirklichen."

Marketing wurde nun zunehmend mit der Aufgabe gleichgesetzt, die Bedürfnisse von Zielgruppen zu erforschen. Für die mit Hilfe der Marketing-Forschung identifizierten **Kundenprobleme** (z.b. Kaffee manuell zu filtern ist zu zeitaufwändig) galt es, Produkte (z.b. Kaffeemaschine) zu entwickeln, die geeignet sind, die hinter diesen Problemen stehenden Bedürfnisse (z.b. Wunsch nach Bequemlichkeit) zu befriedigen (vgl. Abb. 6). Zu einem Kauf kommt es allerdings zumeist erst dann, wenn der Hersteller dem Kunden z.b. durch seine Werbung ein **Nutzenversprechen** gibt, d.h. glaubhaft macht, dass sein Produkt das jeweilige Bedürfnis befriedigt (z.b. bequemer Kaffeegenuss). Zur Beantwortung der Frage, ob das Produkt (z.b. Kaffeemaschine) die Kundenerwartungen erfüllt, ist das Kriterium „**Kundenzufriedenheit**" maßgeblich. Mit Hilfe von Kundenbefragungen wird geprüft, ob die Käufer mit der gebotenen Leistung zufrieden sind. Falls nicht, sind die dabei gewonnenen Informationen Ausgangsbasis für eine Produktmodifikation.

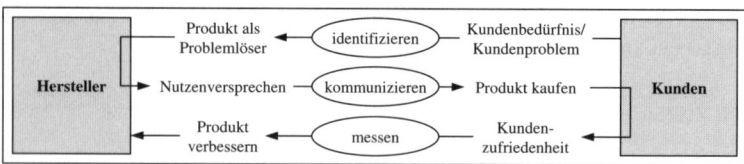

Abb. 6: Grundprinzip der Kundenorientierung

1.4 Wettbewerbs- und Umfeldorientierung

Doch auch Kundenorientierung garantiert für sich genommen in einem wettbewerbsintensiven Umfeld keinen Erfolg; wenn nämlich Konkurrenten die Wünsche der Zielgruppen besser bzw. kostengünstiger erfüllen. Daher wurde das Marketing in den achtziger Jahren wettbewerbsorientiert ausgerichtet. Dies bedeutet u.a., Abnehmer davon zu überzeugen, dass das eigene Angebot ihre Bedürfnisse besser befriedigt als vergleichbare Angebote der Wettbewerber. Die nötigen Informationen liefert das Benchmarking. Im Zuge der Phase der **Wettbewerbsorientierung** erkannte man allerdings auch, dass reine Kunden- bzw. Marktorientierung zum Scheitern verurteilt ist, wenn ein Unternehmen versucht, das aus Kundensicht Wünschbare ohne Rücksicht auf die eigenen Kompetenzen anzubieten. Diesen Zusammenhang berücksichtigt die ressourcenorientierte Sichtweise: Nur wenn ein Unternehmen sich auf Leistungen konzentriert, die seiner Kernkompetenz entsprechen (z.B. *Volkswagen* auf die Produktion von Mittelklassewagen), kann es Wettbewerbsvorteile aufbauen bzw. verteidigen und dadurch sein Überleben langfristig sichern.

Neben der Wettbewerbsorientierung bedarf erfolgversprechendes Marketing schließlich auch einer konsequenten **Umfeldorientierung**. Sie ist dann

gegeben, wenn der Anbieter die konkreten Rahmenbedingungen be- **Internes**
rücksichtigt, welche den jeweiligen Markt in spezifischer Weise prägen. **Marketing:**
Hersteller von Nahrungsmitteln etwa unterliegen zahlreichen gesetzlichen **Einsatz der**
Auflagen (z.b. Pflicht zur Kennzeichnung von Zusatzstoffen). Häufig un- **Marketing-**
terschätzt werden die unspezifischen Rahmenbedingungen, die aber für das **Instrumente,**
Marketing immer bedeutsamer werden. Dabei handelt es sich v.a. um die **um Mitar-**
teilweise widersprüchlichen Erwartungen von sog. Stakeholdern aus dem **beiter von**
soziopolitischen Umfeld. Anders als Kunden, Handel und Wettbewerber **den Unter-**
wurden sie im Marketing-Konzept bislang nicht berücksichtigt. So fordern **nehmens-**
Aktionäre gewöhnlich eine möglichst hohe Rendite, Umweltorganisationen **zielen zu**
wie *Greenpeace* eine nachhaltige Produktpolitik, Gewerkschaften arbeit- **überzeugen**
nehmerfreundliche Arbeitsbedingungen und die Presse eine transparente
Informationspolitik. Auch Mitarbeiter und Lieferanten sind relevante Anspruchsgruppen und als solche Zielgruppen des Internen Marketing bzw.
des Beschaffungs-Marketing. Abb. 7 gibt einen Überblick über die wichtigsten Ziel- bzw. Anspruchsgruppen und benennt beispielhaft je eine Erwartung an das Unternehmen.

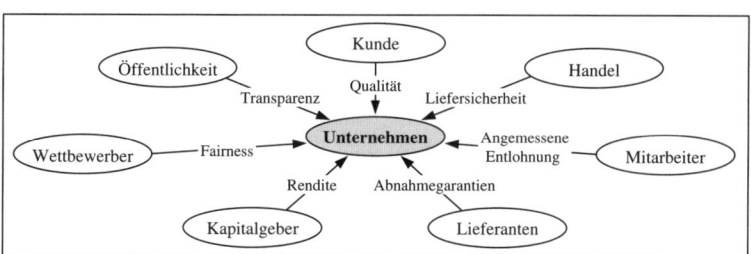

Abb. 7: Erweitertes Anspruchsgruppen-Konzept

1.5 Beziehungsorientierung

Es heißt, neue Kunden zu gewinnen sei fünf- bis siebenmal teurer, als bisherige zu halten. Möglicherweise zählt diese Aussage zu den Marketing-
Legenden. Unstrittig jedoch ist, dass ein großer Anteil loyaler Kunden einem Unternehmen wesentliche Vorteile verschafft. Denn dieser Kundentypus ist gewöhnlich bereit, einen höheren Preis zu bezahlen, empfiehlt den
Anbieter überproportional häufig weiter, verursacht weniger Kosten und
wirkt auf Konkurrenten wie eine Markteintrittsbarriere. Umgekehrt ver-
körpern wechselbereite Kunden ein beträchtliches Risiko: Ein Kunde, der
mit einem Anbieter schlechte Erfahrungen gesammelt hat, spricht durchschnittlich mit zehn bis fünfzehn Personen darüber. Diese in den neunziger
Jahren erzielten Befunde beendeten die bis dahin in der Marketing-Litera-
tur vorherrschende Transaktionsorientierung, deren Fokus auf einmaligen
Tauschgeschäften wie dem Kauf eines Produktes lag (vgl. Abb. 8). Im Mittelpunkt des neuen Paradigmas „Beziehungsorientierung" stand nun das

Transaktionsorientierung ────────▶ Beziehungsorientierung	
"Marketing is the process of planning and executing the conception, pricing, promotion and distribution of ideas, goods and services to create exchanges that satisfy the individual and organizational objectives." *American Marketing Association (1985)*	"Marketing is to establish, maintain, enhance and commercialize customer relationships (often but not necessarily always long term relationships) so that the objectives of the parties involved are met. This is done by a mutual exchange and fulfilment of promises." *Grönroos (1990, S.5)*

Abb. 8: Von der Transaktions- zur Beziehungsorientierung

Ziel, **langfristige Beziehungen** zu allen Anspruchsgruppen – allen voran den Kunden – aufzubauen und zu pflegen.

Die bis dahin vorrangige Zielgröße „Kundenzufriedenheit" wurde damit vom Kriterium „**Kundenloyalität**" abgelöst. Um (wertvolle) Kunden an sich zu binden, entwickelten die Unternehmen eine Vielzahl von Maßnahmen. Diese hatten auch, aber nicht nur, die Aufgabe, die Kundenzufriedenheit zu steigern. Gegenstand des sog. **Beziehungsmarketing** waren überdies folgende Einflussgrößen von Loyalität:

System-bindung: Zwingt Kunden, falls sie ein Produkt (z.B. Drucker) weiter nutzen möchten, Zubehör vom selben Anbieter zu kaufen (z.B. Druckerpatrone)

- **Variety Seeking:** Manche Käufer suchen nach Abwechslung und wechseln daher möglicherweise selbst dann den Anbieter, wenn sie mit ihm zufrieden sind. Hier kann ein abwechslungsreiches Sortiment Abhilfe schaffen.

- **Wahrgenommene Wechselbarrieren:** Der Wechsel zu einem Wettbewerber kann durch ökonomische (z.B. neue Anschlussgebühr beim Telefon), psychische (z.B. Stress) und soziale Wechselbarrieren (z.B. Verlust der Beziehung zum persönlichen Bankberater) erschwert oder aufgrund von Vertrags- oder Systembindung sogar gänzlich unmöglich sein. So verlockend dies auch erscheinen mag: Anbieter sollten im Allgemeinen nicht versuchen, Kunden ausschließlich durch derartige Wechselbarrieren zu binden. Denn auch Abnehmer, die nur „emotional" gekündigt haben, können dem Unternehmen erheblich schaden (z.B. durch negative Mundpropaganda, Minderung der Kaufintensität).

- **Attraktivität von Konkurrenzangeboten:** Die Kundenloyalität ist immer dann in Gefahr, wenn alternative Produkte von Wettbewerbern attraktiver erscheinen (bspw. aufgrund eines positiven Berichts von *Stiftung Warentest*). Deshalb müssen Unternehmen Nachkauf-Marketing betreiben und ihre Kunden immer wieder von den Vorteilen des gekauften Produkts überzeugen (d.h. sie in ihrer Kaufentscheidung bestärken).

- **Vertrauen:** Immer dann, wenn die zu erbringenden Leistungen wegen ihrer Komplexität bzw. Immaterialität für den Kunden schwer zu überschauen sind, ist Vertrauen eine unerlässliche Voraussetzung von tragfähigen Beziehungen (bspw. im Investitionsgüterbereich und bei komplexen Dienstleistungen wie Baufinanzierung). Als vertrauensbildende Maßnahmen kommen bspw. ein regelmäßiger Informationsaustausch, ein persönlicher Ansprechpartner und glaubwürdige Gütesiegel infrage.

1.6 Effizienzorientierung

Stand bislang die Effektivität der eingesetzten Instrumente im Vordergrund („die richtigen Dinge tun"), konzentrierte sich das Marketing nun zunehmend auf deren **Effizienz** („die Dinge richtig tun"): Lohnen sich die Investitionen in Produkte bzw. Marken, Kunden, Händler, Lieferanten und Mitarbeiter für das Unternehmen? Ausgangspunkt ist die Erkenntnis, dass nicht alle Produkte, Kunden etc. gleichermaßen zum Erfolg des Anbieters beitragen. Effizienzorientierung bedeutet daher, materielle (z.b. Finanzmittel) und immaterielle Ressourcen (z.b. Zeitaufwand, Wissen) auf „wertvolle" Investitionsobjekte zu konzentrieren. Im Falle von Kunden sollten Unternehmen also bevorzugt wirtschaftlich attraktive Abnehmer gewinnen und binden. Dafür spricht bspw. die sog. **Goldene Regel**, wonach Unternehmen erfahrungsgemäß 80% ihres Umsatzes mit nur 20% der Kunden erzielen.

Diese Strategie setzt allerdings die Fähigkeit voraus, Marken und Kunden zuverlässig bewerten zu können. Anfänglich beschränkte man sich hierbei auf die rein **monetär** orientierte Methode des diskontierten Cash Flows: Demnach soll jede Marketing-Investition einen positiven ökonomischen Wert erbringen. Dies ist dann der Fall, wenn die von ihr angeregten abgezinsten Einzahlungen die Auszahlungen übersteigen. Zahlreiche Investitionsobjekte des Marketing sind jedoch großteils intangibler Natur. Ihr Beitrag zum Unternehmenserfolg lässt sich – wie folgende drei Wertkonzepte verdeutlichen – somit nicht nur anhand monetärer Größen messen:

Intangible Ressourcen: Vermögensgegenstände eines Unternehmens, die nicht buchhalterisch erfassbar sind

- Zum **Kundenwert** trägt nicht nur der Umsatz bei, den das Unternehmen mit dem Abnehmer erzielt (= Finanzpotenzial), sondern auch dessen Eignung und Bereitschaft, positive oder negative Erfahrungen an potenzielle Kunden zu kommunizieren (= Referenzpotenzial). Wertsteigernd sind ebenso die Möglichkeit, andere Produkte an diesen Kunden zu verkaufen (= Cross Selling-Potenzial), sowie dessen Eignung und Bereitschaft, dem Unternehmen dabei zu helfen, Produkte zu verbessern und neue Angebote zu entwickeln (= Informationspotenzial).
- Der **Markenwert** entspricht dem Mehrwert, den eine Marke dem Käufer im Vergleich zum unmarkierten Produkt bietet. Als Indikatoren kommen u.a. Markensympathie („Wie sympathisch erscheint die Marke?"), Markenvertrauen („Wie vertrauenswürdig wirkt die Marke?"), Markenwissen („Was assoziiert der Käufer mit der Marke?") und Marken-Uniqueness („Wie einzigartig ist die Marke?") infrage.

Auch der **Händlerwert** beruht sowohl auf monetären Variablen (z.b. Umsatz, Kaufkraft des Einzugsgebiets) als auch auf qualitativen Variablen (z.b. Beratungskompetenz, Kooperationsbereitschaft, Exklusivität).

1.7 Erfolgsfaktorenperspektive

Seit etwa 1980 befassen sich Wissenschaftler gezielt mit der Frage, welche „Faktoren" den Erfolg von Unternehmen maßgeblich beeinflussen. Damals verschärfte sich aufgrund von Marktsättigungstendenzen, v.a. aber wegen der wirtschaftlichen Turbulenzen, welche im Zuge der sog. Ölkrise entstanden waren, die Wettbewerbsintensität drastisch. Im Vordergrund stand die Frage, wie sich in einem von Krisen und Strukturbrüchen gekennzeichneten Wettbewerbsumfeld die Existenz des Unternehmens dauerhaft sichern lässt. Gibt es eine begrenzte Anzahl an „Faktoren" (d.h. Umfeld-, Markt-, Unternehmens- und Personenbedingungen), die in vorhersagbarer Weise über **Erfolg** und **Misserfolg** entscheiden?

Diese Erfolgsfaktorenperspektive prägt seither auch das Marketing und überlagert die in Abb. 2 vorgestellten Orientierungen: Mit Hilfe wissenschaftlicher Methoden wird ergründet, welche Marketing-Instrumente nachweislich zum Unternehmenserfolg beitragen und wie sie auszugestalten sind. Nur diese **Erfolgsfaktoren** rechtfertigen Investitionen. Dieses Buch liefert daher nicht nur eine Einführung in die Grundprinzipien des Marketing, sondern gibt anhand von Fallbeispielen und empirischen Studien einen Einblick in die jeweils relevanten Erfolgsfaktoren. Eine Auswahl der in den jeweiligen Kapiteln behandelten Erfolgsfaktoren zeigt Abb. 9.

Kapitel	Erfolgsfaktor	Beispiel
2 Marketing-Konzeption	Strategisches Marketing	Diversifikation, Outpacing
3 Käuferverhalten	Maßnahmen zur Kundenbindung	Nachkauf-Marketing
4 Informationsgewinnung	Fehlererkennung durch Beobachtung	Mystery Shopping
5 Innovation und Modifikation	Bedürfnisorientierte Produktentwicklung	Produktklinik
6 Markenartikel	Wachstum durch Markenentwicklung	Markenerweiterung
7 Preisfindung	Zeitliche Preisvariation	Skimming-Strategie
8 Preispsychologie	Nutzung von Preisschwellen	Gebrochene Preise
9 Absatzwege	Ubiquität (Überallerhältlichkeit)	Multi Channel-Vertrieb
10 Präsentation des Angebots	Nutzung von Verbundeffekten	Lockvogel-Angebot
11 Above the Line-Kommunikation	Sympathie-Werbung durch Bilder	Kindchenschema
12 Below the Line-Kommunikation	Verkaufsförderung	Couponing

Abb. 9: Ausgewählte Erfolgsfaktoren des Marketing

Überprüfen Sie Ihr Wissen

Wiederholende und weiterführende Fragen finden Sie in den Begleitmaterialien im Internet unter **www.erfolgsfaktoren-marketing.de**

Grundlegende Literatur

Nieschlag, R.; Dichtl, E.; Hörschgen, H.: Marketing, 19.Aufl., Berlin 2002.

Diller, H.: Vahlens Großes Marketing Lexikon, 2.Aufl., München 2003.
Fritz, W.; von der Oelsnitz, D.: Marketing, 4.Aufl., Stuttgart 2006.
Kotler, P.; Armstrong, G.; Saunders, J.; Wong, V.: Grundlagen des Marketing, 4.Aufl., München 2006.
Kreutzer, R.T.: Praxisorientiertes Marketing, Wiesbaden 2006.
Meffert, H.: Marketing, 9.Aufl., Wiesbaden 2000.

Weiterführende Literatur

Constantinides, E.: The Marketing Mix Revisited. Towards the 21st Century Marketing, in: Journal of Marketing Management, Vol.22 (2006), No.3/4, pp.407-438.
Gelbrich, K.: Kundenwert, Göttingen 2001.
Grönroos, C.: Quo Vadis, Marketing? Toward a Relationship Marketing Paradigm, in: Journal of Marketing Management, Vol.10 (1994), No.5, pp.347-360.
Wernerfelt, B.: An Efficiency Criterion for Marketing Design, in: Journal of Marketing Research, Vol.31 (1994), No.4, pp.462-470.
Wünschmann, S.: Beschwerdeverhalten und Kundenwert, Wiesbaden 2007.

2 Marketing-Konzeption

2.1 Reason Why: Warum Intuition nicht genügt 16
2.2 Definition: Was eine Marketing-Konzeption ausmacht 17
2.3 Ziele: Welchen Beitrag das Marketing zum Unternehmenszweck
    leisten kann 19
2.4 Strategie: Wie sich die Ziele erreichen lassen 22
2.5 Marketing-Mix: Welche Instrumente eingesetzt werden 30
2.6 Marketing-Kontrolle: Wurden die gesetzten Ziele erreicht? 31

ich liebe es®

1940 gründeten die Brüder *Richard* und *Maurice McDonald* in Kalifornien die mittlerweile weltweit größte Fast Food-Kette. Deren Erfolgsgeschichte beruht auf einer damals ausgesprochen innovativen und durch kontinuierliche Anpassung auch heute immer noch wettbewerbsfähigen Marketing-Konzeption. Das bis in die neunziger Jahre gültige Unternehmensleitbild besagte, dass die Corporate Mission darin besteht, der zunehmend mobilen Kundschaft außer Haus schnell und bequem Essen anzubieten. Angesichts der gerade auch in den USA unablässig wachsenden Zahl fettleibiger Menschen und der Kritik an dem zumeist fett- und zuckerreichen Fast Food verfolgt *McDonald's* mittlerweile die Mission „Balanced, Active Lifestyles". Dazu wurden folgende Strategien definiert. Die Marktfeldstrategie ist auf Marktentwicklung ausgerichtet: Das Filialnetz wird immer dichter geknüpft und auf bislang noch nicht erschlossene Länder ausgedehnt. Seitdem *McDonald's* auch „gesunde Produkte" (z.B. Biomilch, frisches Obst) und die mit der Marke *McCafé* versehenen Kaffeespezialitäten anbietet, kann man sogar von Diversifikation sprechen. Zur Marktstimulierung nutzt man größtenteils die Preis-Mengen-Strategie: Niedrige Preise für Standardprodukte sichern hohe Absatzmengen. Dabei wendet *McDonald's* eine nicht-selektive Marktsegmentierungsstrategie an: Neben den Kernprodukten *BigMac*, Pommes Frites und Softdrinks werden zielgruppenspezifische (z.B. vegetarische Produkte, *Happy Meal* für Kinder) und länderspezifische Angebote (z.B. koschere Speisen in Israel, Lamm in Indien) angeboten. Um das Marktareal schrittweise zu erweitern, wurde ein Franchise-System etabliert, wobei die Fast Food-Kette nicht nur ihr Marketing-Konzept gegen Gebühr verkauft, sondern den Franchise-Nehmern auch die im Regelfall hochwertigen Immobilien zu hohen Preisen vermietet. Schließlich betreibt *McDonald's* Outpacing, um sich von Wettbewerbern abzugrenzen. Zwar ist das Unternehmen als Kostenführer stets in der Lage, in einem Preiskampf zu bestehen. Zugleich aber differenziert die Kette sich qualitativ mit Hilfe der anderen Marketing-Instrumente vom Hauptkonkurrenten *Burger King*: etwa durch „Produkt-Heros" wie *BicMac*, *McFlurry* und Apfeltasche, Eventatmosphäre am Point-of-Sale (Spielplatz, *Ronald McDonald*, hochwertige Einrichtung) sowie emotionale Leitbild-Werbung (z.B. *Heidi Klum*) unter dem Slogan „I'm lovin' it" (in Deutschland: „Ich liebe es"), soziale Initiativen *(McDonald's Kinderhilfe)* und Sponsoring (z.B. Fußballweltmeisterschaft).

2.1 Reason Why: Warum Intuition nicht genügt

Zielorientiertes Agieren statt ziellosem Reagieren

Unternehmen sind Institutionen, in denen eine Vielzahl von Menschen entscheiden und handeln. Um chaotische Entscheidungsprozesse zu vermeiden und langfristig erfolgreich zu sein, bedarf es konkreter Ziele. Management und Mitarbeiter benötigen eine Vorstellung von dem zukünftigen, d.h. gemeinsam anzustrebenden Zustand. Gibt die Geschäftsleitung bspw. das Ziel vor, den Anteil der zufriedenen Kunden in zwei Jahren von 50 auf 70% zu erhöhen, wird die Marketing-Abteilung langfristig Strategien festlegen und im Tagesgeschäft Maßnahmen ergreifen, welche diesem Vorhaben dienen (z.B. Beschwerden als Chance begreifen). **Unternehmensziele** erfüllen **drei Funktionen**:

- Orientierungs- und Lenkungsfunktion: Sie geben Mitarbeitern Orientierung und steuern den Ressourceneinsatz.
- Motivationsfunktion: Realistische Ziele (z.B. von 50 auf 70%) motivieren zum zweckorientierten Handeln; unerreichbare Vorgaben (z.B. von 50 auf 100%) demotivieren.
- Kontrollfunktion: Ziele erlauben es, die Eignung der ergriffenen Maßnahmen zu kontrollieren, d.h. den Zielerreichungsgrad zu ermitteln.

Orientierungshilfe für operative Entscheidungen

Intuition: Von spontanen, unbewussten Eingebungen („Bauchgefühl") geleitete Entscheidungen und Handlungen
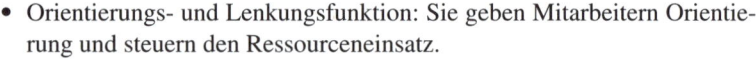
Am Anfang mancher Erfolgsgeschichte steht der **Zufall**. So verdanken wir die aus unserem Leben nicht weg zu denkenden *PostIt*-Zettel dem letztlich gescheiterten Versuch, einen besonders wirksamen Klebstoff zu entwickeln. Auch in der **Intuition** erblicken viele einen Erfolgsfaktor. So entdeckte *F.A. Kekulé* die chemische Struktur des Benzolrings angeblich im Traum. Oft handelt es sich bei diesen Erfolgsgeschichten aber um Mythen, die mit der Realität wenig gemein haben. Wer bestimmte Ziele erreichen möchte, sollte sich deshalb – spätestens dann, wenn eine Produktidee geboren ist – nicht auf Gefühle verlassen, sondern planvoll, d.h. strategisch entscheiden und handeln. Dazu bedarf es eines Marketing-Plans bzw. einer **Marketing-Strategie**, in der festgelegt ist, welche Ziele man wie erreichen

möchte, und die dabei hilft, aus mehreren Handlungsoptionen die zweckdienlichste auszuwählen. Marketing-Ziele und davon abgeleitete Strategien erlauben es dann, den Erfolg versprechenden **Marketing-Mix** zu definieren, d.h. aus der Vielzahl möglicher produkt-, preis-, distributions- und kommunikationspolitischer Instrumente die am besten geeigneten auszuwählen (z.B. Verkaufsförderung) und erfolgsorientiert zu gestalten (z.B. imagebildendes Gewinnspiel im Handel).

2.2 Definition: Was eine Marketing-Konzeption ausmacht

Pyramide der Marketing-Konzeption

Die Marketing-Konzeption leitet sich direkt aus der Unternehmensstrategie (Corporate Strategy) ab und dient dem Management als übergeordneter Plan bzw. Orientierungshilfe. Sie besteht aus drei Teilen und lässt sich als Pyramide darstellen (vgl. Abb. 1):

- Entsprechend den Unternehmenszielen werden konkrete **Marketing-Ziele** formuliert.
- Verwirklicht werden diese mittel- bis langfristigen Vorgaben mit Hilfe von sowohl wettbewerbs- als auch kundenorientierten **Marketing-Strategien**.
- Aus den Strategien leitet das Management konkrete **Marketing-Instrumente** ab, die in ihrer einzigartigen Zusammensetzung den Marketing-Mix des Unternehmens bilden. Für jedes Instrument bzw. jede „Politik" (z.B. Kommunikationspolitik) sind bereichsspezifische Ziele, Strategien und Maßnahmen derart zu definieren, dass das Unternehmen in dem vorgesehenen Zeitraum seine Marketing-Ziele erreichen kann.

Die **Erfolgskontrolle** sollte nicht punktuell, erst am Ende des Planungs- oder Berichtszeitraums geschehen, sondern möglichst fortwährend, indem man die jeweils erreichten Ergebnisse mit den Zielvorgaben vergleicht (Soll/Ist-Vergleich). Institutionalisieren lässt sich dies in Form von sowohl regelmäßigen als auch außerordentlichen Marketing-Klausuren. Falls sich dabei herausstellt, dass Ziele deutlich übertroffen bzw. deutlich verfehlt werden, weil sich bspw. relevante Rahmenbedingungen (z.B. Kaufkraft der Kunden, Eintritt eines starken Konkurrenten) geändert haben, sind die von dieser Abweichung betroffenen Ziele, Strategien und Instrumente (Marketing-Mix) entsprechend anzupassen. Diese sog. rollierende Planung der Marketing-Konzeption und die Erfolgskontrolle sind Aufgabe des Marketing-Controlling.

Rollierende Planung: Aktualisierung der Planung in bestimmten Zeitintervallen

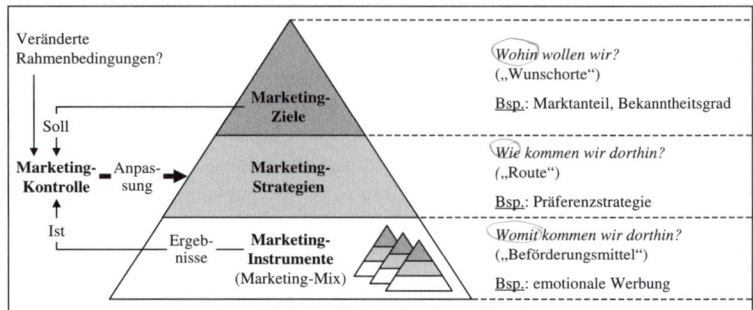

Abb. 1: Grundelemente einer Marketing-Konzeption
Quelle: in Anlehnung an Becker (2006, S.4).

Schriftliche Fixierung

Es hat sich bewährt, die zumeist auf drei bis fünf Jahre angelegte Marketing-Konzeption schriftlich zu dokumentieren. Zum einen zwingt dies dazu, Ziele und Strategien verbindlich festzulegen. Zum anderen steht dann allen Entscheidern innerhalb des Unternehmens die gleiche Planungsgrundlage zur Verfügung. Wie Abb. 2 verdeutlicht, enthält die Marketing-Konzeption nicht nur die drei Kernelemente Ziele, Strategien und Instrumente (5. bis 7.), sondern auch die Informationsgrundlage der Ziel- und Strategiefindung (1. bis 4.) und zusammenfassende Übersichten (8.).

Teil	Inhalt
1. Merkmale des Unternehmens	Organisationsform, Unternehmensphilosophie, Unternehmenszweck (‚corporate mission‘), Leistungsprogramm, Stadien der Unternehmensentwicklung, Ausgangslage
2. Merkmale des Marktes	Gesamt-/Teilmärkte (z.B. Marktvolumen, -anteile, -potenzial, -prognosen), Endabnehmer (z.B. Art, Struktur, Merkmale, Verhaltensweisen), Wettbewerber, Lieferanten
3. Merkmale der Umwelt	Ressourcen, Technologien, Gesellschaft, Gesamtwirtschaft, Gesetzgebung, Szenarien der Umweltentwicklung
4. Ist-Situation des Unternehmens	Marktposition (z.B. Absatzentwicklung), betriebswirtschaftliche Situation (z.B ABC-, Portfolio-Analyse), marktpsychologische Situation (z.B. Imageanalyse), ziel-strategische Situation (z.B. Return-on-Investment-Analyse), Stärken, Schwächen, Chancen, Risiken (SWOT-Analyse)
5. Marketing-Ziele	Meta-Ziele (u.a. Mission und Vision), Unternehmensziele, (marktökonomische und marktpsychologische) Marketing-Ziele, Marketing-Leitbild, Restriktionen
6. Marketing-Strategien	Kundenorientierte Strategien (Marktfeld-, Marktstimulierungs-, Marktparzellierungs-, Marktareal-Strategie), wettbewerbsorientierte Strategien (z.B. Kostenführerschaft, Identifikation und Definition der Wettbewerbsvorteile), Strategieprofil
7. Marketing-Instrumente	Produkt-, preis-, distributions- und kommunikationspolitische Instrumente, Ausrichtung des Integrierten Marketing, Gewichtung der Instrumente (u.a. Budgetierung)
8. Detailplanung	z.B. Absatzplanung, Deckungsbeitragsplanung, Zielplanung, Maßnahmenplanung

Abb. 2: Beispielhafte Struktur der Marketing-Konzeption
Quelle: in Anlehnung an Becker (2006, S.939ff.).

2.3 Ziele: Welchen Beitrag das Marketing zum Unternehmenszweck leisten kann

Marketing-Ziele

Forderte die klassische Theorie der Unternehmung noch, den Gewinn als Kernziel unter allen Umständen zu maximieren, geht die moderne Entscheidungslehre von einem komplexeren Zielsystem aus: Da ein Unternehmen die nicht selten widersprüchlichen Bedürfnisse der unterschiedlichsten Anspruchsgruppen (= Stakeholder wie Aktionäre, Kunden und Öffentlichkeit) bestmöglich erfüllen muss, sollte es nicht nach dem maximalen, sondern nach einem **zufrieden stellenden Gewinn** streben (Satisfying Profit). Als Konsequenz dieses neuen Paradigmas der Unternehmensführung finden nun auch „weiche" Ziele wie Kundenzufriedenheit, soziale Absicherung der Mitarbeiter, Wissensaufbau und nachhaltiges, insb. umweltverträgliches Wirtschaften, die nur indirekt zum Unternehmenserfolg beitragen, Beachtung. Abb. 3 gibt einen grundlegenden Katalog von Marketing-Zielen wieder.

Abb. 3: Marketing-Ziele

Unternehmensphilosophie: Selbstverständnis, welches sich aus der Leitidee (Sinn und Zweck), den Leitsätzen und dem Motto zusammensetzt

Als sog. Bereichziele basieren die Marketing-Ziele auf den allgemeinen Unternehmenszielen. Diese wiederum reflektieren die Unternehmensphilosophie (z.B. „Mobilität" als Unternehmenszweck der *Deutschen Bahn)* und die Unternehmenskultur (z.B. „konsequente Kundenorientierung"). Beide sollten sich in einer prägnant formulierten **Mission** konkretisieren, die als langfristige Zielsetzung beschreibt, was das Unternehmen ist, wofür es steht, warum es existiert und woran es glaubt (z.B. *ProSieben*: „We love to entertain you!"). Während die Corporate Mission eher den Status quo beschreibt, richtet die **Vision** den Blick in die Zukunft: Eine ehrgeizige, aber nicht unrealistische Vorstellung von dem, was das Unternehmen z.B. in zehn Jahren erreichen möchte.

Unternehmenskultur: Grundlegende Werte, die dem Unternehmen wichtig sind

Die Ziele sind konkret und detailliert zu formulieren: Wie viel (= Zielausmaß) wovon (= Zielinhalt) soll bis wann (= Zieltermin) wo (= Zielraum und ggf. Zielsegment) erreicht werden? So könnte *E.ON* anstreben, die ungestützte Bekanntheit seiner Marke im deutschen Geschäftskundensegment innerhalb von fünf Jahren von 50 auf 65% zu steigern. Ziele sollten jedoch nicht nur präzise und ambitioniert-realistisch sein, sondern auch kontrollierbar und relevant.

Selbstverständnis der *Siemens AG*	
Mission & Values:	**Vision:**
• Responsible: Committed to ethical and responsible actions • Excellent: Achieving high performance and excellent results • Innovative: Being innovative to create sustainable value	• A worl d of proven talent • Delivering breakthrough innovations • Giving our customers a unique competitive edge • Enabling societies to master their most vital challenges • Creating sustainable value *www.siemens.com*

Hierarchien und Wechselwirkungen

Den genannten Zielkriterien wohnt eine **hierarchische Struktur** inne. Wer bspw. den Marktanteil eines Produktes steigern möchte, wird dieses Ziel nur erreichen, wenn er die für das Kaufverhalten relevante Wirkungskette kennt und berücksichtigt: Die Zielpersonen werden erst dann kaufen, wenn sie das Angebot kennen, sich dafür interessieren, über die erforderliche Kaufkraft verfügen, das Erzeugnis im Handel erhältlich ist und ihnen kein Konkurrenzprodukt attraktiver erscheint. Im Regelfall ist es daher erforderlich, zunächst durch aufmerksamkeitsstarke Werbung den Bekanntheitsgrad zu steigern und durch Maßnahmen der Verkaufsförderung Kaufimpulse auszulösen (= kommunikationspolitische Ziele). Auch sollten ein leistungsstarkes Händlernetz das Produkt anbieten (= distributionspolitische Ziele) und die Verpackung dieses von Wettbewerbsangeboten abgrenzen (= produktpolitische Ziele).

Außerdem ist zu prüfen, ob zwischen den angestrebten Zielen **Wechselwirkungen** bestehen: Komplementäre Vorhaben etwa bedingen sich positiv. So könnte ein Unternehmen gleichzeitig die Produktionskosten und die Verkaufspreise senken. Konkurrierende Ziele hingegen beeinträchtigen sich wechselseitig. Will ein Anbieter bspw. seine Werbekosten reduzieren (= Ziel 1), wird es ihm c.p. schwer fallen, mehr neue Kunden zu gewinnen (= Ziel 2). Manche Ziele sind, wenn sie simultan verfolgt werden sollen, sogar unvereinbar (wie ein hoher Marktanteil und ein exklusives Image).

Zielfindung

Um fundierte Ziele festlegen zu können, benötigt das Management eine Reihe von Informationen, die im Rahmen der Umweltanalyse (extern) und der Unternehmensanalyse (intern) erhoben werden. Die **Umweltanalyse** dient dazu, die bestehenden und die zukünftigen Rahmenbedingungen, unter denen das Unternehmen agiert, zu ermitteln (z.B. mit Hilfe der Szenario-Analyse). Dabei lassen sich zwei Ebenen unterscheiden:

- **Makro-Ebene:** Auf welche Ressourcen (z.B. Rohstoffe, Patente) und Technologien (z.B. Nano-Technologie) kann der Anbieter zurückgreifen? Und welche ökonomischen (z.B. Ölpreis, Wechselkurs), politischen (z.B. Subventionen für erneuerbare Energien), rechtlichen (z.B. Patentrecht), gesellschaftlichen (z.B. demographischer Wandel) und ökologischen (z.B. Klimawandel) Bedingungen sind entscheidungsrelevant?
- **Mikro-Ebene:** Welche Merkmale der Zielgruppe, der Konkurrenten und des Handels sind bei der Marketing-Konzeption zu beachten? Lassen sich die Einstellungen und Verhaltensweisen der Kunden verlässlich prognostizieren? Ebenso sollten Anzahl und Größe aktueller und potenzieller Konkurrenten bekannt sein. Gleiches gilt für die Wettbewerbsstruktur. Und welche Konsequenzen haben die Wheel of Retailing genannten systematischen Veränderungen der Betriebsformen des Handels für die Distributionspolitik des Unternehmens?

> **Szenario-Analyse:** Leitet aus der Ist-Analyse zunächst Einfluss- und Störfaktoren der zukünftigen Entwicklung ab und sodann Zukunftsszenarien sowie entsprechende Eventualstrategien

Gegenstand der **Unternehmensanalyse** sind das Potenzial des Unternehmens, d.h. die Fähigkeiten der einzelnen Abteilungen bzw. Funktionen (z.B. Marketing), die verfügbaren sachlichen, finanziellen, personellen und informatorischen Ressourcen (z.B. Know how) und die Ist-Position des Anbieters, d.h. die Marktstellung und die Merkmale der angebotenen Produkte. Sie werden erfasst und mit denen der relevanten Wettbewerber verglichen (= Benchmarking), die als Best Practices dienen. Ergebnis der Unternehmensanalyse ist eine Bestandsaufnahme der Stärken und Schwächen des Unternehmens. So ist es vorstellbar, dass ein Kfz-Hersteller im Konkurrenzvergleich zwar über die bekannteste Marke verfügt (= Stärke), aber ein nur wenig umweltfreundliches Image besitzt (= Schwäche).

> **Benchmarking:** Vergleich der eigenen Leistungsmerkmale mit denen relevanten Wettbewerber
>
> **Best Practices:** Vorbilder, an denen sich der Anbieter orientieren kann

Eine bei Managern beliebte Form, die Ergebnisse der Unternehmensanalyse zu visualisieren, ist die **Portfolio-Analyse**. Dabei stellt man Objekte (zumeist Märkte, Unternehmensbereiche oder Produkte) anhand von zwei oder drei Erfolgskriterien einander gegenüber und leitet daraus Entscheidungen bzw. Ziele ab. Das wohl bekannteste Beispiel ist das sog. Marktanteils-Marktwachstums-Portfolio der *Boston Consulting Group* (vgl. Abb. 4). Im einfachsten, d.h. im Vier-Felder-Fall, lassen sich damit die verschiedenen Märkte bzw. Geschäftsfelder vier Segmenten zuordnen, für die spezifische Handlungsempfehlungen bzw. Zielsetzungen gelten:

- Stark wachsende Märkte, in denen das Unternehmen einen großen Marktanteil besetzt, werden als **Stars** bezeichnet. Aufgrund von Marktmacht und Economies of Scale sind sie profitabel und rechtfertigen weitere Investitionen (Ziel = Wachstum).
- In dem ebenfalls zukunftsträchtigen Segment der **Question Marks** ist der Anbieter bislang nur wenig präsent. Somit stellt sich hier die Frage, ob die für einen angemessenen Marktanteil nötigen Investitionen vorge-

nommen werden sollten (Ziel = Selektion Erfolg versprechender Märkte/
Geschäftsfelder).

- **Cash Cow-Märkte** sind zwar profitabel, stagnieren oder schrumpfen
  aber. Deshalb sollte die hier erzielte Rendite in die Star-Märkte und die
  Question Mark-Märkte investiert werden (Ziel = Abschöpfung).
- Aus den als **Poor Dogs** bezeichneten Geschäftsfeldern sollte sich der Anbieter eher früher als später zurückziehen (Ziel = Desinvestition).

Abb. 4: Marktwachstums-Marktanteils-Portfolio (am Beispiel von Volkswagen)

Die Ergebnisse von Umwelt- und Unternehmensanalyse lassen sich in einer
SWOT-Analyse zusammen führen. Sie berücksichtigt die Stärken (Strengths)
und Schwächen (Weaknesses) aus der Unternehmensanalyse und leitet aus
der Umweltanalyse Chancen (Opportunities) und Risiken (Threats) ab.
Trifft eine Stärke des Anbieters (z.B. umweltfreundliches Image) auf eine
entsprechende Umweltveränderung (z.B. zunehmendes Umweltbewusstsein der Verbraucher), so erwächst daraus eine Marktchance, die es durch
entsprechende Produkte zu nutzen gilt. Weist das Unternehmen jedoch dies-
bezüglich eine Schwäche auf, ist der Markterfolg langfristig bedroht, falls
keine Gegenmaßnahmen ergriffen werden (z.B. Profilierung als umweltbe-
wusster Anbieter).

2.4 Strategie: Wie sich die Ziele erreichen lassen

Arten von Strategien

Eine Strategie gibt den Weg vor, der beschritten werden muss, um das Ziel
zu erreichen. Sie sollte dem Management jedoch hinreichend Freiraum lassen, damit dieses flexibel und kreativ auf unvorhergesehene Probleme reagieren kann, ohne dabei das Ziel aus den Augen zu verlieren. Bei der Entwicklung von Marketing-Strategien sind v.a. zwei Fragen relevant: Welche
Leistung bietet das Unternehmen wie und wo welchen Kunden an? Und wie
grenzt es sich dabei von Wettbewerbern ab? Die Antworten auf diese Fragen führen zu den gesuchten kundenorientierten und wettbewerbsorientierten Strategien. Zu den **kundenorientierten Strategien** zählen:

- Welches Produkt wird in welchem Markt angeboten? ⇒ Marktfeldstrategie
- Welche Kunden werden wie gewonnen? ⇒ Marktstimulierungsstrategie
- Welche Segmente sind individuell anzusprechen? ⇒ Marktparzellierungsstrategie
- Welche Regionen bzw. Länder werden wann erschlossen? ⇒ Marktarealstrategie

Marktfeld- bzw. Produkt-Markt-Strategie

Zunächst hat der Anbieter festzulegen, mit welchem Produkt er welchen Markt bearbeiten möchte. Ausgehend vom bisherigen Markt- und Leistungsportfolio eines Unternehmens lassen sich gemäß der sog. **Ansoff-Matrix** folgende vier Marktfeldstrategien unterscheiden, die im Folgenden am Beispiel der *Deutschen Telekom AG* dargestellt werden (vgl. Abb. 5):

- **Marktdurchdringung** bedeutet, in Märkten, in denen man bereits präsent ist, den Marktanteil der eigenen Produkte zu vergrößern. Dazu müsste die *Deutsche Telekom* im angestammten Festnetzbereich Kunden von Konkurrenten abwerben (z.B. durch das Angebot einer Flatrate), Nicht-Verwender als Kunden gewinnen (z.B. durch eine geringere Grundgebühr) und die Nutzungsintensität der vorhandenen Kunden steigern (z.B. durch einen Rabatt für Vieltelefonierer). Für Marktdurchdringung sollen auch größere Verkaufseinheiten (z.B. Großpackung *Chio-Chips*, Bier im Partyfass) und künstliche Veralterung sorgen. Sie kann durch technische Eingriffe in den natürlichen Produktlebenszyklus (d.h. durch den Einbau sog. Sollbruchstellen), durch funktionelle Eingriffe (z.B. Einführung neuer Software-Version) oder durch psychologische Eingriffe (z.B. Trends und Moden bei Kollektionsware) erreicht werden.

> **Künstliche Veralterung:** Begrenzung der Lebensdauer eines Produkts mit dem Ziel, dadurch den Absatz zu steigern

- Die Option „**Produktentwicklung**" ist attraktiv, wenn die Kunden auch andere Produkte kaufen würden, welche das Unternehmen ebenfalls gewinnbringend anbieten kann. So vertreibt die *Deutsche Telekom* an Privatkunden seit 1992 erst unter der Marke *T-D1*, dann unter *T-Mobile* Mobilfunkdienstleistungen. Dadurch gelang es dem Konzern, von der rasanten Entwicklung dieses Marktsegmentes zu profitieren und die spiegelbildlichen Verluste im Festnetzbereich auszugleichen.
- Bei der **Marktentwicklung** führt das Unternehmen etablierte Produkte in neue Märkte ein. So fasste die *Deutsche Telekom* mit der Marke *T-Systems* im Business to Business-Markt Fuß, indem es den Unternehmenskunden bereits im Endverbraucher-Markt bewährte Erzeugnisse anbot (z.B. Telekommunikationsanlagen). *Haribo* („macht Kinder froh und Erwachsene ebenso") sowie *Kinderschokolade* sind weitere Erfolgsbeispiele dieser Strategie, bei welcher die Zielgruppe um bislang nicht erreichte Segmente erweitert wird (in beiden Fällen nun auch Erwachsene). Marktentwicklung lässt sich auch durch den Markteintritt in neue Re-

gionen (z.B. Auslandsmärkte) und das Aufzeigen neuer Verwendungs-
möglichkeiten der Produkte (z.B. *Aspirin* gegen Gelenkschmerzen) be-
werkstelligen.

Risiko-
streuung:
Ausgleich
der mit
einzelnen
Produkten
und Märkten
verbundenen
Risiken
durch das
Angebot
unterschied-
licher Pro-
dukte und
die Bearbei-
tung ver-
schiedener
Märkte

Um ihre Existenz langfristig zu sichern, müssen Unternehmen Risikostreuung betreiben. Das Produktrisiko (z.B. Bedrohung durch Substitute) und
die verschiedenen Marktrisiken (z.B. Rezession, Veränderung der gesetzlichen Rahmenbedingungen) lassen sich ausgleichen, indem Anbieter neue
Produkte außerhalb ihres bisherigen Sortiments in bislang nicht bearbeite-
ten Märkten anbieten. Üblicherweise werden drei Formen dieser sog. **Di-**
versifikation unterschieden. Übernimmt ein Hersteller vorgelagerte (z.B.
Zulieferer) oder nachgelagerte (z.B. Handel) Wertschöpfungsstufen, spricht
man von vertikaler Diversifikation. Dies ist etwa dann der Fall, wenn ein
Automobilhersteller wie *Ferrari* eigenständig Reifen produziert (= rück-
wärtsgerichtete vertikale Diversifikation) und Autohäuser betreibt (= vor-
wärtsgerichtete vertikale Diversifikation). Im Falle einer Risikostreuung
auf derselben Wertschöpfungsstufe spricht man von horizontaler Diversifikation (z.B. Motorräder von *Ferrari,* Reisebüro von *Karstadt).* Laterale Diversifikation schließlich liegt vor, wenn das neue Produkt in keinem direkten Zusammenhang zum bisherigen Sortiment steht. *Ferrari* etwa nutzte das
Image seiner Marke, um als Lizenzgeber ein Parfüm einzuführen, und die
Deutsche Telekom stieg mit *musicload* ins Online-Musikgeschäft ein. Die
Oetker-Gruppe betreibt als klassischer Mischkonzern schon seit jeher late-
rale Diversifikation und engagiert sich nicht nur im Nahrungsmittel- und
Getränkebereich, sondern u.a. auch in der Schifffahrt sowie im Bank- und
Versicherungswesen.

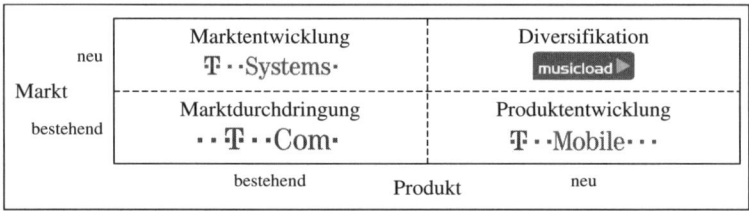

Abb. 5: Produkt-Markt-Matrix nach Ansoff (am Beispiel der Deutschen Telekom)

Marktstimulierungsstrategie bzw. Preis-Leistungs-Positionierung

Steht die Produkt-Markt-Kombination fest, muss der Anbieter festlegen,
wie er die Nachfrage stimulieren will: Auf welche Art und Weise können
potenzielle Kunden von seinem Angebot überzeugt werden? Grundlegende
Verkaufsargumente sind der Preis und die Art der angebotenen Leistung. Je
nach Preis-Leistungs-Verhältnis lassen sich vier extreme Formen der
Marktstimulierung unterscheiden (vgl. Abb. 6):

- Die **Präferenz-** bzw. **Premiumstrategie** beruht auf einer hochwertigen Leistung, die eine überdurchschnittliche Preisforderung rechtfertigt. Dabei kommt nicht nur Produktqualität als Verkaufsargument infrage. *Bosch* etwa überzeugt überdies durch innovative Produkte, *Apple* durch Design, *CocaCola* durch die starke Marke, die *Dresdner Bank* durch Beratungskompetenz und *Galeria Kaufhof* durch Einkaufsatmosphäre.

- Mit der **Preis-Mengen-Strategie** (auch: Billigwarenstrategie) versucht der Anbieter, durch einen im Konkurrenzvergleich niedrigen Preis eine große Absatzmenge zu erzielen. Die dadurch entstehenden Skaleneffekte erlauben es ihm, kostengünstig zu produzieren und so den niedrigen Preis dauerhaft zu halten. Dabei unterscheidet man zwei Formen der Preis-Mengen-Strategie: Während bspw. *Karstadt* Kunden durch Sonder- bzw. Promotionpreise lockt, werben *DM* und *Lidl* bevorzugt mit Dauerniedrigpreisen.

  Sonderpreis: Kurzzeitige, zumeist werblich angekündigte Preissenkungen

  Dauerniedrigpreis: Strategie, den Preis dauerhaft unter dem Marktdurchschnitt zu halten

- In wettbewerbsintensiven Märkten ist nur eine Positionierung auf der Diagonalen in der Matrix (vgl. Abb. 6) langfristig tragbar. Positionierungen jenseits dieses Wettbewerbsraumes sind nur kurzfristig empfehlenswert. Hierzu zählt die **Vorteilsstrategie**, die dem Kunden ein besonders günstiges Preis-Leistungs-Verhältnis bietet. Mit ihrer Hilfe kann ein Unternehmen Markteintrittsbarrieren für potenzielle Wettbewerber errichten oder Kunden abwerben. Falls der Anbieter jedoch nicht Kostenführer ist, zwingen die geringen Deckungsbeiträge, die sich in diesem Segment erzielen lassen, bald zu einer Preiserhöhung oder einer Leistungsreduktion.

- Bei der **Übervorteilungsstrategie** wird den Kunden ein gemessen an der gebotenen Leistung überteuertes Produkt angeboten. Von Nischenmärkten (bspw. Kaffeefahrten) abgesehen können sich dies nur Monopolisten oder in „friedlicher Koexistenz" agierende Unternehmen (z.B. Stromanbieter, Mineralölkonzerne) langfristig erlauben.

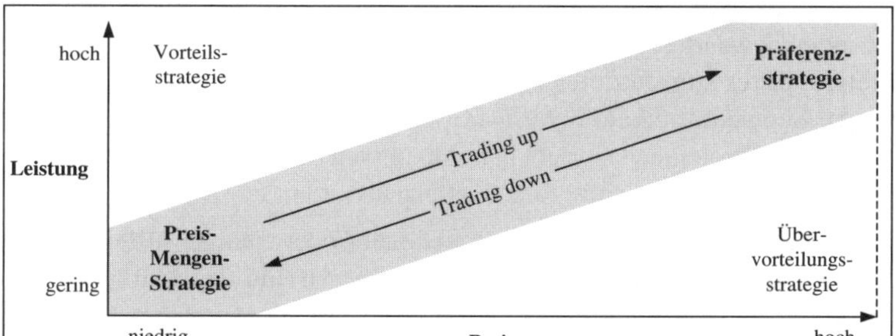

Abb. 6: Preis-Leistungs-Positionierung

Eine einmal gewählte Preis-Leistungs-Positionierung muss nicht dauerhaft beibehalten werden. Einerseits können Unternehmen **Trading up** betreiben, indem sie ihre Leistung verbessern (z.B. Soft Touch-Griff bei Bierkästen) und den Preis entsprechend erhöhen. Andererseits besteht die Möglichkeit des **Trading down**, wobei Leistung und Preis im Gleichschritt gesenkt werden. Der damit einhergehende Verzicht auf Deckungsbeitrag ist jedoch nur dann sinnvoll, wenn das Unternehmen besonders hohe Skaleneffekte erzielen kann und/oder die obere Marktschicht erfolgreich von anderen Anbietern verteidigt wird.

Marktparzellierungs- bzw. Zielgruppenstrategie

In dieser Phase der Entwicklung einer Marketing-Konzeption sind zwei Schlüsselfragen zu beantworten. Erstens: Welche Personen sollen als Kunden gewonnen bzw. gebunden werden? Zweitens: Kann diese Zielgruppe gleichsinnig (d.h. standardisiert) oder muss sie unterschiedlich angesprochen werden (d.h. differenziert; vgl. Abb. 7).

Differenzie-rungsgrad	undifferenziert	nicht-selektive Massenmarktstrategie	selektive Massenmarktstrategie
	differenziert	nicht-selektive Marktsegmentierungsstrategie	selektive Marktsegmentierungsstrategie
		vollständig Marktabdeckung teilweise	

Abb. 7: Differenzierungsgrad und Marktabdeckung

Markt-nische: Kleiner Teil des Gesamt-marktes

Marktseg-mentierung: Aufteilung des Gesamt-marktes in Teilmärkte (z.B. Bildungs-, Erholungs-, Städtereisen)

LOHAS: Personen, die Wert auf Gesundheit und Nach-haltigkeit legen ('life-style of health and sustaina-bility')

Angesichts hoher Wettbewerbsintensität und stark differenzierter Kundenbedürfnisse ist die **nicht-selektive Massenmarktstrategie** (vollständige Marktabdeckung und undifferenzierte Ansprache) kaum mehr anzutreffen. In den Jahren nach dem Zweiten Weltkrieg jedoch war sie gang und gäbe: Hersteller wie *Volkswagen*, *Persil* und *HB* bedienten die damals vorherrschenden Verkäufermärkte weitgehend undifferenziert. Bei der **selektiven Massenmarktstrategie** (teilweise Marktabdeckung und undifferenzierte Ansprache) wendet sich das Unternehmen zwar auch nicht an eine spezielle Zielgruppe; es konzentriert sich aber auf bestimmte Teilmärkte (z.B. Sportwagen-Segment im Automobilmarkt, Weizenbier-Segment im Biermarkt). Auch diese Strategie verspricht in kompetitiven Märkten nur in neu entstandenen Marktnischen Erfolg (z.B. Kaffeepadsystem *Senseo*).

Nahezu alle Anbieter betreiben folglich mehr oder weniger **differenziertes Marketing**, indem sie ihre Märkte segmentieren und den Marketing-Mix auf die jeweiligen Zielgruppen zuschneiden. Im Konsumgüter-Marketing werden neben demographischen (z.B. Alter), geographischen (z.B. Stadt/Land), ökonomischen (z.B. Haushaltseinkommen) und statusbezogenen (z.B. soziales Milieu) Eigenschaften des Käufers auch Merkmale des Kaufverhaltens (z.B. Preis- und Markenbewusstsein), der Mediennutzung (z.B. Internetnutzer), der Persönlichkeit (z.B. Selbstbewusstsein), des Kommunikationsverhaltens (z.B. Meinungsführer) und des Lebensstils (z.B. LOHAS) als Segmentierungskriterium genutzt.

Generation Silber als Zielgruppe

Der demographische Wandel sorgt dafür, dass neben dem seit langem als Kernzielgruppe des Marketing geltenden Segment der 20-49- Jährigen zunehmend auch Ältere ins Blickfeld der Werbetreibenden rücken. Diese „neue" Zielgruppe, die als Best Ager (50-59-Jährige), „Generation 55plus" oder „Generation Silber (> 60 Jahre) bezeichnet wird, repräsentiert mittlerweile nicht nur mehr als 45% der Bevölkerung über 14 Jahre, sondern kauft auch 50% aller Neuwagen und sogar 80% der Luxusklasse, 50% der Gesichtspflegeprodukte und 85% der Kreuzfahrten. Wer bei diesem Segment Erfolg haben möchte, muss den Marketing-Mix den altersspezifischen Anforderungen anpassen: altersgerechtes Produktdesign (z.b. größere Tasten am Mobiltelefon), Distribution über von Senioren genutzte Absatzwege (z.b. nur besonders vertrauenswürdige Onlineshops) und Werbung mit altersgerechten Testimonials bzw. Leitbildern (siehe Werbung von *Dove).*

In jeder Frau steckt wahre Schönheit. Lasst sie einfach raus!

Eine **nicht-selektive Marktsegmentierungsstrategie** (vollständige Marktabdeckung und differenzierte Ansprache) verfolgt bspw. die *Deutsche Telekom*, indem sie den gesamten Telekommunikationsmarkt bearbeitet. Allerdings spricht sie Geschäfts- und Privatkunden sowie Viel- und Wenigtelefonierer zumindest unterschiedlich an (z.b. gesonderte Hotline für Geschäftskunden). Auch die meisten Automobilkonzerne haben nahezu für jeden Bedarf ein entsprechend entwickeltes und vermarktetes Fahrzeug im Sortiment. Teilweise signalisieren unterschiedliche Marken die Marktsegmentierung: z.B. *BMW* und *Mini* der *BMW AG* bzw. *VW, Audi* und *Seat* der *Volkswagen AG*. Andere Unternehmen hingegen gehen selektiv vor und konzentrieren sich auf einige Zielgruppen oder sogar auf nur einen Kundentypus (= **selektive Marktsegmentierungsstrategie**). *Porsche* bspw. spricht mit großem Erfolg ausschließlich besonders luxus- und weniger preisbewusste Käufer im Sportwagen-Segment an, während die Zielgruppe der Reinigungsmittel von *Frosch* umweltbewusste Konsumenten sind.

Marktareals- bzw. Zielmarktstrategie

Schließlich gilt es festzulegen, wo das Produkt angeboten werden soll. Abb. 8 stellt die möglichen Strategien dar. Dabei ist zu beachten, dass ein übergeordnetes Marktareal nicht alle untergeordneten einschließen muss. So konzentriert sich ein international agierendes Unternehmen wie *IKEA* in Schwellenländern wie Indien und China auf urbane Regionen.

Wettbewerbsorientierte Strategien

Spätestens seit der Entwicklungsphase „Wettbewerbsorientierung" ist bekannt, dass kundenorientierte Strategien keinen Markterfolg garantieren, wenn Konkurrenten wichtige Kundenbedürfnisse besser bzw. preisgünstiger befriedigen. Erforderlich ist somit ein sog. komparativer Wettbewerbs-

**Kompara-
tiver Wettbe-
werbsvor-
teil:** Dauer-
hafte, für
Kunden rele-
vante und
wahrnehm-
bare Über-
legenheit im
Preis-Leis-
tungsver-
hältnis

	Beispiel für Marktareal	Beispiel für Unternehmen/Marke
lokal	Dresden	*Dresdner Verkehrsbetriebe*
regional	Sachsen	*Margon Wasser*
überregional	Neue Bundesländer	*F6, Zetti Knusperflocken*
national	Deutschland	*Bitburger Pils*
international	mehrere Länder (Fokus = Stammland)	*IKEA, Siemens AG*
multinational	mehrere Länder (Fokus = Gastland)	*Langnese (Unilever)*
global	nahezu weltweit präsent	*Coca-Cola*

Abb. 8: Beispiele für unterschiedliche Marktarealsstrategien

vorteil. Er lässt sich gemäß *M.E. Porter* mit Hilfe von zwei unterschiedlichen Strategien erreichen:

No Frills:
Produkte
oder Dienst-
leistungen
ohne
„Schnick-
schnack"

• **Kostenführerschaft:** Damit ein Anbieter auf diesen Wettbewerbsvorteil
setzen kann, muss er zu geringeren Kosten produzieren können als seine
Konkurrenten. Mögliche Gründe hierfür sind bspw. Skaleneffekte, geringe Ausgaben für Forschung&Entwicklung (z.B. durch Imitationsstra-
tegie wie die Generikaanbieter) und effizientes Kosten- und Kundenmanagement sowie No Frills-Angebote. So verzichten *Dell* auf ein teures
Vertriebsnetz, *Lidl* auf zusätzliches Personal, *Oettinger* auf große Werbe-
kampagnen und *Germanwings* auf besonderen Service während des
Flugs. Kostenführerschaft und Preis-Mengen-Strategie bedingen sich
nicht wechselseitig; vielmehr könnte ein Kostenführer auch die Präferenzstrategie verfolgen und besonders hohe Deckungsbeiträge erreichen.
Aufgrund seines Kostenvorteils kann er jedoch jederzeit in einen Preiskampf eintreten. Dieses Drohpotenzial genügt zumeist, um potenzielle
Wettbewerber vom Markteintritt abzuhalten (Preis-Signaling).

Preis-Signaling von Kostenführern

Ein bewährtes Mittel des Strategischen Marketing ist das Signaling.
Durch eine demonstrative Niedrigpreispolitik (z.B. in einzelnen
Regionen) und/oder lancierte Medienberichte über Rationalisierungs-
und Kostensenkungserfolge können Unternehmen ihren Wettbewerbern
„signalisieren", dass sie willens und in der Lage sind, auch in einem
Preiskampf ihre Marktposition zu verteidigen. Natürlich hofft der Sender
solcher Marktsignale, dass es dazu nicht kommt und potenzielle
Konkurrenten auf den Markteintritt bzw. bisherige Wettbewerber auf Preissenkungen
verzichten. Umgekehrt können Unternehmen mit Hilfe dieser Strategie auch anderen
Anbietern signalisieren, dass sie zu Preiserhöhungen bereit wären (z.B. Milchbranche,
Versorgungskonzerne). Antworten die Wettbewerber mit ähnlichen Signalen, bedarf es
keiner (verbotenen) Preisabsprachen, um rechtlich unangreifbar branchenweite
Preissteigerungen durchzusetzen. Ein solches Marktsignal sendete der *E.ON*-Chef *W.H.
Bernotat* im Herbst 2007, als er durch Interviews verbreiten ließ, die Energiekosten seien
noch immer viel zu niedrig.

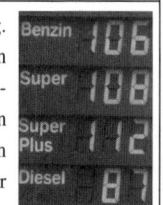

- **Differenzierung:** Unternehmen können auch auf anderen Leistungsebenen als dem Preis einen komparativen Wettbewerbsvorteil besitzen. Wichtig dabei ist die Erkenntnis, dass die Differenzierungsstrategie mehr ist als die Präferenzstrategie; denn Leistungen wie ein exklusives Markenimage, eine neuartige Technologie oder ein spezielles Design differenzieren erst, wenn sie überdurchschnittlich oder gar einzigartig sind. So erfüllen *Jägermeister* und *Underberg* klassische Leistungskriterien wie Qualität und Markenstärke gleichermaßen. Unterscheidbar werden sie erst durch ihre jeweilige kommunikative Positionierung: *Jägermeister* präsentiert sich dem Markt als humorvoll, international und jugendlich, *Underberg* hingegen als traditionell sowie heimat- und naturverbunden.

Darüber hinaus gibt es zwei **Sonderformen**. Bei der **Nischenstrategie** konzentriert sich ein Anbieter auf ein selbst generiertes oder ein nicht bzw. kaum umkämpftes Teilsegment des Gesamtmarktes. So ist es einigen Anbietern von sog. Near-Water-Getränken (aromatisiertes Wasser) gelungen, sich von der allgemeinen Marktentwicklung im Wassersegment (insb. Preisverfall) abzukoppeln. Weitere Erfolgsbeispiele schufen *Ferrero* mit *Kinderüberraschung*, *CarbonSports* mit Sportgeräten in Leichtbauweise und *Brita* mit Wasserfiltern. Zu beachten ist jedoch, dass Nischen sich im Zeitverlauf zu attraktiven Marktsegmenten entwickeln und dann auch relevante Wettbewerber anlocken können (z.B. ökologische Lebensmittel, Kosmetik für Männer). Zudem laufen Nischenanbieter Gefahr, bedeutende Entwicklungen des Marktes (z.B. neue Technologien, Internationalisierung) zu versäumen und somit langfristig die Wettbewerbsfähigkeit zu verlieren.

Das Besondere der **Outpacing-Strategie** besteht darin, dass die beiden grundlegenden Optionen des Strategischen Marketing nicht alternativ (Kostenführerschaft **oder** Differenzierung), sondern komplementär eingesetzt werden: Kostenführerschaft **und** Differenzierung. Gelingen kann dies natürlich nur, wenn der Anbieter sowohl über Kostenvorteile als auch über einzigartige Leistungsmerkmale verfügt. Dies ist etwa dann der Fall, wenn erfolgreiche Innovatoren ihre Wertschöpfungsprozesse rationalisieren und dadurch Kosten senken, um Produktimitate und andere Formen des Wettbewerbs abzuwehren. Umgekehrt suchen Kostenführer wie *Lidl*, die weiter wachsen wollen, nach zusätzlichen Differenzierungsmöglichkeiten (z.B. Bioprodukte), um höhere Preise zu rechtfertigen und neue, bspw. anspruchsvollere Kunden zu gewinnen.

Das gefürchtete **Stuck in the Middle-Problem** droht, wenn ein Unternehmen weder einen klaren Kostenvorteil noch relevante Differenzierungsmerkmale besitzt und folglich buchstäblich „zwischen den Stühlen" sitzt. Ihm droht, im Wettbewerb zwischen Kostenführern, differenzierten Anbietern und Outpacern zerrieben zu werden. In diese Zwangslage hatte sich in den letzten Jahren bspw. *Karstadt* manövriert: von „unten" von Kostenführern wie *H&M, C&A* und anderen discountorientierten Anbietern bedrängt, während „oben" *Galeria Kaufhof, Peek&Cloppenburg* und andere durch Erlebnisatmosphäre profilierte Einkaufsstätten als „Best Practice" den Markt prägten.

2.5 Marketing-Mix: Welche Instrumente eingesetzt werden

Instrumente des Marketing-Mix

Basierend auf den Zielen und den Strategien werden geeignete Marketing-Instrumente ausgewählt, die zusammen den Marketing-Mix bilden. Dieser Begriff geht auf *N. Borden* zurück und definiert Marketing als den koordinierten Einsatz von Instrumenten, die sich den **„Vier P's"**, den vier klassischen Politiken, zuordnen lassen: Produkt- (**P**roduct), Preis- (**P**rice), Distributions- (**P**lace) und Kommunikationspolitik (**P**romotion). Für die einzelnen Politiken und Instrumente müssen spezielle Ziele und Strategien definiert werden.

Aktionitis: Übermaß an Preissenkungen und Verkaufsförderungsaktionen

Um jedoch die generellen, übergeordneten Ziele erreichen zu können, müssen die einzelnen Maßnahmen aufeinander abgestimmt werden. So sollten das Besondere des Produktdesigns auch in der Anzeigenwerbung zum Ausdruck kommen, der Markenauftritt nicht durch Aktionitis beschädigt werden und das Vertriebskonzept zum Preisniveau passen. Dieses als **Integriertes Marketing** bezeichnete Konzept ist schriftlich in der Marketing-Konzeption zu fixieren (z.B. Wer muss sich mit wem abstimmen?).

Branchenbezug

Die gesamte Konzeption und insb. der Marketing-Mix hängen stark davon ab, in welcher Branche ein Anbieter tätig ist. Viele allgemeine Prinzipien des Marketing wurden im **Konsumgüterbereich** entwickelt und müssen deshalb den spezifischen Anforderungen des Dienstleistungs-, des Industriegüter- und des Handels-Marketing angepasst werden:

Buying Center: Aus mehreren Akteuren (z.B. Einkäufer, Fachabteilungsleiter, Controller) bestehendes Einkaufsgremium eines Industrieunternehmens

- Um den Besonderheiten von **Dienstleistungen** (z.B. Immaterialität) gerecht zu werden, erweiterte *A. Magrath* die Vier P's des Marketing-Mix um Personal (Personnel), Prozesse (Process Management') und Ressourcen (Physical Facilities) zu den Sieben P's des Dienstleistungs-Marketing. So sind für einen Friseurbetrieb insb. auch die Freundlichkeit der Mitarbeiter, die Dauer des Haarschnitts und die Ladeneinrichtung Erfolgsfaktoren.
- Marketing für **Industriegüter** setzt Kompetenz im System- und Anlagengeschäft sowie Kenntnis des Entscheidungsprozesses im Buying Center voraus. Außerdem werden im sog. B to B-Marketing (Business to Business) verstärkt Instrumente wie Ingredient Branding, Messemarketing und Key Account-Management eingesetzt.

Für das **Handels-Marketing** spielen Themen wie Sortimentsgestaltung (u.a. Definition von Warengruppen), Verbundeffekte zwischen Produkten, Preisbündelung, Handelsmarken, Beratungskompetenz und Standortwahl eine besondere Rolle.

2.6 Marketing-Kontrolle: Wurden die gesetzten Ziele erreicht?

Neben der Planung der Marketing-Konzeption ist es ebenso Aufgabe des Marketing-Controlling, die ergriffenen Maßnahmen zu bewerten, indem man das Erreichte mit den gesetzten Zielen vergleicht. Dies kann kontinuierlich, in periodisch stattfindenden Marketing-Klausuren oder gar in einer umfassenden, möglichst von unabhängigen Institutionen durchgeführten Prüfung, dem sog. **Marketing-Audit**, geschehen. Zunächst ist dabei die Frage zu beantworten, ob die ergriffenen Marketing-Maßnahmen die jeweils relevanten Erfolgskriterien (z.B. Marktanteil, Absatzmenge, Bekanntheitsgrad, Imagemerkmale) tatsächlich beeinflusst haben. Diese möglichst präzise zu messende **Wirkung** sagt aber noch nichts über den **Erfolg** aus; denn möglicherweise wurden die gesteckten Ziele nicht erreicht. Zusätzlich muss demzufolge der Zielerreichungsgrad (Soll/Ist-Vergleich) ermittelt werden: Eine Marketing-Maßnahme gilt erst dann als erfolgreich, wenn hinsichtlich der maßgeblichen Erfolgskriterien die Zielvorgaben erfüllt wurden. Eine Werbeanzeige etwa, die den Bekanntheitsgrad einer Marke von 50 auf 60% erhöht, ist zwar wirksam, aber bei anvisierten 70% nicht erfolgreich.

Überprüfen Sie Ihr Wissen

Wiederholende und weiterführende Fragen finden Sie in den Begleitmaterialien im Internet unter **www.erfolgsfaktoren-marketing.de**

Grundlegende Literatur
Becker, J.: Marketing-Konzeption. Grundlagen des zielstrategischen und operativen Marketing-Managements, 8.Aufl., München 2006.
Dehr, G.; Biermann, T.: Marketing Management, München 1998. *Homburg, C.; Krohmer, H.:* Grundlagen des Marketingmanagements, Wiesbaden 2006. *Lang, F.:* Die Marketing-Konzeption, 3.Aufl., Düsseldorf 2002.

Weiterführende Literatur

Borden, N.: The Concept of the Marketing Mix, in: Journal of Advertising Research, Vol.4 (1964), No.2, pp.2-7.

Magrath, A.: When Marketing Services, 4 P's Are Not Enough, in: Buiness Horizons, Vol.29 (1986), No.3, pp.44-50.

Porter, M.E.: Competitive Strategy. Techniques for Analyzing Industries and Competitors, New York 1980.

3 Käuferverhalten

3.1 Reason Why: Warum man wissen muss, was Käufer fühlen
und denken 34
3.2 Problemerkennung: Wie man die relevanten Bedürfnisse
identifiziert 35
3.3 Informationsverarbeitung: Wie Kunden Informationen einholen
und verarbeiten 38
3.4 Kaufentscheidung: Wie Käufer Einstellungen bilden und Entscheidungen
fällen 41
3.5 Soziales Umfeld: Wie andere den Kaufentscheidungsprozess
beeinflussen 43
3.6 Nachkaufphase: Wie Käufer im Nachhinein mit der Kaufentscheidung
umgehen 44
3.7 Neuere Tendenzen in Wissenschaft und Praxis 45

Einst war Kräuterlikör etwas, was ältere Männer in verrauchten Kneipen trinken. Daran erinnert heute nur noch der altdeutsch anmutende Schriftzug der Marke. Denn *Jägermeister* vollzog 1999 einen radikalen Imagewechsel zum Life Style-Getränk für junge Leute. Damit trug das Wolfenbütteler Unternehmen der Erkenntnis Rechnung, dass Konsumenten ein Produkt nicht nur wegen bestimmter Qualitätsmerkmale kaufen (z.B. Geschmack), sondern sich auch und v.a. von psychologisch erklärbaren Einflüssen leiten lassen (z.B. von sozialen Bezugsgruppen). So konsumiert die neue Zielgruppe *Jägermeister* primär deshalb, weil er Teil ihrer Identität als Angehörige der Partyszene ist. Besonders jungen Menschen ist es wichtig, attraktiven sozialen Gruppen anzugehören und dies in ihrem Konsumverhalten zu demonstrieren. *Jägermeister* positionierte daher seine Produkte als „Muss-Artikel" für Partygänger. Erreicht wurde dies durch Event-Marketing (z.B. Gratis-Longdrinks, Foto-Shooting in Diskotheken) und die Infotainment-Homepage. Dort begrüßen den Besucher zwei sprechende Hirsche, begleitet von Rockmusik und Partygeräuschen. Ein Film zeigt gut gelaunte junge Leute, die an einer Bar stehen und feiern. Ab und zu schwebt ein Angebot in den virtuellen Raum (z.B. ein Radio-Player im *Jägermeister*-Design). Das Konzept hat

Erfolg: Nach eigenen Angaben ist der Spirituosenhersteller heute der weltweit größte Anbieter von Kräuterlikör. Allein 2006 stieg der Umsatz der 0,7-Liter-Flasche um 15%, auf insgesamt 76,5 Mio. Flaschen.

3.1 Reason Why: Warum man wissen muss, was Käufer fühlen und denken

S-O-R-Modell

Stimulus:
Auf den Menschen einwirkender Reiz

Response:
Sichtbare Reaktion auf einen Reiz

Lange Zeit ging man davon aus, dass das Käuferverhalten einem simplen Schema folgt: Potenziellen Käufern wird ein Produkt angeboten, dessen Aussehen, Preis etc. zusammen mit Werbemaßnahmen (= Stimulus) sie dazu veranlassen, es zu einem bestimmten Zeitpunkt in einer bestimmten Menge in einem bestimmten Geschäft zu kaufen (= Response). Diese als **Behaviorismus** bekannte Wissenschaftsrichtung beschränkte sich darauf, sichtbare menschliche Reaktionen (z.B. Kauf) als Folge sichtbarer Umweltreize (z.B. Preissenkung) zu erklären. Die Überlegungen, Gefühle, Stimmungen etc., die während des Entscheidungsprozesses im Konsumenten entstehen, betrachteten Behavioristen als Black Box: als komplexe, unsichtbare und der Forschung unzugängliche Phänomene. Diese Black Box (vgl. Abb. 1) jedoch gilt es zu verstehen, wenn man bspw. erklären möchte, warum Teenager auf unbequemen Miniaturtastaturen massenweise SMS versenden oder Großstädter einen Geländewagen kaufen: Die Teenager wollen als „cool" gelten und einer Gemeinschaft angehören, und die übermotorisierten Großstädter möchten auffallen.

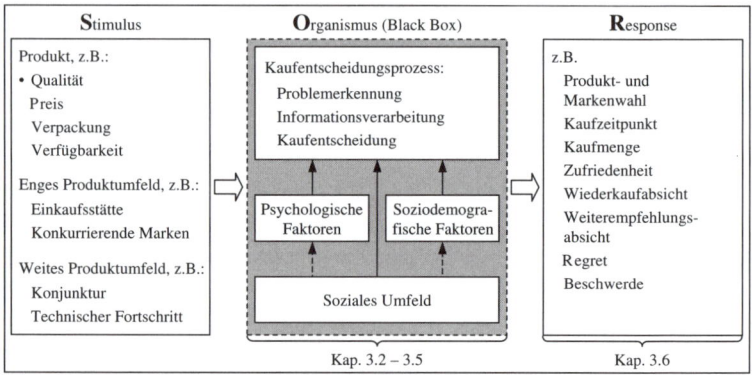

Abb. 1: S-O-R-Modell des Käuferverhaltens

Im Verlauf der sechziger Jahre setzte sich daher die Erkenntnis durch, dass man verstehen muss, was eine Person denkt und fühlt (= Organismus), um deren (Kauf-)Verhalten erklären und beeinflussen zu können. Ausgehend von diesem **Stimulus-Organismus-Response-Modell** thematisiert die Konsumentenverhaltensforschung seither nicht nur die sichtbaren Reaktionen der Kunden, sondern auch die im Organismus ablaufenden unsichtbaren Phasen des Kaufentscheidungsprozesses (vgl. Abb. 1).

Struktur des Kaufentscheidungsprozesses

Der Entscheidungsprozess beginnt damit, dass der Konsument ein Problem erkennt bzw. ein Bedürfnis verspürt (z.b. Durst) und sich daraufhin über mögliche Problemlösungen (z.b. Mineralwasser, Fanta, Bier trinken) informiert. Diese bewertet der Käufer anhand von Produktmerkmalen, die für ihn bedeutsam sind (z.b. geringer Kaloriengehalt), und entscheidet sich dann für eine Produktkategorie (z.B. Mineralwasser) sowie eine Marke (z.B. *Apollinaris*). Nach dem Kauf überdenkt er seine Entscheidung: Ist er damit zufrieden, zweifelt er sie an oder bedauert er sie gar? Diese für die Nachkaufphase charakteristischen Kognitionen und Emotionen beeinflussen, ob jemand ein Produkt wiederkauft bzw. weiterempfiehlt. Wiederkauf und Weiterempfehlung sind die beiden **Key Performance Indicators (KPI)**, die am Ende des Entscheidungsprozesses stehen und Auskunft darüber geben, ob sich ein Produkt tatsächlich erfolgreich auf dem Markt etablieren konnte. Alle vorgelagerten Leistungsindikatoren sind dafür „nur" eine notwendige Voraussetzung (vgl. Abb. 2).

Nachkauf-phase: Zeit nach dem Kauf, in welcher der Käufer seine Entscheidung überdenkt

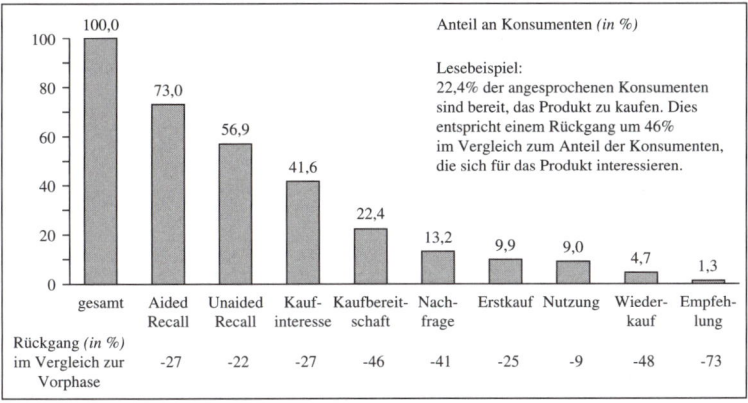

Abb. 2: Key Performance-Indikatoren für ein Produkt (beispielhafter Kurvenverlauf) Quelle: in Anlehnung an Kreutzer (2006, S.63).

3.2 Problemerkennung: Wie man die relevanten Bedürfnisse identifiziert

Bedürfnis als Ausgangspunkt des Kaufprozesses

Im Zuge der menschlichen Evolution haben sich **innere Antriebskräfte** entwickelt, deren Funktion darin besteht, das physische (z.b. Hunger), aber auch das soziale Überleben des Menschen zu sichern (z.b. Zugehörigkeitsbedürfnis). Diese erblich angelegten Bedürfnisse, die im Lebenszyklus – bspw. durch Erziehung und andere individuelle Einflüsse – überformt und weiterentwickelt werden, steuern das menschliche Verhalten. Von der individuellen Ausprägung der Bedürfnisse (z.B. Sicherheitsbedürfnis) hängt es u.a. ab, auf welche Produktmerkmale Kunden bei einer Kaufentscheidung Wert legen (z.B. Seiten-Airbag) und welches Produkt sie letztlich wählen.

Bedürfnisse lassen sich auch als ein spezifischer **Mangelzustand** beschreiben. Weicht der Ist-Zustand (z.B. unansehnliche, abgewetzte Kleidung) spürbar vom Soll- bzw. Ideal-Zustand (z.B. modische Erscheinung) ab, besteht ein Mangel, der als unangenehm empfunden wird. Aber erst der Wunsch, dieses unangenehme Gefühl zu beseitigen, verwandelt das unspezifische Bedürfnis in einen konkreten Bedarf: ein auf ein konkretes Wirtschaftsgut (z.B. Jeans) bezogenes Bedürfnis. Zu einem Kauf wiederum kommt es nur dann, wenn der Konsument über die erforderliche Kaufkraft und Kaufbereitschaft verfügt, sodass der Bedarf in Nachfrage transformiert wird. Je nachdem, ob das Bedürfnis durch den Kauf befriedigt wurde, entsteht Zufriedenheit bzw. Unzufriedenheit (vgl. Abb. 3).

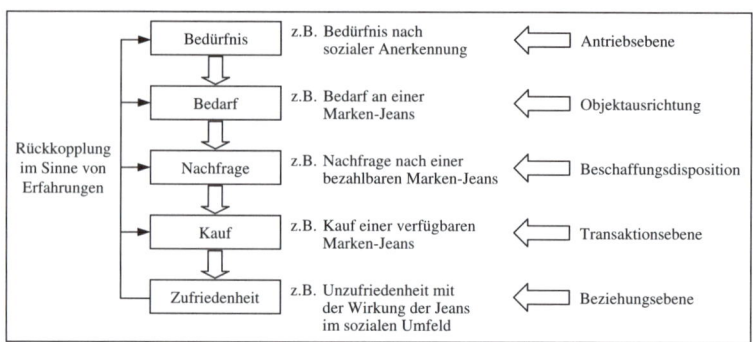

Abb. 3: Wirkungskette des Käuferverhaltens
Quelle: in Anlehnung an Balderjahn/Scholderer (2007, S.53).

Bedürfnishierarchie

Physio-logisches Bedürfnis: Körperlicher Mangel-zustand

Transzen-denz: Glaube an Übersinn-liches

Die unterschiedlichen Bedürfnisse stehen nicht gleichrangig nebeneinander, sondern sind hierarchisch geordnet. Visualisiert wird diese Vorstellung durch die sog. **Bedürfnispyramide** des amerikanischen Psychologen A. Maslow. Demzufolge befriedigen wir zunächst unsere grundlegenden physiologischen Bedürfnisse wie Hunger. Erst wenn diese gestillt sind, wenden wir uns sukzessive den sekundären Motiven zu: Sicherheit → soziale Beziehungen → Wertschätzung → Selbstverwirklichung (vgl. Abb. 4). Das Originalmodell wurde oft kritisiert: Es sei statisch und realitätsfremd. So erlangen sehr religiöse Menschen trotz mangelhafter sozialer Beziehungen und sozialer Wertschätzung Selbstverwirklichung im Sinne von Transzendenz. Auch verlieren „tiefere" Bedürfnisstufen ihre Relevanz nicht gänzlich, sondern nur vorübergehend. So streben viele Deutsche, wie in postmaterialistischen Wohlstandsgesellschaften üblich, nach Selbstverwirklichung (z.b. Erlebnisorientierung). Die Bedürfnisse nach Sicherheit (z.b. Altersvorsorge), sozialen Beziehungen (z.b. Online-Communities) und Wertschätzung (z.b. Status- bzw. Luxusprodukte) sind aber gleichfalls sehr einflussreich. Diesem sowohl-als-auch trägt das dynamische Modell Rechnung.

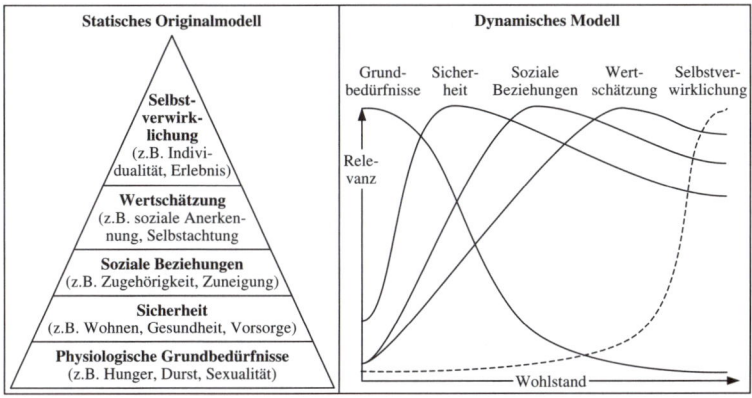

Abb. 4: Statische und dynamische Bedürfnishierarchie

Bedürfnisse und Lebenszyklus

Viele Bedürfnisse ändern sich im Laufe des Lebens – und damit auch die Nachfrage nach bestimmten Produkten. Der Lebenszyklus eines Menschen lässt sich grob in **vier Phasen** unterteilen: Single – Volles Nest I – Volles Nest II – Leeres Nest. Wer bspw. zu Beginn seines Studiums aus dem Elternhaus auszieht, hat als Single mit begrenztem Einkommen im Regelfall das Bedürfnis, sich preiswert einzurichten. Die im „Leeres Nest" zurückbleibenden Eltern erfüllen sich hingegen endlich den Wunsch nach mehr Luxus und ersetzen ihre abgenutzten Sitzmöbel durch eine Designer-Couch. Familien mit kleinen Kindern (Volles Nest I) benötigen Betreuungsangebote; solche mit größeren Kindern wiederum buchen Cluburlaube (Volles Nest II). Natürlich ist diese Darstellung höchst vereinfachend. So haben ältere Singles andere Bedürfnisse (z.b. nach Pflegeprodukten und -dienstleistungen) als jüngere. Aber das Modell bietet dem Marketing eine erste Orientierungshilfe, um Bedürfnisse zu identifizieren.

Volles Nest I: Paar mit jungen Kindern

Volles Nest II: Paar mit älteren Kindern

Leeres Nest: Paar, Kinder aus dem Haus

Identifikation von Bedürfnissen

Für das Marketing ist es unerlässlich, Bedürfnisse zu identifizieren. Denn daraus kann man konkrete Anforderungen an die Produktgestaltung (welche Bedürfnisse muss das Produkt befriedigen) und Kommunikationspolitik (mit welchen Argumenten lässt sich das Produkt bewerben) ableiten. Bedürfnisse lassen sich mit Hilfe von Marktforschung einerseits anhand direkter Fragen identifizieren, z.B. nach der Wichtigkeit von Leistungsangeboten. Andererseits werden tiefenpsychologisch fundierte Fragetechniken eingesetzt, um tiefer liegende, den Befragten selbst oft verborgene Bedürfnisse erkennen zu können. Eine Variante ist die **Laddering-Technik.** Dabei wird durch schrittweises Nachfragen erforscht, warum einem Käufer bestimmte Produktmerkmale wichtig sind. Ergebnis sind sog. Means End-Ketten: Jedes Produktmerkmal (z.B. Airbag) wird mit seinem Nutzen (z.B. Schutz vor Verletzung) und dieser wiederum mit zugrunde liegenden Bedürfnissen (z.B. Sicherheit) verknüpft. Daraus kann der Anbieter u.a. ableiten, mit welchen Produktmerkmalen er welche Bedürfnisse befriedigen kann und welche Nutzenversprechen in der Werbung für derartige Produkte zu betonen sind.

3.3 Informationsverarbeitung: Wie Kunden Informationen einholen und verarbeiten

Aufmerksamkeit als Voraussetzung der Informationsaufnahme

Selektive Wahrnehmung: Ausblenden von Umweltreizen, die nicht mit relevanten Bedürfnissen korrespondieren

Die menschlichen Sinnesorgane sind nur begrenzt leistungsfähig. Um sich vor Reizüberflutung zu schützen, nimmt der Mensch nicht alle Informationen wahr, insb. solche nicht, die in Form von Produkten oder Produktwerbung auf ihn einströmen. Die Selektivität der Wahrnehmung sorgt dafür, dass nur bedürfnisgerechte Stimuli aufgenommen und verarbeitet werden. So schenkt eine junge Mutter mit hoher Wahrscheinlichkeit einer Anzeige für Babywindeln mehr Beachtung als einer *Bacardi*-Werbung. Da aber viele mehr oder minder austauschbare Angebote (z.B. *Pampers*, *Babydream*) um die Aufmerksamkeit der gleichen Zielgruppe konkurrieren, müssen Anbieter die potenziellen Käufer mit den Mitteln der Kommunikationspolitik aktivieren, d.h. in einen physiologischen **Spannungszustand** versetzen.

Einflussfaktoren der Informationssuche

Wie intensiv Käufer nach Informationen suchen, hängt von ihrem **Produkt-Involvement** ab: Konsumenten interessieren sich in unterschiedlichem Maße für die verschiedenen Produkte bzw. Produktkategorien. Dauerhaft Involvierte (z.B. Hobbyfotograf) sind, unabhängig von konkreten Kaufplänen, besonders aufnahmebereit für produktspezifische Informationen (z.B. Leistungsvergleich Spiegelreflexkamera vs. elektronische Kamera). Vom dauerhaften ist das situative Involvement abzugrenzen, welches über die Intensität der Informationssuche vor einer Kaufentscheidung entscheidet. Hungrige Menschen bspw. sind zeitweilig ausgesprochen daran interessiert, etwas Essbares zu kaufen; und wer zu einem Vorstellungsgespräch oder einer feierlichen Abendveranstaltung geladen ist, dessen situatives Involvement gilt dem Kauf geeigneter Kleidung (Anzug, Kostüm etc.). Das Ausmaß des situativen Involvements hängt von drei Faktoren ab: dem Kaufrisiko, der Kaufhäufigkeit und externen Anreizen (vgl. Abb. 5).

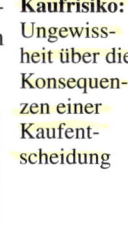

Kaufrisiko: Ungewissheit über die Konsequenzen einer Kaufentscheidung

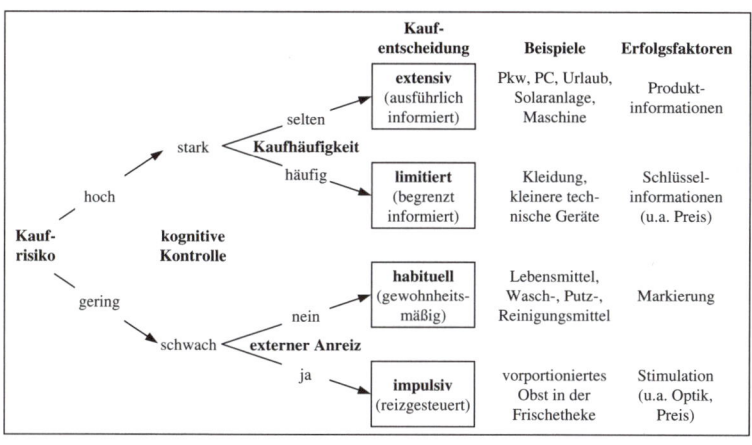

Abb. 5: Vier Arten von Kaufentscheidungen

Bei hohem Kaufrisiko informieren sich Kunden vor dem Produktkauf eingehend, z.B. über Produktqualität und Preise. Sie nehmen beträchtliche (Such-)Anstrengungen in Kauf, um eine bewusste, kognitiv kontrollierte Kaufentscheidung treffen zu können. Bezieht sich diese auf selten gekaufte Produkte (z.B. PC, Pkw), so spricht man von einer **extensiven** Kaufentscheidung. Erfolgsfaktor ist hier ein umfassendes passives (z.B. Prospekte, Website) und aktives Informationsangebot (z.B. Beratung durch geschultes, Vertrauen erweckendes Personal). Dem Erwerb von häufiger gekauften Produkten, wie Kleidungsstücken, gehen hingegen **limitierte** Kaufentscheidungen voraus: Hier greifen die Kunden auf ihre Erfahrungen zurück und orientieren sich vorzugsweise an Schlüsselinformationen (z.B. Gütesiegel, Marke, Preis).

Wenig risikobehaftete Kaufentscheidungen laufen unter geringerer kognitiver Kontrolle ab. Liegt kein zusätzlicher externer Anreiz vor (z.B. Sonderangebot), dann kommt es zu einer **habituellen** Kaufentscheidung. Besonders Low Involvement-Produkte, etwa Waren des täglichen Bedarfs, werden gewohnheitsgemäß gekauft, weil sich ein erhöhter Beschaffungsaufwand in ihrem Fall zumeist nicht lohnt. Der Erfolgsfaktor besteht darin, eine starke Marke zu etablieren, welcher die Käufer „blind" vertrauen.

Für **impulsive** Kaufentscheidungen ist das Zusammentreffen von geringem Kaufrisiko, schwacher kognitiver Kontrolle und externem Anreiz charakteristisch. Dies kann eine Ausnahmesituation sein (z.B. Urlaubsreise), eine besonders reizvolle Ladendekoration, Zeitdruck oder das Bestreben, sich ein Schnäppchen nicht entgehen zu lassen. Anbieter sind sehr daran interessiert, Impulskäufe auszulösen; denn für diese ungeplanten und spontanen Kaufentscheidungen ist eine überdurchschnittliche Zahlungsbereitschaft charakteristisch. Begünstigen lassen sich Impulskäufe durch künstliche Verknappung („Nur heute im Angebot!"), geschickte Platzierung (z.B. neben der Kasse), vorteilhafte Preise (Sonderangebote) oder Verkaufspromotions (z.B. Verkostungsaktion).

Speichern von Informationen

Lernen: Übernahme von Verhaltensweisen aufgrund von Beobachtung oder eigener bzw. stellvertretender Erfahrung

Damit ein Kunde die aufgenommenen Produktinformationen jederzeit – also auch für spätere Kaufentscheidungen – abrufen kann, muss er sie in seinem Gedächtnis speichern. Der dazu erforderliche Lernprozess kann auf verschiedenen Mechanismen beruhen. Das Prinzip der **klassischen Konditionierung** („Lernen durch Gleichzeitigkeit") hat erstmal *I. Pawlow* beschrieben. In Experimenten mit Hunden ließ der russische Wissenschaftler beim Füttern der Versuchstiere eine Glocke ertönen. Auf Futter (= unkonditionierter Reiz) reagieren Hunde reflexartig mit Speichelfluss, während der Glockenton für sich genommen diese Reaktion nicht auslöst (= neutraler Reiz). Nach mehrmaliger gleichzeitiger Darbietung (= Kontiguität) des unkonditionierten mit dem neutralen Reiz war allerdings auch der Glockenton in der Lage, den Speichelfluss auszulösen. Er wurde zum konditionierten Reiz. Unternehmen nutzen diesen elementaren Lernprozess und konditionieren ihre Marken mit gewünschten, einzigartigen Produktmerkmalen. So schreiben viele Käufer einem Körperpflegeprodukt, das wiederholt mit erotischen Motiven beworben wurde, eine besondere emotionale Qualität zu.

B.F. Skinner wies erstmals das Prinzip der **operanten Konditionierung** nach: Lernen durch Belohnung oder Bestrafung. In Experimenten belohnte er Tauben und Ratten für ein bestimmtes Verhalten (z.B. Klopfen auf ein Metallplättchen, Betätigen eines Hebels) mit Futter oder bestrafte sie mit einem leichten Stromstoß. Wiederholte Belohnung verstärkte das entsprechende Verhalten, während mehrfach bestrafte Tiere die jeweilige Tätigkeit schließlich unterließen. In der Marketing-Praxis lassen sich nach diesem Prinzip Produkte, Marken oder ganze Unternehmen positiv „aufladen". Typische operante Belohnungen sind Preisnachlässe oder anerkennende Bemerkungen der Verkäufer („Der Pullover steht Ihnen gut!").

Referenzkunden: Käufer, die mit ihren positiven Berichten andere von dem Produkt überzeugen

Das **Modell-Lernen** beruht auf der Erkenntnis, dass nicht nur Belohnung und Bestrafung, die man selbst erfährt, verhaltenswirksam sind, sondern auch Belohnung und Bestrafung, die ein Modell, also z.B. ein anderer Mensch, erhält. Der Beobachter lernt in diesem Falle, dass er durch Imitation des Modellverhaltens mit demselben Ergebnis rechnen kann. Deshalb ist auch häufig von Imitations-Lernen die Rede. Unternehmen nutzen dieses Prinzip, indem sie z.B. auf Referenzkunden verweisen und in der Werbung zeigen, wie Testimonials (= typische Vertreter der Zielgruppe) vom Gebrauch des beworbenen Produkts profitieren.

3.4 Kaufentscheidung: Wie Käufer Einstellungen bilden und Entscheidungen fällen

Einstellungsbildung

Die gesammelten Informationen nutzt der Käufer, um die angebotenen **Produkte zu beurteilen**. Allerdings unterzieht er im Regelfall nicht alle verfügbaren (= Availability Set) bzw. ihm bekannten Produkte (= Awareness Set) einer eingehenden Bewertung, sondern nur solche, die in der konkreten Entscheidungssituation für ihn prinzipiell in Frage kommen (= Evoked Set). Ergebnis dieses Bewertungsprozesses ist eine Einstellung, die ausdrückt, ob wir ein Produkt mögen oder nicht. Einstellungen sind subjektiv, relativ überdauernd und nur schwer zu ändern. Auf ihrer Grundlage treffen Menschen Kaufentscheidungen. Für Marketing-Manager ist es daher wichtig, die Einstellungen ihrer Kunden zu kennen, ihre Informationspolitik daran auszurichten und bei der Produktpolitik zu berücksichtigen.

Einstellung: Bereitschaft, sich einem bestimmten Objekt gegenüber generell ablehnend oder befürwortend zu verhalten

Produktbezogene Einstellungen lassen sich im Rahmen von Befragungen bspw. mit Hilfe des **Adequacy Importance-Modells** messen, welches zu den Multiattributiv-Modellen zählt. Hierfür bittet man die Auskunftsperson anzugeben, welche Attribute des Produkts (bei einer Digitalkamera z.B. Bildqualität, Design) ihr in welchem Maße wichtig sind (= W_i) und wie überzeugt sie ist, dass die betreffende Marke die einzelnen Leistungsmerkmale besitzt (= $Ü_i$). Summiert ergibt sich dann die Einstellung E_j. Abb. 6 zeigt hypothetische Werte für zwei konkurrierende Marken: *Panasonic* und *Fujifilm*, die im Beispiel annähernd gleich abschneiden.

Multiattributiv-Modell: Operationalisiert Einstellungen als (gewichtete) Bewertung mehrerer Produktmerkmale

Attribut (i) des **Objekts** (j)	**Wichtigkeit** (W_i) (1 = unwichtig, 10 = wichtig)	**Überzeugung** ($Ü_{ij}$) (1 = schwach, 10 = stark)	
		Panasonic	*Fujifilm*
Bildqualität	10	9	5
Videoqualität	3	4	8
Betriebsdauer	4	10	7
Bedienungskomfort	9	8	8
Vielseitigkeit	2	4	6
Design	8	4	8
Einstellung (E_j) $E_j = \sum Ü_{ij} \cdot W_i$		**254**	**250**

Abb. 6: Einstellungen eines Käufers zu zwei konkurrierenden Digitalkameras

Angesichts der Pattsituation hat *Panasonic* verschiedene **Handlungsoptionen**, um die Kaufentscheidung möglicher Kunden zu seinen Gunsten zu beeinflussen (vgl. Abb. 7). So kann der Anbieter versuchen, die subjektive

Wichtigkeit bislang unwichtiger Attribute, bei denen er besser als *Fujifilm* abschneidet, zu erhöhen (z.B. Betriebsdauer). Hierbei hilft eine Werbebotschaft wie „Bei fünf Tagen Akku-Laufzeit können Sie ohne Ladegerät auf Dienstreise gehen.".

		Wichtigkeit des Leistungsmerkmals	
		unwichtig	wichtig
Leistungsmerkmal im **Konkurrenzvergleich**	besser	Bsp.: Betriebsdauer ⇒ *Status quo bewahren und event. als „wichtig" kommunizieren*	Bsp.: Bildqualität ⇒ *Stärke kommunizieren und – falls möglich – ausbauen*
	schlechter/ gleich gut	Bsp.: Videoqualität, Vielseitigkeit ⇒ *Schwäche vernachlässigen*	Bsp.: Design, Bedienungskomfort ⇒ *Schwäche beseitigen und die Verbesserung kommunizieren*

Abb. 7: Handlungsoptionen für Panasonic

Einstellungs-Verhaltensdiskrepanz

Sozial erwünschte Antworten: An gesellschaftlichen Normen (z.B. gesunde Ernährung, mäßiger Alkoholgenuss) ausgerichtete Antworten

Eigentlich müsste jeder Konsument aus seinem Evoked Set jene Marke wählen, zu der er die positivste Einstellung hat. Aus vielerlei Gründen geht diese simple Gleichung allerdings oft nicht auf. So geben viele Verbraucher in Befragungen an, umweltbewusst zu sein; dies bedeutet aber nicht, dass sie in der Realität – immer, häufig oder auch nur bisweilen – Ökoprodukte kaufen. Die sog. Einstellungs-Verhaltensdiskrepanz hat verschiedene **Gründe**, von denen der wichtigste das Bedürfnis vieler Menschen ist, in Befragungen **sozial erwünschte Antworten** zu geben. Daneben sind folgende Störfaktoren bedeutsam:

- Der Käufer kann sein Verhalten selbst nicht kontrollieren, weil **situative Variablen** den Kauf verhindern. Möglicherweise kann er sich teure Ökolebensmittel nicht leisten (finanzielle Restriktionen), oder der Weg zum nächsten Naturkostladen ist bzw. scheint ihm zu weit (zeitliche Restriktionen).
- Kaufentscheidungsprozesse können sich, v.a. wenn sie High Involvement-Produkte betreffen, über einen längeren Zeitraum hinziehen. Damit steigt die Wahrscheinlichkeit, dass **unerwartete Ereignisse** (z.B. Arbeitslosigkeit) eintreten und einen einstellungskonformen Kauf verhindern oder die Präferenzen des Käufers sich kurzfristig ändern (z.B. aufgrund einer spektakulären Rückrufaktion).
- Die Einstellung ist nicht gefestigt und lässt sich daher **nicht aktivieren**. Dies ist zumeist dann der Fall, wenn Einstellungen auf Basis von Werbeversprechen des Anbieters oder Berichten anderer Käufer gebildet wurden, nicht aber aufgrund eigener Erfahrungen. Kostenlose Produktproben können daher ein entscheidender Erfolgsfaktor sein.

3.5 Soziales Umfeld: Wie andere den Kaufentscheidungsprozess beeinflussen

Sozialer Einfluss

Der Mensch ist ein soziales Wesen und lässt sich daher von Personen, die für ihn bedeutsam sind, beeinflussen. Er benötigt das Urteil von Freunden, Bekannten und anderen Bezugspersonen, um sein eigenes Verhalten als richtig oder falsch einschätzen zu können (informativer sozialer Einfluss). Darüber hinaus hat der Mensch das Bedürfnis, von anderen gemocht und akzeptiert zu werden (normativer sozialer Einfluss). Folglich möchten wir, dass möglichst viele, v.a. aber für uns wichtige und aus unserer Sicht attraktive Personen, unsere **Handlungen billigen**. Dies gilt, wie Abb. 8 beispielhaft zeigt, gerade auch für Kaufentscheidungen.

Theorie sozialer Vergleiche: Menschen vergleichen sich mit Personen aus ihrem Umfeld, wenn sie ihr Verhalten nicht anhand objektiver Kriterien einordnen können

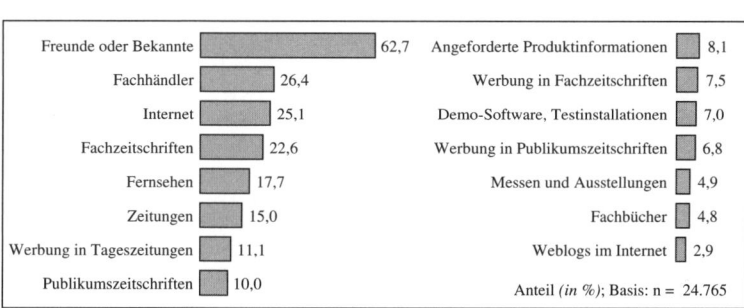

Freunde oder Bekannte   62,7   Angeforderte Produktinformationen   8,1

Fachhändler   26,4   Werbung in Fachzeitschriften   7,5

Internet   25,1   Demo-Software, Testinstallationen   7,0

Fachzeitschriften   22,6   Werbung in Publikumszeitschriften   6,8

Fernsehen   17,7   Messen und Ausstellungen   4,9

Zeitungen   15,0   Fachbücher   4,8

Werbung in Tageszeitungen   11,1   Weblogs im Internet   2,9

Publikumszeitschriften   10,0   Anteil *(in %)*; Basis: n = 24.765

Abb. 8: Genutzte Informationsquellen zum Thema „PC/EDV"
Quelle: Communication Networks 11.0 (2007).

Bezugspersonen und Bezugsgruppen

Eine Schlüsselrolle spielen dabei zunächst die **Familienmitglieder**. Je nachdem, welchen Anteil sie an Kaufentscheidungen haben, lassen sich weibliche (Kinderkleidung, Lebensmittel, Küchengeräte) und männliche Domänen (Lebensversicherung) unterscheiden. Bei anderen Produktkategorien entscheiden Paare eher gemeinsam (Wohnzimmermöbel, Urlaub). Beim Urlaub müssen Eltern außerdem noch Rücksicht auf ihre Kinder nehmen (z.B. Club-Urlaub mit Betreuungsangebot). Oftmals regen Kinder Produktkäufe sogar selber an. So zeigen Beobachtungen in Supermärkten, dass die Initiative zum Kauf von Cornflakes in zwei Dritteln der Fälle vom Kind ausgeht. Fast immer stimmten die Eltern diesem Wunsch zu, mehrheitlich sogar auch der ausgesuchten Marke. Man spricht in diesem Fall von abgeleiteter Nachfrage.

Abgeleitete Nachfrage: Bedarf an einem Produkt, der (nur) durch eine Mittelsperson (z.B. Mutter) befriedigt werden kann

Wichtig sind weiterhin **Bezugsgruppen**. So lassen sich Menschen auch von den Werten ihrer sozialen Schicht, ihres Freundeskreises bzw. ihrer Alterskohorte leiten. Besonders Jugendliche orientieren sich auf der Suche nach Identität an ihrem Umfeld. Sie lassen sich piercen, weil es andere in der Cli-

Alterskohorte: Zur selben Zeit aufgewachsene und

daher von que auch tun, oder kaufen einen *iPod*, um „dazu zu gehören". Dies trifft vor-
denselben wiegend auf sozial auffällige Produktbereiche zu. So geben der Studie
Ereignissen *Bravo Faktor Jugend 2005* zufolge 92% der 18-22-Jährigen an, sich vor
geprägte dem Kleidungskauf bei Freunden zu informieren; bei Gesichtspflegepro-
Menschen dukten sind es immerhin noch 71%.
(z.B. Nach-
kriegsgene-
ration) Eine besondere Rolle spielen **Meinungsführer**. Innerhalb ihrer Bezugsgruppe nehmen sie eine zentrale Stellung ein (Soziozentralität) und kommunizieren intensiv mit anderen Mitgliedern des sozialen Netzwerkes.
Wenn sie außerdem viel über ein Produkt wissen (Fachwissen) und sich
stark dafür interessieren (Involvement), dann werden vorzugsweise sie von
Referenzen: anderen um Rat zu diesem Produkt gefragt. Besonders wichtig sind solche
Berichte von Referenzen für Produkte mit hohem Kaufrisiko (teure imagebildende oder
Konsumen- komplexe Produkte). Deshalb ist es wichtig, dass Anbieter zunächst Mei-
ten, die an- nungsführer über ihre Neuerungen informieren. Lassen sie sich von dem
deren den Angebot überzeugen, dann werden ihnen andere folgen. Aus diesem Grund
Kauf von senden etwa große Sportartikelhersteller sog. Scouts aus, die jugendliche
Produkten Meinungsführer aufspüren und ihnen Markenware kostenlos oder leihweise
empfehlen zur Verfügung stellen.
oder davon
abraten

3.6 Nachkaufphase: Wie Käufer im Nachhinein mit der Kaufentscheidung umgehen

Nachkaufdissonanz und Regret

Nachdem der Käufer sich für ein bestimmtes Angebot entschieden hat, beginnt die Nachkaufphase, in der er das Produkt nutzt oder konsumiert. Paradoxerweise setzt er sich in diesem Stadium oft besonders intensiv mit Informationen über den betreffenden Produktbereich auseinander; denn er
möchte seine Entscheidung bestätigt wissen. Sammelt er in dieser Phase
Dissonanz: schlechte Erfahrungen, oder er erhält neue, negative Informationen über das
Als negativ Produkt (z.B. aus der Presse oder von anderen Käufern), dann entsteht ko-
wahrge- gnitive **Nachkaufdissonanz**. Nahezu unausweichlich ist dieses unange-
nommener nehme Gefühl, wenn anfänglich zwei (oder mehr) Produkte zur Auswahl
Widerspruch standen, welche der Käufer ähnlich gut bewertete. Zumeist hat nämlich jede
zwischen Produktalternative ein spezifisches Nutzenpotenzial, sodass die Entschei-
Kognitionen dung für Produkt A (bspw. *Mercedes* = Sicherheit) zwangsläufig den Verzicht auf das Nutzenpotenzial von Produkt B (bspw. *BMW* = Sportlichkeit)
bedeutet. Das Bedauern, auf den Nutzen der verworfenen Alternative verzichten zu müssen, wird als **Regret** bezeichnet. Es ist deshalb ratsam, dem
Käufer gerade in der Nachkaufphase konsonante, d.h. seine Entscheidung
bestätigende Informationen zur Verfügung zu stellen. Dies kann durch
Nachkaufwerbung geschehen, indem ein Autohaus bspw. auf *ADAC*-Tests
hinweist, wonach der erworbene Pkw der sicherste seiner Klasse ist, oder
durch affirmative Bemerkungen des Verkäufers (z.B. „Für dieses Modell
hätte ich mich an Ihrer Stelle auch entschieden.").

Kundenzufriedenheit und Kundenbindung

In der Nachkaufphase entscheidet sich auch, ob der Kunde das Produkt **wie-derkauft** oder nicht. Besonders in wettbewerbsintensiven Märkten ist Kundenbindung entscheidend für den Erfolg eines Anbieters. Ein Wiederholungskäufer kennt die Produkte des Unternehmens und vertraut ihm, muss also kaum mehr beraten bzw. überzeugt werden. Ausschlaggebend für den Wiederkauf ist, ob es dem Anbieter gelingt, einen Käufer mit dem Produkt, dem Service und v.a. mit der Nachkaufbetreuung zufrieden zu stellen. Darin sind manche Branchen besser als andere, wie der Kundenmonitor Jahr für Jahr zeigt (vgl. Abb. 9).

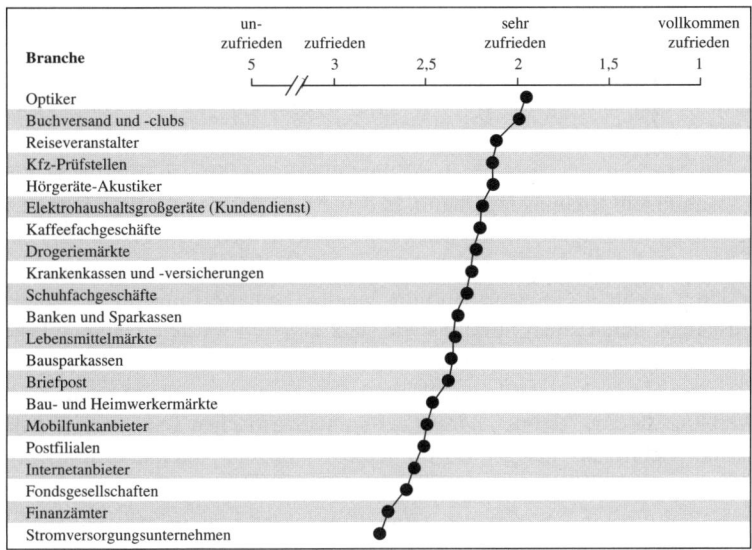

Abb. 9: Kundenzufriedenheit nach Branchen
Quelle: Kundenmonitor Deutschland (2007).

3.7 Neuere Tendenzen in Wissenschaft und Praxis

Emotionen: Menschen entscheiden sich oft spontan und scheinbar irrational für ein Produkt. Grund hierfür können Emotionen und Stimmungen sein. Wer sich bspw. glücklich fühlt, kauft eher als jemand, der traurig ist. Unternehmen statten ihre Verkaufsräume daher oft mit angenehmen Umweltreizen aus (z.B. Hintergrundmusik, Duft). Weiterhin beeinflussen antizipierte (d.h. vorweggenommene bzw. erwartete) Emotionen die Kaufentscheidung („Ich werde stolz auf mich sein, wenn ich jeden Tag auf diesem Hometrainer trainiere."). Solche Gefühle anzusprechen erhöht die Kaufwahrscheinlichkeit („Sie möchten Ihren inneren Schweinehund überwinden?").

Moralisches Kaufverhalten: Da viele Produkte gleichermaßen gute Qualität versprechen und Verbraucher zunehmend sensibilisiert sind für soziale und ökologische Missstände, hat sich das sog. Cause Marketing zu einem Erfolgsfaktor entwickelt. Hierbei engagieren sich Unternehmen für soziale Belange. Allerdings geschieht dies nicht in Form herkömmlicher Spenden, sondern etwa durch Verknüpfung von Produktkauf und gemeinnützigem Engagement. So spendete *Krombacher* im Rahmen der Kampagne „Gute Sache, gutes Bier!" für jede verkaufte Flasche einen Cent für einen guten Zweck (z.b. Rettung des Regenwalds). Seinen Kunden verhilft das Unternehmen mit Cause Marketing zu einem guten Gewissen. Sich selbst differenziert es von Konkurrenten und präsentiert sich obendrein als besonders verantwortungsvoll. Tatsächlich oder vermeintlich verantwortungslos handelnde Unternehmen hingegen sehen sich öffentlicher Kritik oder gar Konsumentenboykotts ausgesetzt (z.b. *Electrolux* nach der geplanten Stilllegung des zum Konzern gehörenden Nürnberger *AEG*-Werkes).

Neuro-Marketing: Jahrzehntelang dominierte das S-O-R-Paradigma die Konsumentenverhaltensforschung. In dem Maße jedoch, wie die Methoden der Hirnforschung verfeinert wurden, etablierte sich ein Forschungsfeld, welches das Entscheidungs- und Kaufverhalten anhand von Hirnströmen zu erklären versucht. So visualisiert die Magnetresonanz-Tomografie, welche Hirnareale durch einen Stimulus wie stark aktiviert werden. Dadurch lässt sich u.a. die für den Erfolg einer Marke wichtige Emotionalisierung prüfen. So konnte das Marktforschungsunternehmen *Viacom* nachweisen, dass Werbung für eine Alkopop-Marke bei jungen, britischen Testpersonen eine heftige Gehirnaktivität hervorruft, Werbung für eine Teemarke hingegen nicht.

Kultur und Kaufverhalten: Menschen lassen sich in ihrem Kaufverhalten von den Werten ihres Kulturkreises leiten. So demonstrieren Japaner gerne Macht und Status – auch und v.a. durch die Wahl prestigeträchtiger Marken. Die heimische Marke *Suntory* bietet daher verschiedene Sorten Whisky an, von denen jede für eine bestimmte Stufe der Karriereleiter angemessen ist (*Tory* oder *White* vor dem Berufseinstieg, *Red* und *Kaku* für einfache sowie *Old* und *Reserve* für leitende Angestellte). Solche sozialen Abstufungen kann (und soll) etwa schottischer Whiskey nicht nachbilden.

Überprüfen Sie Ihr Wissen

Wiederholende und weiterführende Fragen finden Sie in den Begleitmaterialien im Internet unter **www.erfolgsfaktoren-marketing.de**

Grundlegende Literatur

Balderjahn, I.; Scholderer, J.: Konsumentenverhalten und Marketing, Stuttgart 2007.

Kroeber-Riehl, W.; Weinberg, G.: Konsumentenverhalten, 8.Aufl., München 2003.

Solomon, M.; Bamossy, G.; Søren, A,: Konsumentenverhalten. Der europäische Markt, München 2001.

Trommsdorff, V.: Konsumentenverhalten, 7.Aufl., Stuttgart 2008.

Weiterführende Literatur

Müller, S.; Gelbrich, K.: Marktpsychologie, in: Handelsblatt (Hrsg.): Wirtschaftslexikon, Stuttgart 2006, S.3817-3835.

Müller, S.; Gelbrich, K.: Interkulturelles Marketing, München 2004.

Raab, G.; Unger, F.: Marktpsychologie, 2.Aufl., Wiesbaden 2005.

4 Informationsgewinnung

4.1 Reason Why: Warum Marketing-Manager auf Informationen
angewiesen sind 50
4.2 Grundsatzentscheidung: Qualitative oder quantitative Marketing-
Forschung? 51
4.3 Desk Research: Wie man vorhandene Daten nutzt 53
4.4 Beobachtung: Was Verhaltensbeobachtungen verraten 55
4.5 Befragung: Was Unternehmen aus Umfragen lernen können 57
4.6 Experiment: Wie sich Ursache-Wirkungsbeziehungen nachweisen
lassen . , ... 60
4.7 Neuere Tendenzen in Wissenschaft und Praxis 62

Wer kauft eigentlich unsere Marke? Stimmt unsere Zielgruppe mit unseren tatsächlichen Kunden überein? Wie ist unsere Marke im Wettbewerbsumfeld positioniert? Diese und andere Fragen erscheinen trivial; aber kein Marketing-Manager kann sie verlässlich beantworten, ohne dafür Informationen einzuholen. Dies gilt insb. für Konsumgüterhersteller.

Da ihre Produkte zumeist von Handelsunternehmen vertrieben werden, können sie nicht aus eigener Anschauung wissen, wer ihre Kunden sind. Derartige Informationen liefert jedoch z.B. das Marktforschungsunternehmen GfK. Es erhebt in ihrem Verbraucherpanel die Kaufgewohnheiten einer repräsentativen Stichprobe deutscher Konsumenten mit Hilfe sog. Electronic Diaries, mit denen dieses auf Verbraucherforschung spezialisierte, weltweit tätige Marktforschungsinstitut die Panelteilnehmer ausstattet. Da diese Daten mit den Psycho- und Soziodemografika der Befragten verknüpft werden können, erfahren die Hersteller nicht nur, wie oft ihre Marken wann und wo gekauft werden, sondern z.B. auch, ob die Käufer jung oder alt, preis- oder markenbewusst bzw. Singles oder Familienväter sind. Weiterhin verraten die Paneldaten den Herstellern, ob ihre Marke mehr Stammkäufer hat als konkurrierende Marken und ob der Handel ihrer unverbindlichen Preisempfehlung folgt. Der Wert solcher Marktinformationen steht und fällt mit der sog. Datenqualität: Die Daten müssen regelmäßig erhoben werden, repräsentativ für die Grundgesamtheit sowie reliabel und valide sein. Dass die *GfK* es dauerhaft verstanden hat, diese Qualitätskriterien zu erfüllen, ist einer der Gründe für ihr stetiges Wachstum: 1925 als *Institut für Wirtschaftsbeobachtung der deutschen*

Panel: Wiederholte Befragung derselben Personengruppe zu demselben Thema

Psychografika: Psychologisch beschreibbare Merkmale eines Menschen (z.B. Motive)

Fertigware gegründet, erwirtschaftete das Nürnberger Marktforschungsunternehmen 2007 einen Umsatz von 1,16 Mio. €, davon mehr als drei
Viertel im Ausland.

4.1 Reason Why: Warum Marketing-Manager auf Informationen angewiesen sind

Notwendigkeit der Informationsgewinnung

Marketing-Forschung ist für den Markterfolg unabdingbar. Ohne sie wäre
so manche kreative Geschäftsidee im Sande verlaufen. Wie soll ein Unternehmer ein neuartiges Produkt auf dem Markt platzieren, ohne zu wissen,
wer die potenziellen Kunden sind, was sich diese wünschen und ob konkurrierende Angebote diese Erwartungen bereits erfüllen? Das ominöse
Bauchgefühl, auf das sich mancher Manager so gerne beruft, mag subjektiv
überzeugend sein: Eine verlässliche **Entscheidungsgrundlage** ist es nicht.
Wie etwa soll der Produktmanager nach der Markteinführung wissen, ob
die neue Marke die Zielgruppe wie gewünscht erreicht, ob sie genügend
Stammkäufer findet oder was übliche Kaufintervalle sind?

Markenführung und Markencontrolling sind auf die Beantwortung solcher
Fragen angewiesen. Denn die meisten Unternehmen agieren unter widrigen
Umfeldbedingungen, wo selbst geringfügige Fehlentscheidungen fatale
Folgen haben können:

- Zunehmende Internationalisierung und verstärkter Markteintritt neuer
  Wettbewerber,
- Marktsättigung bzw. stagnierende Märkte,
- durch Pseudoinnovationen erzeugte inflationäre Vielzahl von Produkten
  und Marken,
- verkürzte Produktlebenszyklen und Pay Back-Perioden (= Amortisati-
  onszeit),
- vielfach ausgereifte, von den Konsumenten als austauschbar erlebte Produkte,
- Kommunikationswettbewerb und Informationsüberlastung der Konsumenten.

Aufgabe der Marketing-Forschung ist es daher, systematisch Informationen
zu gewinnen, auszuwerten, entscheidungsgerecht zusammenzufassen und
zu dokumentieren.

Qualität von Marketing-Forschung

Dennoch begegnen nicht wenige Entscheidungsträger in den Unternehmen
Marktforschungsdaten mit **Skepsis**. Dies ist v.a. dann der Fall, wenn diese
den eigenen Erfahrungen bzw. Absichten widersprechen. Häufig wird kriti-

siert, die Ergebnisse seien nicht repräsentativ, die Befragten würden sensible Fragen nicht wahrheitsgemäß beantworten, und im konkreten Einzelfall könne man doch nicht genau vorhersagen, wie sich ein Käufer verhält. Deshalb muss Marketing-Forschung bestimmten Qualitätsanforderungen genügen:

(Randnotiz: Grundgesamtheit: Gesamtheit der Untersuchungsobjekte (z.B. in Kleinstädten lebende Verbraucher))

* **Repräsentativität:** Damit Aussagen über die Grundgesamtheit möglich sind, müssen die anhand einer Stichprobe gewonnenen Ergebnisse auf die jeweilige Grundgesamtheit übertragbar sein. Am besten erreicht man dies mit Hilfe einer Zufallsstichprobe, bei der jedes Element der Grundgesamtheit dieselbe Chance hat, in die Stichprobe zu gelangen. Hierfür ist allerdings ein vollständiges Verzeichnis der Elemente der Grundgesamtheit nötig. Liegt ein solches nicht vor, z.b. weil sich nicht jeder Telefonbesitzer ins Telefonbuch eintragen lässt, dann behilft man sich mit einem Quotenverfahren, um die Grundgesamtheit möglichst strukturgleich abzubilden.

(Randnotiz: Quotenstichprobe: Verfahren der Stichprobenziehung, bei dem die Verteilung wichtiger Merkmalsausprägungen (z.B. Alter: 52% weiblich, 48% männlich) vorgegeben ist)

* **Validität:** Die erhobenen Daten müssen das messen, was sie zu messen vorgeben. Während diese „Gültigkeit der Messung" bei manchen Marktinformationen leicht zu gewährleisten ist (z.b. Kauf einer bestimmten Marke), fällt die Validitätssicherung in anderen Fällen schwerer. Dies gilt insb. für sensible (z.b. übermäßiger Alkoholkonsum) oder sozial erwünschte Einstellungen bzw. Verhaltensweisen (z.b. Umweltbewusstsein). Um valide Daten zu gewinnen, muss der Marketing-Forscher dann entweder spezielle Fragetechniken anwenden (z.b. Projektion) oder auf die biotische Verhaltensbeobachtung ausweichen.
* **Konservative Interpretation der Befunde:** Marketing-Forscher sollten Befunde nicht überinterpretieren. Aussagen wie „Auf dieses Direkt-Mail reagieren Familienväter in Großstädten." suggerieren, man könne das Verhalten von Marktteilnehmern vollständig vorhersagen. Besser (und aufrichtiger) handelt, wer die gewonnenen Informationen nicht als absolute Wahrheit präsentiert, sondern – ganz konservativ – „nur" deren Aussagegehalt wiedergibt: „Wenn Sie dieses Direkt-Mail an Familienväter in Städten mit mehr als 100.000 Einwohnern senden, dann erreichen Sie eine doppelt so hohe Responsequote, als wenn Sie das Mail zufällig ausgewählten Personen zukommen lassen."

4.2 Grundsatzentscheidung: Qualitative oder quantitative Marketing-Forschung?

Zwei verschiedene Herangehensweisen

Zwischen qualitativer und quantitativer Marketing-Forschung bestehen einige **grundlegende Unterschiede** (vgl. Abb. 1). Wer qualitativ forscht, befragt im Regelfall einige wenige Personen, diese dafür aber sehr detailliert. Häufig sollen die Versuchspersonen dazu angeregt werden, möglichst frei über einen Forschungsgegenstand zu berichten, z.B. über ihre Motive für den Kauf einer Hautcreme. Diese Schilderungen sind vom Forscher zu systematisieren und zu interpretieren. Typisches Ergebnis qualitativer Marketing-Forschung sind „weiche" Aussagen wie: „Manche Frauen kaufen Hautcreme primär, um sich schön zu fühlen; bei anderen steht die Gesundheit im Vordergrund." Quantitative Marketing-Forschung hingegen zielt zumeist darauf ab, repräsentative Marktinformationen zu gewinnen. Dazu werden vergleichsweise viele Personen mit Hilfe standardisierter Fragen und vorgegebener Antwortskalen befragt. Die dabei gewonnenen Daten lassen sich mit den verschiedensten statistischen Methoden auswerten (bspw. Regressionsanalyse). Das Ergebnis sind tendenziell „harte" Daten, wie „45% aller Kunden sind Stammkäufer. Sie beschweren sich signifikant häufiger bei ihrem Anbieter als Erstkäufer."

Geschlossene Frage: Vorgegebene Antwortmöglichkeiten (z.B. Wie zufrieden sind Sie mit den Leistungen ihrer Bank? 1 = sehr unzufrieden, 7 = sehr zufrieden)

Offene Frage: Keine Beschränkung des Antwortspektrums (z.B. Warum gehen Sie gerne ins Kino?)

Best Ager: Gut verdienende Konsumenten im „besten Alter" (50–59 Jahre)

	Qualitatives Paradigma	Quantitatives Paradigma
Befragungsgegenstand	Ursache, Motiv, Idee	Häufigkeit, Zusammenhang
Stichprobe	klein	groß
Repräsentativität	eher nein	eher ja
Kosten		
• Design	niedrig	hoch
• Erhebung	hoch	niedrig
Datenerhebung	offene Fragen	geschlossene Fragen
Anforderungen an Interviewer	hoch	niedrig
Objektivität	unwichtig	wichtig
Datenanalyse	Inhaltsanalyse, subjektive Interpretation („Verstehen")	objektive statistische Verfahren („Erklären")
Ergebnis	„weiche" Daten	„harte" Daten

Abb. 1: Merkmale qualitativer und quantitativer Forschung
Quelle: in Anlehnung an Müller (1999, S.127ff.); Lamnek (1995); Saldern (1995).

Auswahl des geeigneten Forschungsparadigmas

Qualitative Forschung empfiehlt sich, wenn ein Untersuchungsgegenstand noch weitgehend unerforscht und unstrukturiert ist bzw. wenn neuartige Problemlösungen gesucht werden:

• Wie möchte die Generation der „Best Ager" einkaufen?
• Wie sollten Rechnungsformulare gestaltet werden, damit der Kunde sie besser versteht?
• Welche Sendungen möchten Fernsehzuschauer sehen?
• Wie kann die Bahn ihren Service verbessern?

Quantitative Forschung wird angewandt, wenn ein Forschungsgegenstand bereits vorstrukturiert ist. Oft geht es darum, Zusammenhänge zu prüfen (z.B. „Wie stark beeinflusst eine Werbekampagne den Absatz?") oder Aussagen und Maßzahlen auf eine breite empirische Basis zu stellen (z.B. Wie

viel Prozent unserer Kunden nutzen den Internet-Direktservice?"). Eine
Schlüsselrolle spielt dabei das Kriterium der Repräsentativität. Typische
Fragestellungen sind:

- Wie schneidet das Image der Marke X im Vergleich mit den Konkurrenzmarken ab?
- Kann man die Kunden des Unternehmens Y nach ihrem Lebensstil segmentieren?
- Mit welchem Marktpotenzial können die Anbieter eines neuen Wasch-
mittels rechnen?
- Wie zufrieden sind unsere Kunden mit unserem Beschwerdemanagement?

4.3 Desk Research: Wie man vorhandene Daten nutzt

Informationsquellen

Eine eigene Marktstudie durchzuführen bzw. zu beauftragen lohnt sich nur, **Sekundär-**
wenn die Fragestellung nicht bereits in identischer bzw. ähnlicher Weise un- **forschung:**
tersucht wurde. Die erste Phase der Informationsgewinnung sollte daher der Nutzung
Sekundärforschung vorbehalten sein. Aufgabe dieser Desk-Research ist es, bereits vor-
die Vielzahl an internen und externen Informationsquellen zu nutzen (vgl. handener
Abb. 1) und dabei Herkunft, Alter sowie insb. Güte der Daten sorgfältig zu Daten
prüfen.

	unternehmensextern	unternehmensintern
Aggregierte Statistiken	Entwicklung und Struktur von Branchen, Bevölkerung etc. (z.B. Statistisches Bundesamt, Verbände)	Umsatz-, Absatz-, Kundenstatistik etc. (z.B. Rechnungswesen, Controlling, Kundendatenbank)
Studien	Zielgruppen, Marktpotenzial, Trends im Konsumverhalten, Mediennutzen etc. (z.B. Markt- und Mediastudien wie Media-analyse und Verbraucheranalyse)	Kriterien der Kaufentscheidung, Kunden-bedürfnisse, Zahlungsbereitschaft etc. (z.B. eigene qualitative und quantitative Studien)
Publikationen/ Berichte	Marktinformationen, Produkt- und Service-fehler etc. (z.B. Stiftung Warentest, Internetforen, Presseartikel)	Marktinformationen, Produkt- und Ser-vicefehler, Verbesserungsvorschläge etc. (z.B. Projektberichte, Vorschlagswesen, Kundenbeschwerden)

Abb. 2: Beispiele für Daten und Datenquellen der Sekundärforschung

Markt- und Mediastudien

Besonders bedeutsam sind die von Verlagen und anderen Medienunternehm-
men veröffentlichten Markt- und Mediastudien. Sie geben bspw. Auskunft
darüber, welche Zielgruppen welche Medien nutzen, welche Einstellungen
sie haben und welchen Lebensstil sie pflegen. Hierzu werden in regelmäßigen Abständen repräsentative Stichproben aus der Bevölkerung gezogen
und zu Käufermerkmalen (z.B. Soziodemographika, Einstellungen, Frei-

zeitverhalten), Kaufverhalten (z.B. Produktnutzung, Einstellung gegenüber Marken) sowie Mediennutzung befragt. Abb. 2 gibt einen Überblick über die wichtigsten, größtenteils online frei verfügbaren Datensätze.

	MA Pressemedien (Mediaanalyse)	**VuMA** (Verbrauchs- und Medien-analyse)	**VA Klassik** (Verbraucher-analyse)	**TdW** (Typologie der Wünsche)	**AWA** (Allensbacher Markt- und Werbeträger-analyse)	**Stern Marken-Profile**
Grund-gesamtheit	Bevölkerung *(ab 14 Jahre)*	Bevölkerung *(ab 14 Jahre)*	Bevölkerung *(ab 14 Jahre)*	Bevölkerung *(ab 14 Jahre)*	Bevölkerung *(ab 14 Jahre)*	Bevölkerung *(14-64 Jahre)*
Fallzahl	38.855	23.532	29.621	19.153	21.058	10.059
Erscheinung	2x pro Jahr	1x pro Jahr	3x pro Jahr	1x pro Jahr	1x pro Jahr	alle 2 Jahre
Zugriff	ag.ma-Code	Lizenz	(teilweise) frei	frei	frei	frei
Fokus	Nutzung von Zeitschriften, Zeitungen und Kino (v.a. Reichweiten)	Nutzung elektronischer Medien und Konsum-verhalten	Einstellungen und Konsum-verhalten (viele Märkte und Marken)	Einstellungen und Konsum-verhalten (viele Märkte und Marken)	Werte und Konsum-verhalten (Gebrauchs-güter)	Einstellungen, Konsum-verhalten und Marken-bewertung (viele Märkte und Marken)
Link	www.agma-mmc.de	www.vuma.de	www.verbrau cheranalyse.de	www.tdwi.com	www.awa-online.de	www.marken profile.de

Anmerkung:
In den Begleitmaterialien im Internet finden Sie eine ausführliche Tabelle mit den von den einzelnen Studien erfass-Käufermerkmalen, Marktdaten und Mediennutzung sowie weiteren 18 Studien (MA Radio, MA Intermedia, MA Plakat, Communication Networks, Kommunikationsanalyse, Wohnen und Leben, Soll + Haben, Outfit, TOP Level, Geo Imagery, LAE, LAC Business, Kids VA, Internetfacts, Semiometrie).

Abb. 3: Steckbrief ausgewählter Markt- und Mediastudien

Reichweite: Anteil der Zielgruppe, der mit einem Medium (z.B. Zeit-schrift) in einem be-stimmten Zeitraum erreicht wird

Euro-Socio-Styles: Eine von der *GfK* entwickelte, international validierte Verbraucher-typologie auf Basis des Lebensstils

Die klassische Anwendung ist die **Mediaplanung**. Hierzu wählt man an-hand bestimmter Merkmale (z.B. soziales Milieu, Alter, Lebensphase, Pro-duktnutzung) eine Zielgruppe aus und berechnet die Reichweiten der in-frage kommenden Werbeträger (vgl. Abb. 3). Ebenso lassen sich die Daten zur Zielgruppenanalyse (Welche Kunden kaufen eine bestimmte Marke?) oder zur Schätzung des Marktpotenzials (Wer kommt aufgrund seiner Ein-

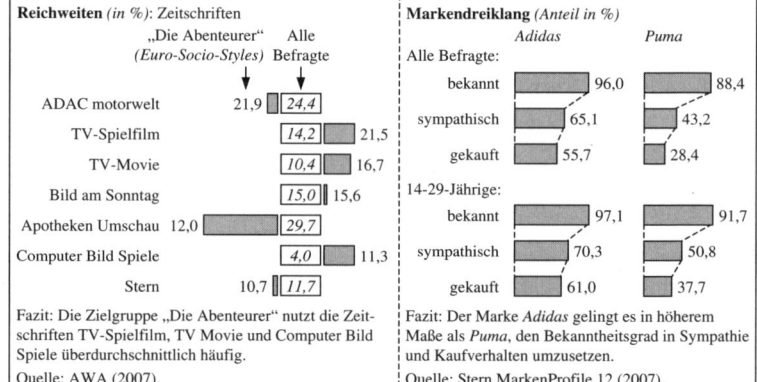

Abb. 4: Beispielhafte Ergebnisse von Sekundäranalysen

stellung als potenzieller Käufer infrage?) nutzen. Die *Stern MarkenProfile* erlauben es sogar, einzelne Marken anhand des Markendreiklangs zu bewerten: Die jeweiligen Anteile der Zielgruppe, welche eine bestimmte Marke kennen, sie für sympathisch halten und sie kaufen, ergeben den sog. Markentrichter (vgl. Abb. 3). Da viele der in den Studien berücksichtigten Merkmale jährlich erhoben werden, sind auch **Trendanalysen** möglich: Ein Mehrjahresvergleich zeigt bspw., wie sich der Anteil der Internetnutzer, das Preisbewusstsein der Verbraucher oder der Marktanteil einer bestimmten Marke entwickelt haben.

4.4 Beobachtung: Was Verhaltensbeobachtungen verraten

Nutzen und Arten von Beobachtungen

Stehen keine geeigneten Sekundärdaten zur Verfügung, dann müssen die nötigen Informationen eigens erhoben werden. Eine Variante von Primärforschung besteht darin, Menschen systematisch zu beobachten, um Rückschlüsse auf ihr **Verhalten** ziehen zu können. Wie bewegen sich Verbraucher in einem Supermarkt (Kundenlaufstudie)? Behandeln die Verkäufer ihre Kunden freundlich oder unfreundlich (Mystery Shopping)? Wie betrachten Verbraucher eine Anzeige (Blickregistrierung)? Die dabei gewonnenen Erkenntnisse helfen, die Regale in der Einkaufstätte optimal zu platzieren, das Verkaufspersonal zu trainieren und Anzeigen wirkungsvoll zu gestalten. Allerdings sind Verhaltensbeobachtungen aufwändig, weshalb sie in der Praxis seltener angewandt werden als Befragungen.

Primärforschung: Gezielte Erhebung von Daten für einen bestimmten Untersuchungszweck

	Realitätsnähe			
	semi-biotisch		biotisch	
	nicht apparativ	apparativ	nicht apparativ	apparativ
teilnehmend	Regaltest		Mystery-Shopping	
nicht-teilnehmend		Blickregistrierung		Logfile-Analyse

Abb. 5: Arten von Beobachtungen und typische Anwendungen

Es lassen sich verschiedene **Arten von Beobachtungen** unterscheiden – je nachdem, ob die Versuchspersonen wissen, dass und warum sie beobachtet werden, sowie ob der Forscher daran aktiv teilnimmt und ob Apparate eingesetzt werden (vgl. Abb. 5). Biotische Beobachtungen sind verdeckt, d.h. die Testpersonen wissen weder um ihre Rolle noch um das Studienziel (z.B. Kundenlaufstudie im Supermarkt mittels Videoaufzeichnung). Das Ergebnis ist ein reales, vom Forscher unbeeinflusstes Verhaltensbild. Allerdings ist diese Idealform der Befragung in der Praxis z.B. aus Datenschutzgründen oft nicht realisierbar. Auch lässt sie sich kaum unter kontrollierten Bedingungen durchführen. Diese sind jedoch notwendig, um ein konkretes Verhalten (z.B. Abbiegen der Kunden in den Seitengang) auf eine be-

Kontrollierte Bedingungen: Ausschalten von Störeinflüssen (z.B. Hintergrundgeräuschen), was am besten im Labor bzw. Teststudio möglich ist

stimmte Ursache zurückzuführen – z.B. auf einen Regalstopper und nicht auf andere Umweltreize (z.B. Werbung, überfüllter Hauptgang). Eine Alternative stellen semi-biotische Situationen dar, in denen die Probanden zwar nicht über das Untersuchungsziel informiert werden, aber darüber, dass sie sich in einer Testsituation befinden.

Typische Anwendungen in der Praxis

Der **Regaltest** ist ein probates Mittel, um die Markenpräferenz von Verbrauchern zu ermitteln, ohne dass die Testpersonen den Auftraggeber kennen. Hierfür wird in einem Teststudio eine Einkaufssituation simuliert, wofür in einem Regal mehrere Marken derselben Produktgruppe platziert sind. Der Forscher veranlasst die Testpersonen, „einkaufen zu gehen" und beobachtet, welche Marke sie auswählen. Ausgehend von diesem Basisdesign lassen sich je nach Untersuchungsziel verschiedene Marketing-Maßnahmen testen: Beeinflusst der Regalplatz (z.B. Greif-, Bückzone) die Markenpräferenz? Welche Rolle spielen die zuvor geschaltete Werbung, variierende Preise, die Art der Verpackung oder Informationen des Verkäufers, in dessen Rolle die Versuchsleiter schlüpft?

Key Visual: Bildmotiv, das im Rahmen einer Kampagne in allen Werbemitteln Verwendung findet und so die Wiedererkennung erhöht

Die **Blickregistrierung** wird v.a. zum Test von Anzeigen verwendet. Mit Hilfe einer speziellen Lesebrille lässt sich der Blickverlauf des Betrachters aufzeichnen. Gewöhnlich springt das Auge von einem auffälligen Element, das es genauer betrachtet, zum nächsten. Nur während dieser Fixationen werden Informationen aufgenommen, nicht jedoch während der Saccaden (= Sprünge). Werbeerfolg ist dann wahrscheinlich, wenn die aus Sicht des Werbetreibenden wichtigen Elemente des Werbemittels in der „richtigen" Reihenfolge fixiert werden (vgl. Abb. 6).

Reihefolge der Fixationen:

① Key Visual („Bauchnabel")

② Slogan

③ Produkt bzw. Logo

④ Detailinformationen

Abb. 6: Beispielhafter Blickverlauf beim Betrachten einer Anzeige

Ein wichtiges Instrument zur Messung der Servicequalität ist **Mystery Shopping**. Ein anonymer Testkäufer übernimmt die Rolle eines Kunden, der einen Service in Anspruch nimmt, also z.B. vorgibt, ein Automobil kaufen zu wollen. Er registriert unauffällig die Reaktionen des Verkäufspersonals und dokumentiert sie anschließend. Indem der Mystery Shopper bestimmte Situationen provoziert, sich also z.b. über Beratungsfehler beschwert, kann er das Verhalten der Mitarbeiter in Extremsituationen testen und prüfen, ob sie sich an die dafür vorgesehenen Richtlinien halten.

Im Internet fällt es besonders leicht, das Kundenverhalten zu beobachten. Denn die Besucher einer Website hinterlassen elektronische Spuren, welche der Provider aufzeichnen kann. Die Logfile-Daten verraten ihm, welchen Weg der Nutzer auf seiner Homepage zurücklegt, welche Seiten und welche Verknüpfungen er aktiviert oder an welcher Stelle ein Bestellvorgang auffällig häufig abgebrochen wird. **Logfile-Analysen** versetzen den Anbieter in die Lage, seine Webseiten zu optimieren, also z.b. an kritischen Stellen eine Hilfefunktion einzubauen, Werbebanner auf stark frequentierten Seiten einzublenden und selten genutzte Tools zu eliminieren oder an exponierterer Stelle zu platzieren. Auch Kunden können davon profitieren. So gibt *Amazon* auf Basis von Logfile-Analysen individualisierte Kaufempfehlungen: Wer ein Buch auswählt, erhält automatisch die Information, wofür sich die Käufer dieses Titels außerdem noch interessiert haben.

4.5 Befragung: Was Unternehmen aus Umfragen lernen können

Arten von Befragungen

Vier Arten von Befragungen mit jeweils spezifischen Vor- und Nachteilen stehen zur Verfügung. Angesichts der Vielzahl teilweise gegenläufiger Anforderungen (z.B. Kosten/Zeit vs. Güte/Repräsentativität) sind im Regelfall Kompromisslösungen unvermeidbar (vgl. Abb. 7).

	Persönliche Befragung	Telefonische Befragung	Schriftliche Befragung	Online-Befragung
Antwortquote	👍	👍	👎	👎
Interviewereinfluss	👎	👎	👍	👍
Kosten — Design	☞	👎	👎	👎
Kosten — Erhebung	👎	👎	👍	👍
Kontrolle (z.B. Einfluss von Dritten)	👍	👎	👎	👎
Umfang und Komplexität des Fragebogens	👍	👎	👎	👎
Erreichbarkeit (z.B. seltene Zielgruppen)	👎	☞	👍	👎
Wahrgenommene Anonymität	👎	👎	👍	👍
	👍 Stärke	👎 Schwäche	☞ weder/noch	

Abb. 7: Vor- und Nachteile verschiedener Befragungsmethoden

Interviewereinfluss: Aktive (z.B. Suggestivfragen) oder passive (z.B. Kleidungsstil) Einflussnahme des Interviewers auf die Antworten

Skalen zur Datenerhebung

Die Daten werden auf sog. Skalen erhoben. Für viele Informationen sind diese Skalen natürlicherweise vorgegeben (z.b. Alter in Jahren, Umsatz in €). Um jedoch Einstellungen, Zufriedenheitsurteile, Kaufabsichten etc. zu messen, werden den Probanden **Ratingskalen** vorgelegt, auf denen sie ihre Antwort auf die jeweilige Frage (z.b. „Wie zufrieden sind Sie mit der Freundlichkeit unseres Verkaufspersonals?") abstufen können (vgl. Abb. 8). Auf herkömmlichen Ratingskalen fällt es den Probanden unter bestimmten Umständen schwer, ihre Antwortposition zu markieren. Dies kann auf die spezifische Befragungssituation (z.b. in der Fußgängerzone) oder mangelnde Artikulationsfähigkeit der Befragten (z.b. Vorschulkinder) zurückzuführen sein. In solchen Fällen bietet es sich an, die Skala zu visualisieren. Rein grafische Darstellungen ermöglichen die sprachfreie Vermittlung der Antwortmöglichkeiten, was insb. für Ländervergleiche wichtig ist. Deutsche bspw. verstehen unter „sehr zufrieden" etwas anderes als Amerikaner.

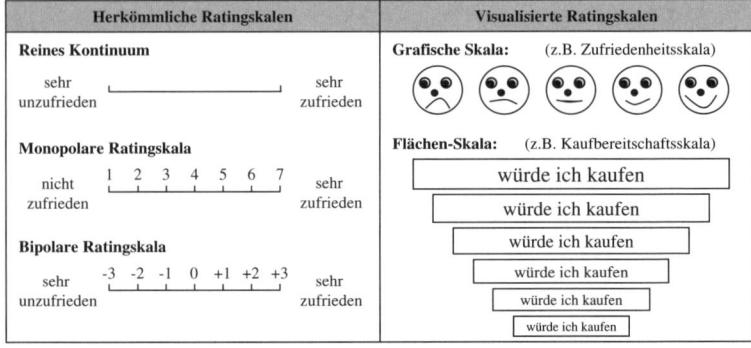

Abb. 8: Verschiedene Formen von Ratingskalen
Quelle: in Anlehnung an Berekoven et al. (2006, S.76).

Umstritten ist, welche **Anzahl der Antwortkategorien** vorgegeben werden sollte. Während zu viele Kategorien (z.b. zehn) viele Befragte überfordern, bilden wenige, z.b. zwei Kategorien (bspw. unzufrieden vs. zufrieden) zumeist nicht die gesamte Bandbreite möglicher Ausprägungen ab, was die Auskunftspersonen frustrieren kann. In der Praxis haben sich deshalb im Regelfall fünf- bis siebenstufige Skalen durchgesetzt.

Systematische Verzerrung von Antworten

Verschiedene **Antworttendenzen** können die Antworten systematisch verzerren. Abhilfe versprechen spezielle Frage- und Skalierungstechniken:

• **Tendenz zur Mitte:** Menschen neigen dazu, Extremantworten zu vermeiden und kreuzen bevorzugt die mittlere Antwortkategorie an, die einem „weder/noch" entspricht. Umgehen lässt sich dies dadurch, dass man eine gerade Anzahl an Antwortkategorien vorgibt. Dies zwingt die Befragten, sich „auf eine Seite zu schlagen" (d.h. sich zu entscheiden). Allerdings kann diese Einschränkung die tatsächlich unentschiedenen Probanden verärgern bzw. irritieren und in der Folge die Zahl der Missing Values erhöhen.

- **Ja-Sage-Tendenz:** Viele widersprechen ihrem Gesprächspartner nur ungern, um nicht eine für beide Seiten unangenehme Gesprächssituation heraufzubeschwören. Dies erklärt, warum Befragungsteilnehmer lieber eine der positiven Antwortkategorien ankreuzen als eine der negativen. Zufriedenheitsurteile sind daher zumeist positiv verzerrt. Entgegenwirken kann man der Ja-Sage-Tendenz durch negativ formulierte Aussagen (z.B. „Dieser Anbieter hat meine Erwartungen enttäuscht." anstelle von „Dieser Anbieter hat meine Erwartungen erfüllt.").

- **Soziale Erwünschtheit:** Menschen geben bevorzugt Antworten, die der Norm bzw. der Mehrheitsmeinung entsprechen. Manche Einstellungen bzw. Verhaltensweisen lassen sich daher nur mit Hilfe projektiver Techniken valide erfassen. Dabei wird das sensible Thema mit einer anderen Person oder einem anderen Objekt in Zusammenhang gebracht. Auf die projektive Frage („Wird während der Arbeitszeit unter Kollegen schon einmal ein Bier getrunken?") erhält der Forscher eine ehrlichere Antwort als auf die entsprechende direkte Frage („Trinken Sie während der Arbeitszeit schon einmal ein Bier?").

- **Reihenfolge-Effekt:** Oft werden den Probanden mehrere Antwortoptionen vorgegeben, unter denen sie eine oder mehrere auswählen sollen, z.B. welches die liebsten Freizeitbeschäftigungen sind (Radfahren, Musik hören, im Internet surfen, Freunde treffen etc.). Erfahrungsgemäß werden die zuerst genannten Kategorien am häufigsten angekreuzt, da sie an prominenter Stelle stehen. Umgehen lässt sich der Reihenfolge-Effekt durch Rotieren der Antwortoptionen, was bei Interviews und Online-Befragungen leichter und kostengünstiger möglich ist als bei schriftlichen Befragungen.

Panel als Sonderform der Befragung

Bei einem Panel handelt es sich im Gegensatz zur Ad hoc-Forschung um eine **wiederholte Erhebung**: Dieselben Personen bzw. Untersuchungseinheiten werden in regelmäßigen Abständen (z.B. ein Jahr) zum gleichen Sachverhalt befragt bzw. beobachtet (z.B. Verbraucher bei einem Verbraucherpanel oder Handelsmanager bei einem Handelspanel). Strukturinformationen über die Panelmitglieder werden einmalig als Stammdaten erfasst und später lediglich aktualisiert. Dazu gehören soziodemografische Daten (z.B. Alter, Wohnort, Anzahl Kinder) ebenso wie psychografische Informationen (z.B. Preisbewusstsein). Dann werden regelmäßig Bewegungsdaten erhoben (bspw. wer hat wann, in welcher Einkaufsstätte welchen Artikel gekauft?). Die artikelbezogenen Informationen sind im EAN-Code gespei-

Missing Value: Fehlender Wert (da die entsprechende Frage nicht beantwortet wurde)

Projektion: Zuschreibung sensibler Sachverhalte an andere Personen (z.B. Kollegen)

Ad hoc-Forschung: Einmalige Erhebung von Daten

EAN-Code: An jedem Handelsartikel angebrachter Barcode, der den Artikel identifiziert

(Hersteller, Marke, Verpackung, Form, Menge, Sorte)

chert, den das Panelmitglied nach dem Einkauf zu Hause in einen programmierbaren Handheld einscannt. Diese Daten werden wöchentlich per Modem bzw. Telefonleitung an den Empfangsrechner des Marktforschungsinstituts übertragen.

Paneldaten: Für das Markentracking unerlässlich

Ein Anbieter stellt fest, dass die Verkaufszahlen seiner Kaffeemarke rückläufig sind und führt dies auf das „angestaubte" Markenimage zurück. Tatsächlich zeigen die aktuellen Daten eines Verbraucherpanels, dass v.a. ältere Geringverdiener das Produkt kaufen. Angesichts des äußerst begrenzten Marktpotenzials dieser Zielgruppe entscheiden sich die Verantwortlichen für einen umfassenden Relaunch. Sie lassen eine neue Kampagne entwickeln, in welcher ein bekannter DJ die Marke als gehobenes Lifestyle-Getränk empfiehlt. Begleitet wird die Kampagne von Verkostungsaktionen auf Musik-Events und in gastronomischen Einrichtungen. Mit Spannung erwartet der Produktmanager die nächsten Paneldaten. Tatsächlich hat sich die Situation drei Monate nach dem Relaunch leicht verbessert. Nach einem Jahr ist die Neupositionierung gelungen.

Durchschnittliches Alter der Käufer von Marke X

- Ausgangsposition beim Relaunch
- 3 Monate später
- 6 Monate später
- 9 Monate später
- 1 Jahr später

Durchschnittliches Haushalts-Nettoeinkommen der Käufer von Marke X

4.6 Experiment: Wie sich Ursache-Wirkungsbeziehungen nachweisen lassen

Struktur eines Experiments

Eines ist mit Hilfe der bislang vorgestellten Beobachtungs- und Befragungsmethoden nicht möglich: Ursache-Wirkungsbeziehungen nachweisen. Hat die Werbekampagne den Mehrumsatz verursacht oder liegt dies am verbesserten Konsumklima? Hierfür ist ein Experiment nötig, bei dem die unabhängige Variable (= Ursache) systematisch manipuliert und ihr Einfluss auf die abhängige Variable (= Wirkung) untersucht wird. Dies geschieht in **drei Schritten**:

- **Randomisierung:** Die Versuchspersonen werden zufällig der Experiment- oder der Kontrollgruppe zugeordnet.
- **Treatment:** Die Experimentgruppe wird mit einem Stimulus konfrontiert (d.h. Manipulation der unabhängigen Variablen, z.B. Preissenkung, Werbebotschaft). Die Kontrollgruppe erhält kein Treatment.
- **Messung der abhängigen Variablen:** Anschließend wird die Ausprägung der abhängigen Variablen sowohl in der Kontroll- als auch in der Experimentgruppe gemessen. Unterscheiden sich die Ausprägungen der ab-

hängigen Variablen in den beiden Gruppen signifikant, kann davon ausgegangen werden, dass die unabhängige Variable ursächlich für die Veränderung der abhängigen Variable ist.

Ein Beispiel aus der Werbewirkungsforschung

Es soll untersucht werden, ob die Untermalung eines Fernsehspots durch klassische Musik (= unabhängige Variable) die Bewertung der beworbenen Parfümmarke (= abhängige Variable) verbessert. Hierfür werden 60 Personen rekrutiert und zufällig der Experiment- oder der Kontrollgruppe zugewiesen (je 30 Personen). Dann betrachtet die Experimentgruppe ein durch einen Werbeblock unterbrochenes Fernsehprogramm. Teil des Werbeblocks ist u.a. ein TV-Spot für die Parfümmarke X. Dieser ist mit klassischer Musik unterlegt (= Treatment). Die Kontrollgruppe sieht dasselbe Programm mit demselben Werbeblock, aber die Parfümwerbung ist nicht mit klassischer Musik unterlegt. Anschließend sollen die Angehörigen beider Gruppen auf einer siebenstufigen Ratingskala angeben, wie sehr ihnen die beworbene Marke X gefällt. Wenn die Experimentgruppe signifikant höhere Werte angibt als die Kontrollgruppe, dann kann davon ausgegangen werden, dass klassische Musik die Markenbewertung verbessert.

An diesem Beispiel lassen sich auch Sinn und Zweck der Randomisierung erläutern: Sie soll **Störeffekte** ausschließen. Würde man fälschlicherweise der Experimentgruppe überproportional viele Frauen und der Kontrollgruppe übermäßig viele Männer zuordnen (z.B. weil die Probanden von unterschiedlichen Personen rekrutiert werden), dann könnte der beschriebene Effekt (verbesserte Markenbewertung) auch darauf zurückzuführen sein, dass Frauen gewöhnlich klassische Musik mehr mögen als Männer. Die Variable „Geschlecht" wäre dann mit der Variable „klassische Musik" konfundiert und die Ergebnisse des Experiments somit unbrauchbar.

Konfundierung: Untrennbare Vermengung der unabhängigen Variable mit einer anderen Einflussgröße

Arten von Experimenten

Laborexperimente sind, wie das obige Beispiel zeigt, künstlich geschaffene Untersuchungssituationen. Sie bieten den Vorteil, dass sich technische Hilfsmittel (z.B. Blickregistrierungsverfahren) leichter einsetzen und unvorhersehbare Störungen weitgehend ausschließen lassen. **Feldexperimente** hingegen finden in einer natürlichen Umgebung statt (z.B. Markttest). Daher sind sie realitätsnäher als Laborexperimente, aber auch anfälliger für mögliche Störeffekte.

Häufig werden Daten, die nicht im Rahmen eines Experiments erhoben wurden, im Nachhinein als experimentell gewonnene Daten behandelt. Dies wird als **Quasi-** bzw. **Ex post Facto-Experiment** bezeichnet. So könnten Personen im Rahmen einer Befragung angegeben haben, ob sie einen bestimmten Fernsehspot für Marke X kennen oder nicht (= unabhängige Variable) und wie sehr sie die Marke X mögen (= abhängige Variable).

Nunmehr lässt sich untersuchen, ob, wer den Spot kennt, die Marke mehr mag als diejenigen, die den Spot nicht kennen. Der zentrale Unterschied zu einem echten Experiment besteht darin, dass die Probanden nicht zufällig einer der beiden Gruppen zugeordnet werden (Spot gesehen vs. nicht gesehen), sondern ihnen im Nachhinein eine fiktive Gruppenzugehörigkeit definiert wird. Wegen der fehlenden Randomisierung ist es wahrscheinlich, dass die Variablen konfundiert sind. So liegt es nahe, dass v.a. nicht berufstätige Personen den Spot gesehen haben, weil er im Vorabendprogramm gesendet wurde.

4.7 Neuere Tendenzen in Wissenschaft und Praxis

Transkription: Überführung der Tonband- oder Videomitschnitte von Interviews in Schriftform

Computergestützte Analyse qualitativer Daten: Qualitative Daten liegen üblicherweise als Tonband- oder Video-Mitschnitte vor und mussten daher bislang mühsam „per Hand" ausgewertet werden. Mittlerweile stehen zahlreiche Software-Tools zur Verfügung, mit deren Hilfe sich solche Daten leichter transkribieren (z.B. *f4 audio*), auf Stichwörter hin untersuchen, kodieren und kategorisieren lassen (z.B. *MAXQDA, NVivo)*. Allerdings gilt wie bei allen Auswertungsverfahren: Sie sind nur so „klug" wie der jeweilige Anwender. Dieser muss entscheiden, welche Stichwörter einer bestimmten Kategorie zugeordnet werden. Die Software kann ihn dabei lediglich unterstützen, etwa mit Keyword in Context-Listen, die vorgegebene Schlüsselwörter gemeinsam mit dem sie umgebenden Text darstellen.

Sample Lab: Befragungen werden mittlerweile so inflationär eingesetzt, dass immer weniger Probanden bereit sind, daran teilzunehmen. Eine Möglichkeit, Kunden dennoch zur Teilnahme zu bewegen, stellt ein inzwischen auch in Deutschland erprobtes japanisches Marktforschungskonzept dar: das Sample Lab. Es funktioniert wie ein Club; für die Aufnahme zahlt ein Nutzer 2 €, für die Mitgliedschaft 10 € pro Jahr. Zu Beginn erhält jedes Mitglied fünf Punkte Startguthaben, für die es sich in einem speziell zu diesem Zweck eingerichteten Geschäft fünf Produkte aussuchen kann. Diese werden am Eingang gescannt, um dem Kunden unmittelbar im Anschluss daran per Mail zu den Produkten passende Fragebögen zusenden zu können. Für die ausgefüllten Fragebögen erhält das Clubmitglied neue Punkte, die es gegen neue Produkte tauschen kann. Den Clubcharakter unterstreichen spezielle Angebote und Events für besonders aktive Mitglieder.

Mixed Method-Ansatz: Qualitative und quantitative Marketing-Forschung schließen einander keineswegs aus. Vielmehr wird in der Praxis häufig einer quantitativen Studie eine qualitative Studie vorgeschaltet. Dies ist dann geboten, wenn die Gefahr besteht, in einer quantitativen Studie relevante Fragestellungen zu übersehen (z.B. bestimmte Leistungsebenen, anhand derer Kunden einen Anbieter beurteilen), wenn ein Forschungsgegenstand erst vorstrukturiert werden muss (z.B. ein komplexer Kauf- oder Serviceprozess) oder wenn zunächst mögliche Gründe, Motive, Bedürfnisse etc. exploriert werden müssen, um sie dann später auf breiter empirischer Basis systematisch beurteilen zu lassen.

Zusammenwirken von qualitativer und quantitativer Studie

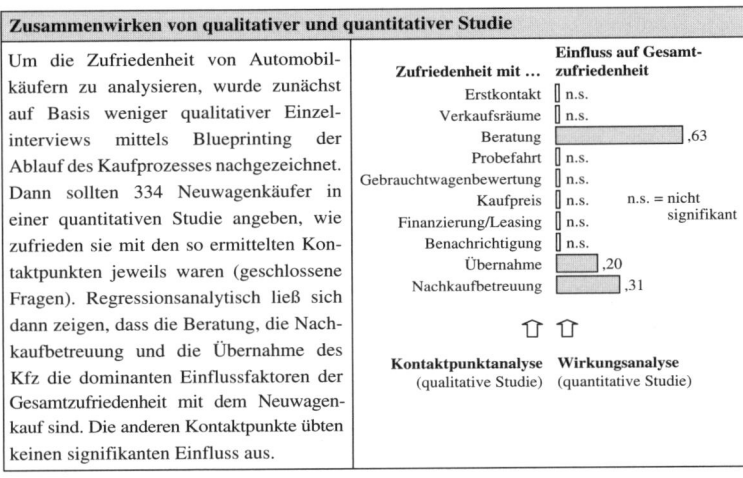

Um die Zufriedenheit von Automobilkäufern zu analysieren, wurde zunächst auf Basis weniger qualitativer Einzelinterviews mittels Blueprinting der Ablauf des Kaufprozesses nachgezeichnet. Dann sollten 334 Neuwagenkäufer in einer quantitativen Studie angeben, wie zufrieden sie mit den so ermittelten Kontaktpunkten jeweils waren (geschlossene Fragen). Regressionsanalytisch ließ sich dann zeigen, dass die Beratung, die Nachkaufbetreuung und die Übernahme des Kfz die dominanten Einflussfaktoren der Gesamtzufriedenheit mit dem Neuwagenkauf sind. Die anderen Kontaktpunkte übten keinen signifikanten Einfluss aus.

Blueprinting: Darstellung der Kontaktpunkte zwischen Dienstleistungsanbieter und Kunde in chronologischer Reihenfolge

Quelle: in Anlehnung an Gelbrich et al. (2007).

Überprüfen Sie Ihr Wissen

Wiederholende und weiterführende Fragen finden Sie in den Begleitmaterialien im Internet unter **www.erfolgsfaktoren-marketing.de**

Grundlegende Literatur

Berekoven, L.; Eckert, W.; Ellenrieder, P.: Marktforschung, 11.Aufl., Wiesbaden 2006.

Herrmann, A., Homburg, A.; Klarmann, M. (Hrsg.): Handbuch Marktforschung, 3.Aufl., Wiesbaden 2008.

Weiterführende Literatur

Backhaus, K.; Erichson, B.; Plinke, W., Weiber, R.: Multivariate Analyseverfahren, 11.Aufl., Berlin 2006.

Buber, R.; Holzmüller, H. (Hrsg.): Qualitative Marktforschung. Theorie, Methode, Analyse, Wiesbaden 2007, S.903-928.

Shadish, W.R.; Cook, T.D.; Campbell, D.T.: Experimental and Quasi-Experimental Designs for Generalized Causal Inference, Boston 2002.

Welker, M.; Werner, A.; Scholz, J.: Online-Research. Markt- und Sozialforschung mit dem Internet, Heideberg 2005.

5 Innovation und Modifikation

5.1 Reason Why: Warum Unternehmen Produkte entwickeln und verändern
müssen 66
5.2 Definition: Was der Begriff Produkt im Marketing bedeutet 67
5.3 Produktentwicklung: Wie man Produktideen generiert 70
5.4 Markteinführung: Wie Märkte Innovationen aufnehmen 73
5.5 Marktwachstum: Wie sich das Produkt profilieren lässt 74
5.6 Marktsättigung: Ob und wie sich der Produktlebenszyklus
verlängern lässt 76
5.7 Neuere Tendenzen in Wissenschaft und Praxis 78

1976 als Garagenfirma gestartet, durchlebte *Apple Inc.* in den neunziger Jahren mehrere existenzbedrohende Krisen. 2001 gelang es dann, mit dem *iPod* eine grundlegende Wende einzuleiten (= Turn Around). Bis April 2007 verkaufte *Apple* von diesem MP3-Player weltweit 100 Mio. Exemplare und errang einen Marktanteil von 70%. Erfolgsfaktor war in diesem Fall die konsequent kundenorientierte Produktentwicklung. Der *iPod* erfüllt nämlich drei zentrale Bedürfnisse: Mobilität, Unterhaltung und Bequemlichkeit. Die Vorgängerprodukte, Walkman und mobiler CD-Player, waren zu unhandlich und mit wenig leistungsfähigen Datenträgern ausgestattet. Zwar gab es bereits vor 2001 tragbare MP3-Player. Dass sich aber letztlich der *iPod* durchsetzte, lag neben dem Fit mit den Kundenbedürfnissen auch an der hauseigenen Musikplattform *iTunes* sowie der Design-Kompetenz von *Apple*. Zudem gelang es, durch häufigen Modellwechsel neue Zielgruppen zu erschließen und viele Besitzer eines „alten" *iPod* zum Kauf eines neuen Modells zu bewegen. So folgte der ersten Generation bereits 2002 die zweite: eine mit *Windows* kompatible, flachere und mit einem Touch-Pad-Scrollrad ausgestattete Version. Mit dem Clickwheel wurden 2004 Scrollrad und Tasten nutzerfreundlich fusioniert. 2005 kamen weitere nützliche Funktionen hinzu (z.B. Videos abspielen, Suchfunktion). Schließlich differenzierte *Apple* das Sortiment zielgruppengerecht. Mit dem *iPod mini* (2004) und dem *iPod nano* (2005) wurden jeweils kleinere, preisgünstigere Varianten eingeführt. Der seit 2006 angebotene *iPod shuffle* wiederum spielt Songs entweder zufällig oder laut Playlist ab und benötigt so weder Display noch aufwändige Bedienungselemente. Und die Miniaturversion lässt sich mit einem Clip an der Kleidung befestigen, was insb. beim Freizeitsport (z.B. Jogging) einen Zusatznutzen bietet. Der neuste Coup aber ist *iPhone*: eine Kombination aus Handy und MP3-Player.

5.1 Reason Why: Warum Unternehmen Produkte entwickeln und verändern müssen

PIMS-Studie: Identifizierte die Promotoren der Rentabilität von Strategischen Geschäftseinheiten

Spätestens seit 1989 gelten Innovationen als einer der wesentlichen Erfolgsfaktoren von Unternehmen: Die damals veröffentlichte PIMS-Studie ergab, dass innovative Unternehmen erfolgreicher sind als andere. Aus Marktuntersuchungen weiß man, dass Anbieter bis zu 50% ihres Umsatzes mit Produkten erzielen, die nicht älter als fünf Jahre sind. Dies ist zum einen Folge von Innovationswettbewerb und technologischem Fortschritt. Zum anderen müssen Unternehmen auch deshalb fortwährend neue Produkte entwickeln, weil sich die Bedürfnisse und Erwartungen der Zielgruppen im Zeitverlauf ändern. Die amerikanische Automobilindustrie etwa geriet u.a. deshalb in eine existenzbedrohende Krise, weil sie das kurzfristig gewachsene Kosten- und Umweltbewusstsein der amerikanischen Autokäufer nicht rechtzeitig erkannt und in ihrer Sortimentsgestaltung berücksichtigt hat. Beständiger Innovationsdruck herrscht auch deshalb, weil anfänglich innovative und präferenzbildende Produkteigenschaften wie der Airbag schnell zu Basisanforderungen der Kunden werden (= Erwartungsanpassung).

Innovation ist jedoch kein Erfolgsgarant. Je nach Produktkategorie scheitern 60 bis 90% aller neuen Produkte in mehr oder minder kurzer Zeit. Im Lebensmittel- und Drogeriewaren-Einzelhandel floppten laut *IRI Scanner-Panel* von Mai 2003 bis April 2004 durchschnittlich 73% der Produkteinführungen. Überdurchschnittlich hohe **Flopraten** verzeichneten Tierbedarf (83%), Wein/Sekt (82%) und alkoholfreie Getränke (80%), während Herrenpflege (58%), Damenhygiene (59%) und Mundpflege (59%) etwas besser abschnitten. Offensichtlich genügt es nicht, ein innovatives Produkt anzubieten. Damit die Neuerung am Markt besteht, ist sie bereits während der Produktentwicklung an den Anforderungen der Zielgruppe auszurichten.

Produktpiraterie: Nachahmung erfolgreicher Produkte durch Wettbewerber

Hat sich eine Produktidee aber als erfolgreich erwiesen, droht alsbald die nächste Gefahr: Produktpiraterie. Die teilweise perfekt imitierten Produkte steigern die Konkurrenzintensität, der Innovator verliert seine Alleinstellung und wird im Extremfall austauschbar. In dieser Phase der Marktentwicklung genügt das Leistungs- und Qualitätsversprechen häufig nicht mehr, um sich von Konkurrenten abzugrenzen. Profilbildend sind dann **Produktdesign**, **Verpackung** und produktbegleitende **Dienstleistungen**, falls sie nicht zu einfach zu kopieren sind.

In den Industrieländern sind viele Märkte gesättigt. Als Gegenmaßnahme verkürzen die Unternehmen den Produktlebenszyklus. So werden Computermodelle heute bereits nach zwei bis drei Jahren durch eine neue Generation ersetzt. Zudem weisen viele Märkte eine atomisierte Struktur auf, weshalb es nicht möglich ist, mit einem Produkt alle potenziellen Kunden zu erreichen. In einem solchen schwierigen Umfeld müssen Unternehmen ihr Angebot kundenorientiert **modifizieren**, d.h. Produktvarianten anbieten und regelmäßig Modellwechsel vornehmen.

Atomisierter Markt: Viele kleine Kundensegmente mit heterogenen Bedürnissen und Erwartungen

5.2 Definition: Was der Begriff Produkt im Marketing bedeutet

Produkt vs. Nutzen

Während Unternehmen ihre Angebote gewöhnlich als Produkt bezeichnen, ist Konsumenten dieser Begriff zumeist fremd. Wer sagt schon: „Heute habe ich mir ein Produkt gekauft?". Aus Kundensicht ist ein Produkt ein Bündel wahrgenommener Eigenschaften, die Nutzen stiften, d.h. dabei helfen, Probleme zu lösen (z.b. verschmutzte Kleidung reinigen) bzw. Bedürfnisse zu befriedigen (z.b. nach Mobilität). Daher sollten Anbieter ihr Produktsortiment nicht anhand von Produkteigenschaften oder gar Produktionsmerkmalen, sondern **nutzenorientiert** gestalten.

Von der produktorientierten zur nutzenorientierten Definition des Produktsortiments

ERCO Zunächst stellte das 1934 in Lüdenscheid gegründete Unternehmen Komponenten für Leuchten her. Nach dem Zweiten Weltkrieg entwickelte es sich zum erfolgreichen Anbieter von Leuchten. Als dann der Einrichtungsboom der Nachkriegszeit zu Ende ging und das Unternehmen in eine Krise geriet, änderte *ERCO* 1968 seine Marketing-Strategie: Dreh- und Angelpunkt aller Überlegungen war nun nicht mehr das Produkt (= Leuchte), sondern der Nutzen der Leistung (= Licht bzw. Helligkeit). Getreu dem Leitspruch „**Licht statt Leuchten**" erweiterte das Unternehmen sein Angebot um Lichtsteuerungssysteme, mit deren Hilfe Räume und Gebäude individuell beleuchtet werden können. Lichtdesign für die Außen- und Innenbeleuchtung von Gebäuden aller Art wurde ein weiteres Geschäftsfeld von *ERCO* (z.B. für das *Brandenburger Tor* oder für *Galeria Kaufhof* am Alexanderplatz).

Innenraum- Außenraum- Licht-
leuchten   leuchten   steuerung

Lichtdesign
Brandenburger Tor

Lichtdesign
Galeria Kaufhof Alexanderplatz

Für diesen nutzenorientierten Produktbegriff hat sich eine dreistufige Definition etabliert. Diese wird in Abb. 1 am Beispiel eines Automobils erläutert.

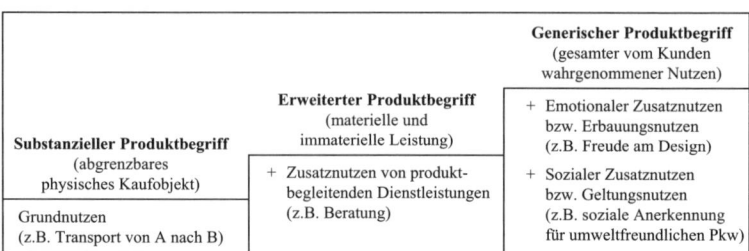

Substanzieller Produktbegriff (abgrenzbares physisches Kaufobjekt)	Erweiterter Produktbegriff (materielle und immaterielle Leistung)	Generischer Produktbegriff (gesamter vom Kunden wahrgenommener Nutzen)
Grundnutzen (z.b. Transport von A nach B)	+ Zusatznutzen von produktbegleitenden Dienstleistungen (z.b. Beratung)	+ Emotionaler Zusatznutzen bzw. Erbauungsnutzen (z.b. Freude am Design) + Sozialer Zusatznutzen bzw. Geltungsnutzen (z.b. soziale Anerkennung für umweltfreundlichen Pkw)

Abb. 1: Dreistufige Definition des nutzenorientierten Produktbegriffs

Produkttypologien

Für die Entwicklung und Vermarktung von Produkten ist auch deren **Materialisationsgrad** bedeutsam. Handelt es sich um ein Sachgut (z.b. Lebensmittel) oder um eine Dienstleistung (z.b. Reisen)? Da bei Dienstleistungen der Kunde unmittelbar in den Serviceprozess integriert ist, spielt für Dienstleistungsanbieter der Erfolgsfaktor „Vertrauen" eine ganz besondere Rolle. Weiterhin ist die **Zielgruppe** relevant. So werden Konsumgüter überwiegend an Endverbraucher (B-to-C) und Investitionsgüter (z.b. Maschinen) weitgehend an andere Unternehmen verkauft (B-to-B). Allgemein geht man davon aus, dass beim Kauf von Investitionsgütern der Entscheidungsprozess stärker rational geprägt ist und zumeist mehrere Personen am Kauf beteiligt sind (d.h. ein Buying Center bilden).

Convenience: Bequemlichkeit des Einkaufs und/ oder des Konsums

Bei Konsumgütern ist es wichtig, den **Beschaffungsaufwand**, den Konsumenten dafür akzeptieren, zu kennen. Für den Kauf von Convenience-Goods, wie Butter oder Schokoriegel, investieren sie gewöhnlich nur wenig Zeit. Wenn möglich, wählen Kunden die Marke, die sie immer kaufen (Markentreue). Ausführliche Produktinformationen und Beratung sind hier nicht nötig. Ganz anders verhält es sich mit Shopping-Goods: Kleidung, Möbel etc. werden zumeist äußerst sorgfältig ausgewählt. Man sucht mehrere Geschäfte auf, lässt sich beraten und vergleicht das Preis-Leistungs-Verhältnis. Noch mehr Zeit wenden Käufer von Speciality-Goods auf (z.b. Fotoausrüstung für den Hobbybedarf). Weiterhin lassen sich Konsumgüter nach dem **Grad des Engagements** der Käufer unterscheiden. Wer Low Involvement-Produkte (z.b. Lebensmitteln) kauft, ist daran innerlich kaum beteiligt. Um dennoch aufzufallen und einen Preisaufschlag zu rechtfertigen, müssen Anbieter außergewöhnliche Anreize einsetzen: bspw. ein auffälliges Design (z.b. Joghurtglas von *Landliebe*) oder ein kreatives Nutzenversprechen (z.b. Abwehrkräfte durch *Actimel*). Bei High Involvement-Produkten wie Reisen sorgen bspw. Kataloge, Beratungsangebote und informative Werbung dafür, dass die Käufer sich hinreichend über die Vorteile des Produkts informieren können.

Produktlebenszyklus

Die im Rahmen der Produktpolitik zu ergreifenden Maßnahmen hängen weiterhin von der Entwicklungsphase ab, in der sich das Produkt befindet. Der idealtypische Produktlebenszyklus besteht aus **fünf Phasen**, in denen Unternehmen unterschiedliche Ziele verfolgen und den Marketing-Mix entsprechend gestalten (vgl. Abb. 2).

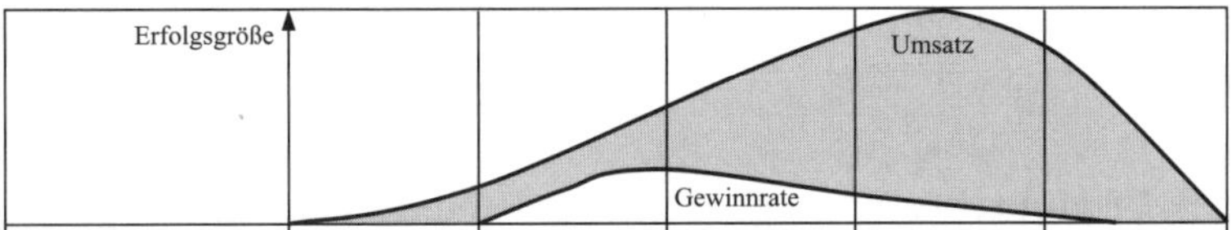

Phase		Einführung	Wachstum	Reife	Sättigung	Degeneration
Merk-male	Wachstum	gering	hoch	gering	stagnierend	negativ
	Wettbewerbs-intensität	sehr gering	hoch	sehr hoch		gering
	Problem	hohes Risiko	hohe Markteintrittsbarrieren			Substitution
Ziele		Bekanntheit, Erstkauf	Zusatznutzen, Wiederkauf	Emotionalisierung, Treue		Schadens-begrenzung
Mix (z.B.)	Produkt	Grundnutzen, Neuigkeitswert	Qualität, Verpackung, Service, Marke	Differenzierung und Variation		Elimination vs. Relaunch
	Preis	hoher Preis	wettbewerbs-orientiert	defensiv		Preis-senkung
	Distribution	Vertrieb etablieren	Vertrieb ausbauen	Kooperation mit Handel (Inszenierung)		Vertrieb einschränken
	Kommunikation	Informierende Werbung	Marken-werbung	Emotionale Werbung		Preis-Werbung (vs. Relaunch)

Abb. 2: Produktlebenszyklus

Während der **Markteinführung** gilt es, das Produkt bekannt zu machen und potenzielle Käufer zum Erstkauf zu motivieren. Handelt es sich um ein innovatives Angebot, so genügt es in dieser Phase zumeist, den Grundnutzen zu kommunizieren. In der **Wachstumsphase** steigt die Wettbewerbsintensität (z.B. deshalb, weil Konkurrenten mit vergleichbaren Angeboten in den Markt eintreten). Nunmehr muss es gelingen, die eigene Leistung durch Qualitätsvorteile, eine besonders funktionelle Verpackung, kreative produktbegleitende Dienstleistungen und kontinuierliche Markenpolitik von Konkurrenzangeboten abzugrenzen. Ist die **Reife- und Sättigungsphase** erreicht, versuchen die meisten Anbieter, den sich sonst zu Ende neigenden Produktlebenszyklus zu verlängern, indem sie das Angebot zielgruppengerecht differenzieren und/oder einen Modellwechsel vornehmen. Mehr und mehr Hersteller gehen dann auch dazu über, das Produkt gemeinsam mit dem Handel am Point of Sale emotional zu inszenieren. Die **Degenerationsphase** schließlich wird häufig dadurch eingeleitet, dass neue, verbesserte Problemlösungen etablierte Produkte verdrängen (z.B. DVD ersetzt CD). Dieser Niedergang kann durch eine spürbare Preissenkung verzögert oder zum Anlass genommen werden, das Produktkonzept grundlegend zu erneuern (= Relaunch). Scheitern diese Abwehrstrategien, dann gilt es, den Schaden zu be-

Relaunch: Umfassende Modernisierung des gesamten Marketing-Mix für ein Produkt

grenzen und das Angebot rechtzeitig vom Markt zu nehmen (= Produkteliminierung).

**Product
Stewardship:**
Sicher-
stellen einer
(umwelt-
verträg-
lichen) Ent-
sorgung der
eigenen
Produkte

Es gibt gute Gründe dafür, den fünfstufigen Produktlebenszyklus um zwei
Phasen **zu erweitern**. Da ein Anbieter zunächst ein Erfolg versprechendes
Produkt konzipieren muss, ist der Einführungsphase die Phase der Produktentwicklung vorgelagert. Nachgelagert ist eine siebte Phase: das Product Stewardship. Wird ein Erzeugnis vom Markt genommen, muss der Hersteller,
bspw. aufgrund der Elektronikschrottverordnung, eine umweltverträgliche
Entsorgung gewährleisten.

5.3 Produktentwicklung: Wie man Produktideen generiert

Innovation

Als Innovation bezeichnet man eine **neuartige Leistung**. Entwickelt die
Audi AG ein neues Modell, so handelt es sich um eine Produktinnovation.
Ein maßgeblich verbesserter Lackiervorgang wiederum ist ein Beispiel für
eine Prozessinnovation. Unterschieden werden Innovationen auch nach
der Art der Neuheit. Eine Betriebsinnovation ist nur für das Unternehmen
neuartig, während eine Marktinnovation grundsätzlich, d.h. für den gesamten Markt, „neu" ist. Überdies gilt es zu beachten, ob beide Marktpartner,
d.h. Anbieter und Nachfrager, eine Neuerung als innovativ wahrnehmen.
Verbessert bspw. *Haribo* die Haltbarkeit von Fruchtgummis durch eine
neue Zutat, ohne dass die Kunden dies bemerken, spricht man von einer
Herstellerinnovation. Mit einer Konsumenten- bzw. Pseudoinnovation verhält es sich umgekehrt: Vielfach genügt es, das Erscheinungsbild eines
Produktes (z.B. Form, Verpackung) geringfügig zu ändern, damit die Verbraucher es als „neu" betrachten. Der Innovationsprozess gliedert sich in
mehrere Phasen:

Ideengewinnung

**Betriebs-
blindheit:**
Von Routine
sowie Man-
gel an Krea-
tivität und
kritischer
Selbstreflek-
tion geprägte
Arbeitsweise

Produktentwicklung beginnt mit der Ideengewinnung. Sie kann technologie-
oder marktgetrieben sein. Ein typisches Beispiel für den **Technology Push**
ist wasserabweisender Lack. Dieses innovative Produkt wurde mit Hilfe der
neuartigen Nano-Technologie geschaffen. Beim **Market Pull** hingegen
sind es nicht bzw. nicht hinreichend gelöste Kundenprobleme, welche den
Anstoß zur Innovation geben (z.B. energieeffiziente Haushaltsgeräte). Eine
in der Praxis häufig unterschätzte Innovationsbarriere ist das Phänomen der
Betriebsblindheit: Unternehmen neigen dazu, sich auf bewährte Erfolgsre-
zepte zu verlassen, und versäumen es, neuartige Lösungsansätze, welche
den veränderten Marktbedingungen besser entsprechen, zu entwickeln.
Kreative Methoden der Ideengewinnung (sog. Kreativitätstechniken) sind
ein wirksames Gegenmittel. Um eine Ideenblockade zu verhindern, steht
ein reichhaltiges Instrumentarium zur Verfügung (vgl. Abb. 3).

Art der Ideengewinnung		Informationsquelle	Kunde	Mitarbeiter	Experten	Wettbewerber
Ableitung von Ideen	problemorientiert	Beschwerdeanalyse	X	X		
		Beobachtung / Nutzertagebuch	X	X		
		Prognose (z.B. Delphi-Technik)	X	X	X	
	lösungsorientiert	Analogiemethode (z.B. Bionik)				X
		Betriebliches Vorschlagswesen		X		
		Benchmarking				X
Produktion von Ideen	unsystematisch-kreativ	Brainstorming	X	X		
		Brainwriting	X	X		
		Synektik	X	X		
	systematisch-logisch	Innovationszirkel / Produktklinik	X	X		
		Morphologische Analyse			X	
		Problemlösungsstudie	X	X		

Abb. 3: Methoden zur Ideengewinnung

Vielfach lassen sich aus bereits vorhandenen Informationen **Ideen ableiten**. So enthalten Beschwerden von Kunden und Mitarbeitern zumeist auch Hinweise auf Schwachstellen bspw. in der Produkt- und Servicequalität (z.B. stechender Geruch von Kinderspielzeug). Häufig lassen sich diese Mängel durch Innovationen beheben (z.B. lösungsfreie Farben). Weitere wichtige Informationsquellen sind das betriebliche Vorschlagswesen (von Mitarbeitern eingereichte Verbesserungsvorschläge) und das Benchmarking (systematischer Vergleich mit den Stärken und Schwächen der wichtigsten Wettbewerber). Der Regelfall aber ist, dass Anbieter gezielt (Produkt-)**Ideen entwickeln**, indem sie mit Kunden oder Mitarbeitern Kreativitätsseminare durchführen (z.B. Synektik) oder im Rahmen einer Produktklinik systematisch nach neuartigen Lösungen suchen.

Produktklinik: „Lernort", an dem Unternehmen mit Kunden und Mitarbeitern gemeinsam Produkte entwickeln bzw. verbessern

---

Bionik: Von der Natur lernen

Analogiebildung ist ein wichtiges Instrument der Ideengewinnung: Bieten andere Lebensbereiche, in diesem Fall die Natur, bewährte Lösungen für ein Problem? Die Bionik nutzt dieses Erkenntnisprinzip systematisch. Ihr bekanntestes Erfolgsbeispiel ist der sog. Lotus-Effekt: Eine geschuppte Oberfläche sorgt dafür, dass Wasser die Blätter der Lotusblume nicht benetzt, sondern davon abperlt und dabei kleine Schmutzpartikel aufnimmt. Dieses natürliche und seit 1995 patentierte Prinzip der Selbstreinigung wurde u.a. für die Verbesserung von Fassadenfarbe, Dachziegeln und Textilien genutzt. Die Klette wiederum stand Pate bei der Entwicklung des Klettverschlusses und das ultraschallbasierte Orientierungssystem der Fledermaus bei der Entwicklung der Abstandssensorik, welche Automobilhersteller als Einparkhilfe einsetzen. Die Liste lässt sich fortführen: Die Robotik bildet unsere Armmuskeln nach; Architekten lassen sich vom Aufbau des Seerosenblattes inspirieren, wenn sie besonders belastbare Dachkonstruktionen entwickeln. Nach dem Vorbild der Haifischhaut produzierte Folien senken den Treibstoffverbrauch von Flugzeugen um bis zu 7%. Und Termitenbauten stehen Modell für das Klimakonzept von Gebäuden.

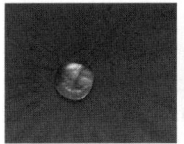

Grobauswahl, Konkretisierung und Feinauswahl

Ideen-Killing: Vorschnelles Aufgeben von Produktideen aufgrund von nicht begründeten Zweifeln

Aus der in der ersten Phase entwickelten Vielzahl von Ideen sind diejenigen herauszufiltern, die (Markt-)Potenzial besitzen und deshalb weiter verfolgt werden sollten. Hierzu ist zu prüfen, welche Vorschläge bestimmte Mindestanforderungen erfüllen (z.B. Machbarkeit, Kosten). Vielfach kommt es dabei jedoch zum sog. Ideen-Killing. **Scoring-Verfahren** helfen, dieses häufig aus Risikoaversion oder Änderungsunwilligkeit erwachsende Innovationshemmnis zu überwinden. Dabei werden die maßgeblichen Anforderungen (z.B. Wachstums- und Profilierungspotenzial der Idee) anhand einer Skala bewertet und zu einem Punktwert verdichtet („gescored"). Ideen, welche die höchsten Scores erhalten, werden in der Konkretisierungsphase weiter verfolgt. Nun müssen die Erwartungen der Zielgruppe an das zu entwickelnde Produkt identifiziert und in Konstruktionsmerkmale überführt werden. Die Methode, mit der man die zumeist in einer Laiensprache formulierten Kundenbedürfnisse (z.B. „Der Pkw muss sicher sein.") in die Sprache des Ingenieurs (z.B. „Der Pkw benötigt einen Seitenairbag.") übersetzt, wird als **Quality Function Deployment** (QFD) bezeichnet. Nachdem der Anbieter die ausgewählten Ideen konkretisiert hat, sollte er im Rahmen der Feinauswahl die **Wirtschaftlichkeit** der Produktkonzepte bewerten (z.B. mit Hilfe der Break Even-Analyse). Zudem empfiehlt es sich, Beschreibungen bzw. Visualisierungen der geplanten Produkte („Konzepte") von potenziellen Kunden beurteilen zu lassen. Dieser sog. **Konzepttest** kann in Form von Einzelinterviews oder Gruppengesprächen durchgeführt werden.

Break Even-Analyse: Ermittlung des Schnittpunkts von Kosten- und Umsatzfunktion, d.h. der Absatz- bzw. Produktionsmenge, ab der das Produkt Gewinn erwirschaftet

Testphase

Vor der Markteinführung gilt es, die **Markttauglichkeit** der entwickelten Produkte bzw. Prototypen zu prüfen. Dazu stehen drei Arten von Testverfahren zur Verfügung:

- Beim **Produkttest** bewerten Konsumenten Produkte (Volltest) oder Produkteigenschaften (Partialtest). Dabei sind u.a. folgende Schlüsselfragen zu beantworten: Würde die Zielgruppe das Angebot kaufen (Kaufbereitschaft)? Wie viel würde sie dafür bezahlen (Preisbereitschaft)?
- Realitätsnäher ist die **Testmarktsimulation**: An repräsentativ ausgewählten Orten werden Passanten in ein Teststudio gebeten. Dort beantworten sie zunächst Fragen zu ihren Kaufgewohnheiten und beurteilen Werbung zum neuen Produkt. Für ihre Teilnahme erhalten sie ein Honorar, das ihnen aber nicht in bar ausgezahlt wird. Vielmehr können die Teilnehmer in einem nachgestellten Testmarkt für den Gegenwert ihres Honorars einkaufen (Kaufsimulation). Anschließend bekommen sie das Testprodukt zum Testen mit nach Hause (Home Use-Test). Nach einer gewissen Zeit befragt sie das Marktforschungsinstitut erneut und erhält nunmehr ein stärker „erfahrungsgeladenes" Urteil.

• Die Akzeptanz der Kunden ist eine notwendige, nicht aber hinreichende Erfolgsbedingung. Das Produkt muss auch markttauglich sein, d.h. sich in einer hinreichend großen Stückzahl im realen Konkurrenzumfeld auch tatsächlich verkaufen lassen. Beim **Store-Test** wird das Produkt deshalb probeweise in repräsentativ ausgewählten Handelsgeschäften verkauft (z.B. zehn *Real*-Filialen). Aussagefähiger, aber wesentlich aufwändiger sind **Markttests**, die möglichst alle relevanten Händler einer repräsentativen Region (z.B. Stadt, Landkreis) abdecken. Marktforschungsinstitute wiederum bieten sog. **Mini-Testmärkte** an, die neben Verkaufszahlen auch Daten über Käufer liefern (z.B. Einstellungen) und lokal begrenzte Werbung erlauben. Der *GfK Behavior-Scan* bspw. erfasst mit Hilfe einer Identifikationskarte die Einkäufe von 3.000 Haushalten der Gemeinde Haßloch (Rheinland-Pfalz), die soziodemographisch in etwa Deutschland entspricht. Anbieter können dort nicht nur Produkte, sondern auch die Wirkung von TV-Spots, Anzeigen in Zeitschriften, Aktionen zur Verkaufsförderung sowie verschiedene Platzierungen und Preise unter kontrollierten Bedingungen testen.

5.4 Markteinführung: Wie Märkte Innovationen aufnehmen

Timing

Ein entscheidender Erfolgsfaktor bei der Markteinführung ist das Timing. Für einen möglichst frühen Markteintritt spricht die Dynamik der Märkte (z.B. immer kürzere Produktlebenszyklen, rasche Imitation neuer Ideen). Gegenargumente liefern hohe Floraten und steigende Kosten der Produktentwicklung. Ob das Pionierunternehmen (First-to-Market) oder aber einer seiner Folger erfolgreicher ist, lässt sich deshalb nicht pauschal beantworten. Immer wieder zeigt sich in der Praxis, dass langfristig auch Trittbrettfahrer bzw. frühe Folger im Vorteil sein können. So führte zwar *Motorola* den 32-Bit-Prozessor ein; dank einer geschickten Markenpolitik übernahm aber letztlich *Intel* die Marktführerschaft. Ähnlich erging es *Philips* mit seiner Innovation „Videorecorder", der *JVC* mit dem *VHS*-Standard den Rang ablief. Besonders in dynamischen, risikoreichen Märkten kann es sich lohnen, von den Erfahrungen der Pioniere zu profitieren, um diese dann mit überlegenen Angeboten zu überflügeln. Deshalb sollte das Ziel nicht First-to-Market, sondern First-to-Profitability lauten.

Zielgruppe

Eine weitere Erfolgsbedingung ist eine zielgruppengerechte Ansprache des Marktes. Welche Zielgruppen prinzipiell zu beachten sind, lässt sich der **Adoptionskurve** entnehmen, aus deren Aggregation sich die Diffusionskurve ergibt (vgl. Abb. 4). Zunächst adoptiert nur eine besonders innovations- und risikofreudige Minderheit die Neuerung. Den Frühadoptoren die-

Diffusions-kurve: Summe der individuellen Adoptionsentscheidungen

nen diese Innovatoren als Vorbild: Falls sie gute Erfahrungen sammeln und
darüber berichten, akzeptiert auch das zweite Kundensegment das neuartige
Produkt. Als Meinungsführer regen die Frühadoptoren nach und nach immer risikoscheuere Verbrauchersegmente an, die Innovation zu adoptieren
(d.h. das neuartige Produkt zu kaufen).

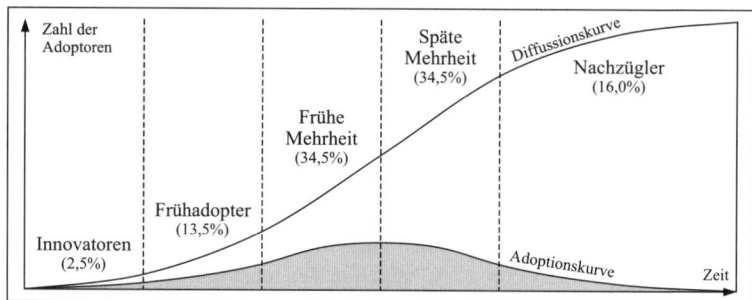

Abb. 4: Idealtypische Adoptions- und Diffusionskurve (Anteil der Adoptoren in %)
Quelle: Gerpott (2005, S.122f.).

Barrieren

Lobby: Innovationsbarrieren sind nicht nur skeptisch-konservative Kunden, man-
Interessens- gelnde Zahlungsbereitschaft etc.; Widerstand leisten auch konservative
gruppe, die Mitarbeiter, Händler und Lieferanten, die „am Bewährten" festhalten wol-
Gesellschaft
und Politik len. Hinzu kommen Reaktionen der Wettbewerber (z.B. Preissenkung, Imi-
in ihrem tation) und Maßnahmen der Lobbyisten der „alten" Technologie.
Sinn be-
einflusst

5.5 Marktwachstum: Wie sich das Produkt profilieren lässt

Qualität

Ein wachsender Markt zieht Wettbewerber an. Die dort bereits aktiven Unternehmen versuchen, dies zu verhindern, indem sie Markteintrittsbarrieren
errichten. Wer die Kostenführerschaftsstrategie verfolgt, wird bestrebt sein,
Konkurrenten durch die Vorgabe eines möglichst niedrigen Preisniveaus
abzuwehren. Ist hingegen die Präferenzstrategie die dominante Wettbewerbsstrategie, dann gilt es, durch eine Unique Selling Proposition (USP)
das eigene Angebot von (potenziellen) Konkurrenzprodukten abzugrenzen.
Häufig besteht eine USP in einem Qualitätsversprechen, das **funktionale** Eigenschaften wie Haltbarkeit *(Tupperware)*, Sicherheit *(Mercedes)*, Benut-
zerfreundlichkeit *(AOL)*, Wirtschaftlichkeit *(Yello)* oder Bequemlichkeit
(Uncle Ben's) betont. Bietet die Produktqualität kein Differenzierungspotenzial, dann ist die USP auf andere Weise zu begründen (bspw. ästhetisch).
Dies kann durch Form, Material oder Farbe geschehen.

Form: Vielfach unterstützt bzw. visualisiert die Form (z.b. „Windschnittigkeit") die Leistung des Produktes (z.b. geringer Luftwiderstand und Benzinverbrauch). Allerdings kann die gewählte Positionierung dazu Anlass geben, anderen Kriterien den Vorzug zu geben. So soll seine runde Gestalt den *New Beetle* bewusst weiblich erscheinen lassen, während das kantige Design des *VW Passat* Männlichkeit signalisiert. Von Avantgarde-Design spricht man, wenn ein Anbieter mit geltenden Gestaltungsregeln (z.b. dem Goldenen Schnitt) bricht und damit Erfolg hat. Aus Anlass von Unternehmens- bzw. Markenjubiläen wiederum möchte man durch ein Retro-Design Rückbesinnung auf alte Werte dokumentieren. Schließlich können bestimmte Formen sogar zum Archetyp einer Produktkategorie werden.

Goldener Schnitt: Verhältnis zweier Größen (1,618:1), das als ideale, zeitlos ästhetische Proportion gilt

---

Archetyp: Wenn ein Produktdesign zum Standard wird

Ist ein neues Produkt sehr erfolgreich und erregt es Aufmerksamkeit, kann sein Design zum Archetyp der Produktkategorie werden. Als **typische Form** bzw. Urform sorgen Archetypen dafür, dass Käufer Produkte der jeweiligen Kategorie zuordnen können. Diese inneren Bilder eines Produktbereiches können in das kollektive Gedächtnis einer Kultur eingehen, über Generationen hinweg bestehen bleiben und die Präferenzen der Käufer beeinflussen. Da der Archetypus die Glasflasche ist, fällt es bspw. vielen Biertrinkern schwer, Plastik- bzw. PET-Flaschen zu akzeptieren, selbst wenn diese ökologisch-logistische Vorteile bieten. Und den an den traditionellen Korken gewöhnten Weintrinkern ist aus vergleichbarem Grund der Schraubverschluss nur schwer zu vermitteln. Vermutlich war der *Smart* deshalb bislang weniger erfolgreich als erhofft, weil der „rollende Einkaufskorb" in vielerlei Hinsicht dem Pkw-Archetyp widerspricht. Produktgestalter sollten vom Archetypus ausgehen: der aus Sicht der Zielgruppe typischen Form bzw. Produktgestalt. Sie lässt sich bspw. im Rahmen von Tiefeninterviews ermitteln, in denen Probanden unter Zeitdruck ein Produkt zeichnen (z.b. Stuhl). Ein Design, das vom Archetyp abweicht (z.b. Sitzsack), spricht als Avantgarde-Design entweder nur eine sehr innovative Zielgruppe an oder muss mit Hilfe kommunikativer Maßnahmen bekannt gemacht und am Markt durchgesetzt werden. Dass dies möglich ist, beweist *Ritter Sport*, die sich mit dem Slogan „quadratisch, praktisch, gut" gegenüber dem Archetyp der Tafelschokolade behaupten konnte.

| Archetyp | Avantgarde-Design | Archetyp | Avantgarde-Design |

Material: Auch das Material ist mehr als nur funktionell (z.b. bruchfest). Ein Stuhl aus Eichenholz wirkt rustikal, einer aus Plastik modern. Kleidung aus Wolle gilt als natürlich und gesund, während viele Menschen mit Polyester künstlich und ungesund assoziieren. Die Materialoberfläche gewährleistet nicht nur bestimmte Funktionen (z.b. rutschfest, wasserabweisend), sondern kann auch als Qualitätssignal wirken (z.b. erhabene Schrift, gebürsteter Edelstahl oder weiches Leder).

Farbe: Farben (z.b. Rot) werden als Warnsignal (z.b. Ceranfeld) oder als Symbol (z.b. für Stand-by) eingesetzt, aber auch zur Emotionalisierung der

Positionierung (z.B. Wärme, Aktivität). Sie können mehr oder weniger kontrastreich, harmonisch oder modisch sein. Zudem sind bestimmte Farben (z.B. Weiß) typisch für eine Produktkategorie (z.B. Voll-Waschmittel).

Verpackung

Weiterhin eröffnet die Verpackung Möglichkeiten, sich von Konkurrenten abzugrenzen. Dabei unterscheidet man in primäre (z.B. Flasche), sekundäre (z.B. Getränkekasten) und tertiäre Verpackung (z.B. Euro-Palette). Die Produkthülle erfüllt eine Reihe von Funktionen. Aus Sicht des **Anbieters** sollte sie den Transport zum Point-of-Sale erleichtern, das Produkt schützen, image- und präferenzbildend sein und sowohl den Händler (z.B. EAN-Code) als auch den Kunden informieren (über Haltbarkeitsdatum, Inhaltsstoffe etc.). Für **Handelsunternehmen** wiederum ist es wichtig, dass Verpackungen leicht handhabbar und diebstahlsicher sind sowie insgesamt den Abverkauf unterstützen. Aus Sicht des **Käufers** sollten Verpackungen eine bedarfsgerechte Menge des Produkts portionieren, den Ge- bzw. Verbrauch erleichtern (z.B. leicht zu transportieren und zu öffnen, verschließbar, umweltfreundlich entsorgbar) und ästhetisch aussehen. Und bisweilen, wie im Falle der Flakons mancher Parfums oder der charakteristischen Form der *WC-Ente*, ist die Verpackung Teil des unverwechselbaren Markenbildes.

Produktbegleitende Dienstleistungen

Ist das Differenzierungspotenzial des eigentlichen Produktes erschöpft, empfiehlt es sich, dieses um Dienstleistungen zu erweitern. Sie werden als **Value Added Services** bezeichnet, vorausgesetzt, sie stiften den Käufern einen relevanten Zusatznutzen. Hierbei kann es sich um Beratung und Finanzierung vor bzw. während des Kaufs oder um Anlieferung, Schulung, Wartung und Gewährleistung nach dem Kauf handeln. Bevor ein Unternehmen ein Produkt mit Dienstleistungen anreichert, muss es unbedingt prüfen, ob daraus eine USP erwächst und diese Zusatzleistung die Zahlungsbereitschaft der Käufer steigert. Nicht unterschätzt werden sollte das Risiko, das daraus erwächst, wenn die Zielgruppe dem Unternehmen zwar Produkt-, aber keine Dienstleistungskompetenz zubilligt. In einem solchen Fall empfiehlt es sich, mit einem etablierten Dienstleistungsanbieter zu kooperieren.

5.6 Marktsättigung: Ob und wie sich der Produktlebenszyklus verlängern lässt

Produktdifferenzierung

Verlangsamt sich das Marktwachstum, dann stellt sich die Frage, ob Produktdifferenzierung eine strategische Option ist: Lässt sich das Angebot modifizieren, um den Produktlebenszyklus zu verlängern? Dabei werden, um spezielle Bedürfnisse einzelner Kundensegmente besser erfüllen zu können, zusätzliche **Varianten des Produktes** eingeführt, wobei der Leistungskern erhalten bleibt und nur einzelne Produktmerkmale verändert werden. Besonders augenfällig verfolgt die Automobilbranche diese Marketing-Strategie. Jeder Hersteller bietet seine Modelle in unterschiedlichen Ausstattungen an: für preisbewusste Käufer das Auto „an sich", für das sicherheitsorientierte Segment zusätzlich nicht-serienmäßige Sicherheitsextras (z.b. Seitenaufprallschutz, ABS, ESP) und für Convenience-Orientierte ein „Rund-um-Sorglos-Paket". Jeder Kunde findet so ein Angebot, das seinen Anforderungen entspricht. Ebenso lassen sich Designmerkmale wie Farbe und Form variieren. Die Produktdifferenzierung bietet somit die Chance, neue Kunden zu gewinnen. Allerdings droht der Kannibalisierungseffekt. Und wird die Produktdifferenzierung zu weit getrieben, steigen die Komplexität des Sortiments und damit die Kosten überproportional.

Kannibalisierung: Durch die Einführung eines neuen Produkts verursachte Absatzverluste bei anderen Produkten desselben Anbieters

Produktvariation

Sollten sich die Ansprüche der Zielgruppe grundlegend verändern bzw. viele dieser Kunden Variety Seeker sein, empfiehlt sich ein **Modellwechsel**. Auch bei dieser Variation genannten Strategie bleibt der Leistungskern des Produktes erhalten; es ändern sich lediglich ästhetische (z.b. Form) oder einzelne funktionale Leistungsmerkmale (z.b. Lichtstärke eines Objektivs, geringerer Kaloriengehalt). Anders als bei der Produktdifferenzierung wird bei der Produktvariation jedoch das „alte" Angebot vom Markt genommen. Das Ausmaß der Variation kann von der reinen Produktpflege bis zum Relaunch reichen. Von Produktpflege spricht man, wenn nur geringfügige Änderungen vorgenommen werden (z.b. leicht überarbeitete Verpackung). Diese Strategie ermöglicht es, das Angebot schrittweise und von den Kunden häufig unbemerkt den veränderten Marktbedingungen, Bedürfnissen, Geschmacksrichtungen, Moden etc. anzupassen.

Versäumt der Anbieter diese regelmäßig vorzunehmende Verjüngungskur bzw. ändert sich das Umfeld plötzlich, ist ein Relaunch nötig. Dessen Ziel ist ein umfassend modifiziertes Produktkonzept. Diese grundlegende Erneuerung wird zumeist durch preis-, distributions- und v.a. kommunikationspolitische Maßnahmen unterstützt (z.b. Einführungskampagne). Der *MAST-Jägermeister AG* etwa gelang der Relaunch, indem sie eine neue Zielgruppe (junge Konsumenten) ansprach und dieser werblich einen neuartigen Verwendungszusammenhang aufzeigte: Mit *Jägermeister* kann man auch Longdrinks mixen. *Danone* entwickelte für den Relaunch der Marke *Fruchtzwerge* eine ähnliche Strategie: Joghurt als Eis am Stiel. *Aspirin* wiederum hilft der Werbebotschaft zufolge nicht nur gegen Kopf-, sondern auch gegen Gelenkschmerzen.

Produkteliminierung

Hat die Modifikationsstrategie (Differenzierung bzw. Variation) nicht verhindern können, dass das Produkt in die Degenerationsphase eintritt, muss das Unternehmen den richtigen Zeitpunkt für die Eliminierung des Produktes wählen. Gravierende Risiken bestehen, wenn das zu eliminierende Produkt Verbundbeziehung zu anderen Produkten des Unternehmens aufweist (z.b. Produktionsverbund, Nachfrageverbund). So litte unter der Elimination von *Nivea Rasierschaum* sicherlich der Absatz von *Nivea After Shave*, und der Wegfall der *Senseo Kaffeemaschine* würde das lukrative Geschäft mit Kaffeepads zunichte machen. Auch Synergieeffekte bei Produktion und Beschaffung sind zu beachten (bspw. Minderung des Skaleneffekts). Außerdem gilt es, Kunden, Mitarbeiter, Lieferanten und Händler darüber zu informieren, dass und wann man ein Produkt vom Markt nimmt.

Skaleneffekt: Kostendegression durch die Produktion großer Mengen (Economies of Scale)

5.7 Neuere Tendenzen in Wissenschaft und Praxis

Multisensorische Produktpolitik: Lange wurde unterstellt, dass Produkte primär rational bewertet werden. Tatsächlich aber können Sinneseindrücke, die beim Kauf (z.B. Lärm) und bei der Nutzung (z.b. unangenehmer Geruch) entstehen, das Urteil des Käufers maßgeblich beeinflussen. Deshalb finden in der Produktpolitik die fünf Sinne des Menschen (Sehen, Hören, Riechen, Schmecken, Tasten) zunehmend Beachtung (bspw. durch Sound-Design). *Mercedes* etwa erzeugt mit Hilfe von Sound-Chips ein sanftes, hochwertig anmutendes Geräusch beim Schließen der Pkw-Tür, während *BMW* aus Gründen der Markenpflege einen sportlichen „Plopp" bevorzugt.

Kundenintegration: Um marktgerechte Produkte zu entwickeln, empfiehlt es sich, Lead-User genannte Repräsentanten der Zielgruppe in die Produktentwicklung einzubinden bzw. an der Produktmodifikation zu beteiligen. Sie helfen bei der Ideengewinnung und dem Aufspüren von Trends, geben über ihre Bedürfnisse und Erwartungen Auskunft und bewerten alternative Produktkonzepte. Die Rolle des Kunden wandelt sich somit vom Konsumenten (= passiv) zum Co-Designer bzw. Co-Producer (= aktiv).

Variantenmanagement: Konsequenz der klassischen Produktdifferenzierung ist häufig eine Vielzahl von Produktvarianten. Dadurch geht der Kostenvorteil einer standardisierten Produktion verloren. Gleichzeitig fallen sog. Komplexitätskosten an (bspw. im Vertrieb und bei der Bewerbung eines übergroßen Produktprogramms). Dies lässt sich verhindern, indem man untersucht, auf welche Produktmerkmale und welche Merkmalsausprägungen die Zielgruppe Wert legt. Von diesen Befunden ausgehend wird das

Produktprogramm verschlankt, kundenorientiert modularisiert und in ein Plattformkonzept oder ein Baukastensystem überführt.

Mass Customization: Mit dieser Strategie möchte man Präferenzvorteile einer kundenindividuellen Fertigung (= Customization) gewinnen, ohne auf die Kostenvorteile der Massenproduktion verzichten zu müssen. Dies ermöglichen Fortschritte in der Fertigungs- und Informationstechnologie. So bieten einige Kaufhäuser maßkonfektionierte Anzüge an. Nachdem der Kunde elektronisch vermessen wurde (3-D-Body-Scanning), wird der Anzug entsprechend den online übertragenen Maßen automatisch zugeschnitten und dem Kunden nach wenigen Tagen im Kaufhaus verkauft. Trotz noch vergleichsweise geringer Stückzahlen ist Mass Customization attraktiv, da die Kosten eines maßgeschneiderten Anzugs nur geringfügig über denen eines „Anzugs von der Stange" liegen, eine besonders qualitäts- und individualitätsbewusste Zielgruppe aber bereit ist, dafür deutlich mehr zu bezahlen (Preisbereitschaft).

Überprüfen Sie Ihr Wissen

Wiederholende und weiterführende Fragen finden Sie in den Begleitmaterialien im Internet unter **www.erfolgsfaktoren-marketing.de**

Grundlegende Literatur

Bruhn, M.; Hadwich, K.: Produkt- und Servicemanagement, Wiesbaden 2006.

Albers, S.; Herrmann, A.: Handbuch Produktmanagement, 2.Aufl., Wiesbaden 2006.

Gerpott, T.J.: Strategisches Technologie- und Innovationsmanagement, 2.Aufl., Stuttgart 2005.

Koppelmann, U.: Produktmarketing, 6.Aufl., Berlin 2000.

Weiterführende Literatur

Bosman, A.: Scents and Sensibility. When Do (In)Congruent Ambient Scents Influence Product Evaluations?, in: Journal of Marketing, Vol.7 (2006), No.2, pp.243-262.

Hemetsberger, A.; Godula, G.: Virtual Customer Integration in New Product Development in Industrial Markets, in: Journal of Business-to-Business Marketing, Vol.14 (2007), No.2, pp.1-37.

Zhang, M.; Tseng, M.M.: A Product and Process Modeling Based Approach to Study Cost Implications of Product Variety in Mass Customization, in: IEEE Transactions on Engineering Management, Vol.54 (2007), No.1, pp.130-144.

6 Markenartikel

6.1 Reason Why: Warum man anonyme Angebote markieren sollte 81
6.2 Definition: Was einen Markenartikel ausmacht 83
6.3 Funktionen: Was eine Marke leistet 84
6.4 Markenauftritt: Wie man eine Marke präsentieren sollte 86
6.5 Markenarchitektur: Welche Produkte unter das Markendach
    passen 90
6.6 Markenentwicklung: Wie neue Produkte von Marken profitieren
    können 92
6.7 Neuere Tendenzen in Wissenschaft und Praxis 94

 Die erste Cola erfand ein Pharmazeut: 1886 entzog *J.S. Pemberton* einem von ihm entwickelten weinhaltigen Sirup gegen Müdigkeit einerseits den Alkohol und mischte ihm andererseits Sodawasser unter. Damit hatte er jedoch nur eines von vielen Erfrischungsgetränken kreiert. Bis daraus schließlich die von vielen als einzigartig erlebte Weltmarke *Coca-Cola* wurde, bedurfte es eines ganzen Bündels von Erfolgsfaktoren. Da war zunächst die *Pembertons* Buchhalter zugeschriebene Idee, in der Werbung grundsätzlich ein Logo mit dem geschwungenen Schriftzug zu nutzen (aus: *COCA leaves* und *COLA nut*). Für optische Prägnanz sorgte weiterhin die charakteristische Flaschenform mit dem 1899 erfundenen Kronkorken. Weltweit bekannt wurde *Coca-Cola* aber v.a. durch seine für die damalige Zeit ungewöhnlich hohen Werbeinvestitionen (ein Viertel des Umsatzes). Das unverwechselbare Image wiederum verdankt die Marke u.a. der seit den dreißiger Jahren werblich propagierten Assoziation mit dem „roten" Weihnachtsmann, der davor zumeist in Braun dargestellt wurde. Zudem weckt die Marke, seit sie im Zweiten Weltkrieg den Status „wichtiges Produkt für die Kriegswirtschaft" erlangte, im Heimatmarkt USA patriotische Gefühle.

6.1 Reason Why: Warum man anonyme Angebote markieren sollte

Notwendigkeit der Markierung von Produkten

Viele Gründe sprechen dafür, aus einem anonymen Produkt einen Markenartikel zu machen. Wie Testergebnisse der *Stiftung Warentest* immer wieder zeigen, sind viele Angebote qualitativ nahezu austauschbar. Im Falle eines solchen **Qualitätspatts** besteht eine bewährte Wettbewerbsstrategie darin, das eigene Produkt zu „markieren" und so von Konkurrenzangeboten zu differenzieren (d.h. positiv abzuheben). Zudem werden Verbraucher zunehmend von werblichen Informationen überflutet. Dieser sog. **Information-Overload** führt dazu, dass Konsumenten durchschnittlich nur 2% der auf sie einströmenden Informationen beachten. Aber auch diese werden vorwiegend peripher (d.h. „nebenbei") wahrgenommen. Deshalb stehen einem werbetreibenden Unternehmen im Mittel nur etwa zwei Sekunden zur Verfügung, um einen potenziellen Kunden zu überzeugen. In diesem **Battle of Attention** genannten Wettbewerb um die Aufmerksamkeit der Zielgruppe erfüllt die Marke eine wichtige Funktion – vorausgesetzt, es ist dem Management gelungen, ihr im Zuge der Markierung, eine prägnante und symbolträchtige Gestalt zu geben.

Battle of Attention: Kampf um die Aufmerksamkeit der mit Informationen überlasteten Zielgruppe

Außerdem gilt es heutzutage als Selbstverständlichkeit, dass ein Produkt seine zentralen Funktionen zuverlässig erfüllt. Die **zunehmend anspruchsvollen Konsumenten** erwarten mehr: Ein Pkw etwa muss sie nicht nur transportieren können, sondern auch gut aussehen sowie sparsam und umweltfreundlich sein (Bedürfnisprogression). Darüber hinaus haben die verschiedenen Verbrauchergruppen unterschiedliche Bedürfnisse und Erwartungen, weshalb ein Hersteller mit ein und demselben Produkt im Regelfall nicht den gesamten Markt ansprechen kann. Auch bei der deshalb zumeist erforderlichen Marktsegmentierung erfüllt der Markenartikel eine wichtige Funktion; denn er lässt sich passgenau auf eine bestimmte Zielgruppe und deren Bedürfnisse ausrichten. So thematisiert *Kinderüberraschung* den Wunsch von Kindern nach „Spiel, Spaß, Spannung und Schokolade".

Bedürfnisprogression: Zunahme der Ansprüche, die Verbraucher an die Leistungen von Unternehmen haben

Marken in der Krise?

Trotz dieser positiven Eigenschaften der Marke spricht die Fachpresse seit einigen Jahren von einer **Markenkrise**: Hielten im Jahr 1996 noch 44% der Konsumenten den Kauf von Marken für lohnenswert, waren es 2001 nur noch 38% und 2005 sogar lediglich 31%. Parallel dazu stiegen der Anteil preisorientierter Käufer und der Marktanteil der Hard-Discounter (sog. Aldisierung). Aber dies ist nur ein Teil des Problems. Erschwerend kommt hinzu, dass von der schrumpfenden Gruppe der Markenbewussten viele nicht bereit sind, für Markenartikel einen höheren Preis zu bezahlen. Vielmehr gelten 25% aller Konsumenten als Smart Shopper: Sie bevorzugen zwar Marken, versuchen aber, wann immer möglich, diese als Sonderangebot zu kaufen. Hinzu kommen selbstverschuldete handwerkliche Fehler: Viele Marken sind konzeptionell und gestalterisch derart ähnlich positioniert, dass fast zwei Drittel der Verbraucher sie als austauschbar erleben (Brand Parity bzw. Markenverwechslung). Markenpolitik kann dennoch erfolgreich sein, wie das vergleichsweise gute Abschneiden der „starken"

Smart Shopper: Käufer, die hochwertige Marken zu günstigen Preisen präferieren

Marken zeigt: Sie und v.a. die Handelsmarken sind von der Krise kaum betroffen; Marktanteile verlieren vorrangig die in der Mitte positionierten Anbieter (vgl. Abb. 1).

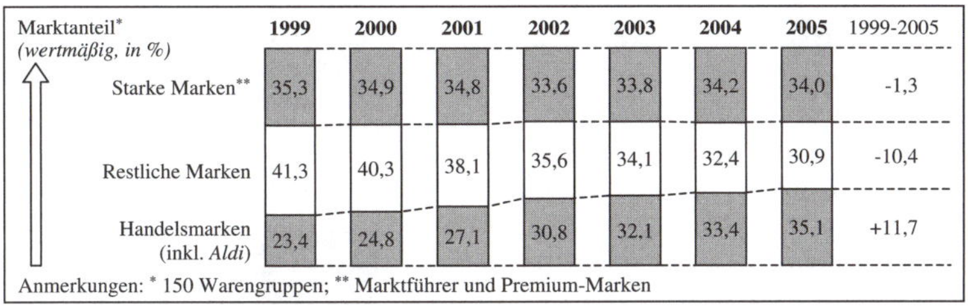

Marktanteil* *(wertmäßig, in %)*	1999	2000	2001	2002	2003	2004	2005	1999-2005
Starke Marken**	35,3	34,9	34,8	33,6	33,8	34,2	34,0	-1,3
Restliche Marken	41,3	40,3	38,1	35,6	34,1	32,4	30,9	-10,4
Handelsmarken (inkl. *Aldi*)	23,4	24,8	27,1	30,8	32,1	33,4	35,1	+11,7

Anmerkungen: * 150 Warengruppen; ** Marktführer und Premium-Marken

Abb. 1: Starke Marken behaupten sich
Quelle: GfK ConsumerScan (1999-2005).

6.2 Definition: Was einen Markenartikel ausmacht

Klassisches Begriffsverständnis

In seiner häufig als „klassisch" bezeichneten **merkmalsbezogenen Definition** nannte K. *Mellerowicz* 1963 acht Eigenschaften, welche einen Markenartikel ausmachen:

* gleichbleibende oder verbesserte Qualität,
* intensive Verbraucherwerbung,
* großer Absatzraum (überall erhältlich),
* Herkunftszeichen (Markierung),
* einheitliche Aufmachung,
* gleichbleibende Menge,
* Fertigwaren für den Endverbraucher,
* Anerkennung am Markt (von Verbrauchern, Händlern und anderen Herstellern).

Pull-Effekt: Durch starke Marken erzeugter Nachfragesog, der den Handel zur Listung zwingt

Modernes Begriffsverständnis

Angesichts der grundlegenden Veränderungen, welche sich auf zahlreichen Märkten vollziehen, ist diese **Definition** mittlerweile jedoch **überholt.** So betreiben Hersteller nicht nur für Fertigwaren Markenpolitik, sondern auch für Dienstleistungen (bspw. *Lufthansa*) und für Vorprodukte bzw. Produktkomponenten (bspw. *Intel inside*). Letzteres wird als Ingredient Branding bezeichnet: Ein Zulieferunternehmen etabliert eine Marke, die neben der des Herstellers auf dem Endprodukt erscheint, um so für den Käufer sichtbar zu werden und sich profilieren zu können. Selbst Organisationen, Initiativen, Personen, Länder, Regionen, Städte und Gebäude positionieren sich als Marke (vgl. Abb. 2).

Ingredient Branding: Markierung nicht sichtbarer Produktkomponenten

Abb. 2: Weitere Erscheinungsformen des Markenartikels

Ubiquität:
Nahezu flächendek-kende Verfügbarkeit einer Marke

Weiterhin hat das Kriterium der Ubiquität an Trennschärfe verloren: Weder sind etwa *Baldessarini,* eine Luxusmarke der *Ahlers AG,* noch *K-Classic* als Handelsmarke der *Lidl&Gruppe* überall erhältlich. Diese Nicht-Ubiquität ist allerdings nicht das Ergebnis einer vertriebspolitischen Schwäche, sondern Resultat einer sachlich begründeten Entscheidung. Derartige Marken werden bewusst nur in ausgewählten (d.h. vergleichbar luxuriösen) Geschäften bzw. von dem jeweiligen Händler angeboten. Die Wissenschaft trug diesem Bedeutungswandel Rechnung und entwickelte entsprechend angepasste Definitionen (vgl. Abb. 3).

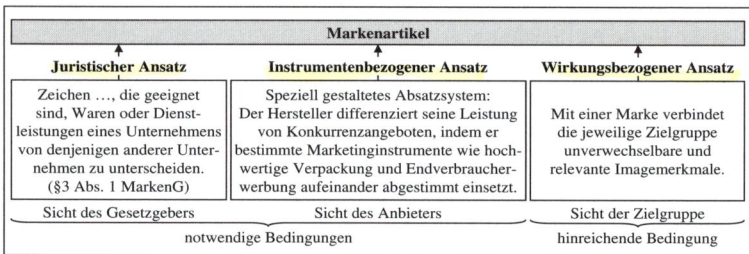

Abb. 3: Drei moderne Markendefinitionen

6.3 Funktionen: Was eine Marke leistet

Life-Style-Marke:
Symbol für die Lebensart einer Zielgruppe

Nutzen für den Anbieter

Dem Anbieter hilft die Markierung, sein Angebot gegenüber Konkurrenten abzugrenzen, indem er ihr ein spezielles Image verleiht. *Jägermeister* etwa ist diese Profilierung gelungen, indem sich der Spirituosen-Hersteller durch humorvolle Life-Style-Werbung als junger, dynamischer Kräuterlikör präsentierte. Eine gut geführte Marke sorgt auch dafür, dass die Zielgruppe

- das Produkt vergleichbaren Angeboten vorzieht (Präferenzbildung),
- es vermehrt kauft (Absatzförderung),
- dafür einen vergleichsweise hohen Preis bezahlt (Mehrpreisakzeptanz),
- Vertrauen entwickelt (Vertrauensbildung) und
- langfristig treu bleibt (Kunden- bzw. Markenloyalität).

Blindtest zeigt: Marken schaffen Präferenzen

In einem Experiment wurde der Geschmack von zwei Sorten Diät-Cola getestet. Zunächst probierte eine Gruppe von Probanden die Getränke, ohne zu wissen, um welche Marken es sich handelte. 51% attestierten Cola A und 44% Cola B einen besseren Geschmack. Grundlegend anders urteilte eine zweite Versuchsgruppe, welche die Getränke unter Nennung der Marke verkostete: Den „identifizierten Test" beendete *Coca-Cola* (= B) mit 65% als eindeutiger Testsieger, während nur noch 23% *Pepsi-Cola* (= A) den Vorzug gaben. Offensichtlich präferieren viele Konsumenten *Coca-Cola* gegenüber *Pepsi* nicht aufgrund überlegener Produkteigenschaften (Geschmack), sondern wegen der erfolgreichen Markierung.

☐ Blindtest *(ohne Marke)*
● Identifizierter Test *(mit Marke)*

Präferenz *(in %)*

51 · · · · 65
Markeneffekt
23 · · · · 44

Diet Pepsi   *Diet Coke*

Quelle: Chernatony/McDonald (1992, S.9f.).

Zudem kann ein Unternehmen mit einer Mehrmarkenstrategie gezielt Bedürfnisse verschiedener Marktsegmente ansprechen, ohne das jeweils andere Produkt zu kannibalisieren, d.h. diesem hinsichtlich Marktanteil, Zahlungsbereitschaft der Käufer, Image etc. zu schaden. *Henkel* bspw. spricht mit dem hochwertig positionierten Vollwaschmittel *Persil* die Qualitätsorientierten und gleichzeitig mit *Spee* die eher preisorientierten Käufer an. Marken helfen aber nicht nur, das Konsumentenverhalten in gewünschter Weise zu beeinflussen. Sie können für den Hersteller auch **markt-** bzw. **konkurrenzbezogene Funktionen** übernehmen: Der Vertrauensbonus, den starke Marken beim Verbraucher besitzen, wirkt auf potenzielle Konkurrenten wie eine Markteintrittsbarriere. Überdies können sie als Plattform genutzt werden, um neue Produkte am Markt einzuführen, und einen Pull-Effekt auslösen, welcher die Verhandlungsposition gegenüber dem Handel stärkt.

Pull-Effekt: Von einer starken Marke erzeugter Nachfragesog, der den Handel zur Listung zwingt

Nutzen für den Käufer

Dauerhaft sind Marken nur dann in der Lage, die genannten Funktionen zu erfüllen, wenn sie dem Abnehmer einen signifikanten Nutzen stiften. Dabei lassen sich zwei Nutzenkomponenten unterscheiden (vgl. Abb. 4):

- Zunächst stiften Marken **rationalen Nutzen**. So dienen sie als Orientierungshilfe. Nur weil unsere Lieblingsschokolade gleichbleibend markiert ist, können wir sie im unübersichtlichen Süßigkeitenregal schnell identifizieren. Zudem erleichtern Marken die Informationsverarbeitung: Im übertragenen Sinn übernehmen sie die Funktion eines „Dateinamens", unter dem wir alle relevanten Informationen ablegen (z.B. Werbebotschaften, Empfehlungen von Freunden, eigene Nutzungserfahrung) und diese vor einer Kaufentscheidung wieder abrufen können. Schließlich und v.a. sind Marken ein Qualitätssignal: Indem *Daimler* Sicherheit und *Hipp* hochwertige, naturbelassene Zutaten garantieren, reduzieren sie das vom Käufer wahrgenommene Kaufrisiko.

- **Emotionaler Nutzen** entsteht, weil Marken mehr als die Summe der Produkteigenschaften kommunizieren: Käufer ordnen ihnen auch solche (Image-)Merkmale zu, mit denen sie sonst nur Personen beschreiben würden. So wird *BMW* zumeist als dynamisch, *After Eight* als traditionell und *H&M* als jung erlebt. Aufgrund dieser Personifizierung sind Marken bestens geeignet, das Selbstbild der Käufer aufzuwerten und nach außen zu demonstrieren. Wer etwa eine *Harley-Davidson* erwirbt, verspricht sich dadurch den Zugang zur sozialen Gruppe der „Edel-Biker". Mit *Prada*-Kleidung wiederum demonstrieren wir uns und anderen, dass wir der High Society angehören. Und wer Reinigungsmittel von *Frosch* verwendet, stellt sich als umweltbewusst dar. Manche Marken vermitteln gar umfassende Erlebniswelten und Lebensstile: So steht *Marlboro* für den American Way of Life, während *Gauloise* mit französischer Lebensart verbunden wird.

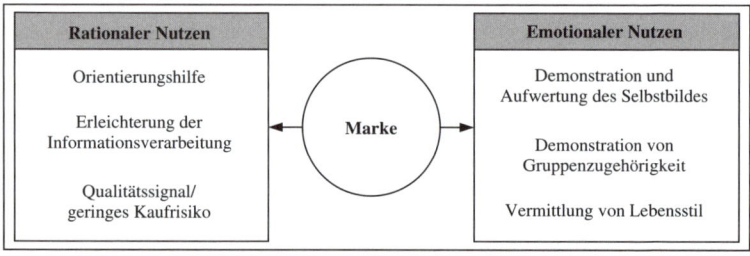

Abb. 4: Wie Konsumenten von Marken profitieren

6.4 Markenauftritt: Wie man eine Marke präsentieren sollte

Inhalt der Positionierung

Damit eine Marke die beschriebenen Funktionen erfüllen kann, muss sie marktgerecht positioniert werden. Grundlage dafür ist die vom Unternehmen definierte **Markenidentität**. Identitätsbildend ist zunächst die Kernkompetenz, die aus explizitem Know-how (z.B. *Lindt* als Chocolatier) oder impliziten Leistungsbestandteilen wie Tradition, Herkunft oder Marktführerschaft erwächst. Eine wichtige Funktion erfüllt weiterhin das zentrale Nutzenversprechen, welches sich nicht nur auf das Produkt beziehen muss, sondern auch darüber hinausgehen kann. Während bspw. *Audi* mit Verlässlichkeit und die *Deutsche Bahn* mit Mobilität bestimmte Produktmerkmale in den Mittelpunkt ihres Markenauftritts rücken, versprechen andere spezielle Erlebnisse bzw. Emotionen: *Beck's* bspw. Unabhängigkeit und *Haribo* Freude.

Anforderungen an die Positionierung

Aufgabe der Markenpolitik ist es nun, aus der Markenidentität konkrete Maßnahmen abzuleiten, die schließlich das Markenimage prägen. Dabei sollten folgende Ziele verfolgt werden:

Marken-image: Eigenschaften, welche die Zielgruppe der Marke zuschreibt

- **Corporate Fit:** Die Marke muss zur Unternehmensphilosophie passen. Für Anbieter innovativer Leistungen wie *Nokia* empfiehlt sich folglich kein traditioneller, sondern ein kreativer Marktauftritt.
- **Kundenorientierung:** Der von der Marke versprochene Nutzen muss für die Zielgruppe zum einen wichtig sein und zum anderen dem Selbstbild der potenziellen Käufer entsprechen. Im Falle der spaßorientierten und aktiven Zielgruppe von *Red Bull* etwa lag es nahe, die Marke kommunikativ mit Lebensfreude und Jugendlichkeit zu verbinden.
- **Konkurrenzorientierung:** Die Marke muss sich derart von Konkurrenzangeboten abheben, dass die Zielgruppe sie als einzigartig wahrnimmt.
- **Prägnanz:** Eine Marke muss Informationen wie das Nutzenversprechen verständlich und sparsam vermitteln. Komplexität erschwert die Informationsverarbeitung.
- **Kontinuität:** Markenkommunikation ist ein langwieriger Prozess. Hat die Zielgruppe die Markenbotschaft jedoch erst einmal erlernt, wird sie diese nicht umgehend wieder vergessen. Daher muss die Positionierungsstrategie langfristig angelegt sein. Dennoch darf bzw. muss der Markenauftritt kontinuierlich verändert werden. Um nicht vorzeitig zu altern, ist er innerhalb der sog. Stilamplitude allmählich dem Zeitgeist anzupassen. *McDonald's* bspw. versucht schrittweise, seinen Markenauftritt an dem Trend zur gesunden Ernährung auszurichten (Wellbeing).

Stilamplitude: Bandbreite, innerhalb derer sich Stilelemente verändern lassen, ohne einen Stilbruch zu provozieren

Marlboro-Mann und _Camel_-Mann: Kontinuität schlägt Stilbruch

Die 1913 in den USA eingeführte und nach einem Zirkus-Dromedar benannte Zigaretten-marke _Camel_ trat 1969 in den deutschen Markt ein. Schnell avancierte der verschwitzte _Camel_-Mann, der „meilenweit für seine _Camel_ lief", zu einer der bekanntesten Werbefigu-ren. Später passte man den Auftritt an den Zeitgeist der achtziger Jahre an: Nun war der _Camel_-Mann rasiert und gepflegt im Jeep unterwegs. Diese auf den Dimensionen „Freiheit und Abenteuer" nur geringfügig aktualisierte Positionierung ließ den Marktanteil bis 1985 auf 9% steigen. Der Mitte der achtziger Jahre ausgebrochene Preiskampf verleitete das Unternehmen jedoch zu einem Stilbruch: Nunmehr warb ein Plüsch-Kamel in der Wüste mit lustigen Sprüchen für _Camel_. In der Folge sank der Marktanteil bis 1999 auf 3%. Schließlich wurden sogar die (außeramerikanischen) Markenrechte verkauft. Im Gegensatz dazu setzten die Markenmanager von _Marlboro_ auf Kontinuität. Die Positionierung „Freiheit & Aben-teuer" wurde zwar regelmäßig, aber letztlich kaum merklich verändert. Dies sorgte für einen zunächst stetig wachsenden und später auf hohem Niveau stagnierenden Marktanteil.

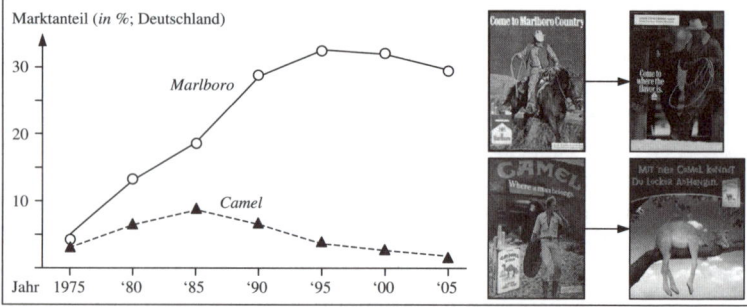

Quelle: „Dokumentation Zigarette" (1975-2005)
des Verbands der Cigarettenindustrie.

Äußeres Erscheinungsbild der Marke

Beeinflussen kann ein Anbieter das Markenimage v.a. durch das **Branding**. Dem engeren Begriffsverständnis zufolge handelt es sich dabei um den Pro-zess der Namens- und Logofindung. Weiter gefasst verstehen wir darunter alle Maßnahmen, welche geeignet sind, eine Marke zu positionieren (d.h. auch Verpackungsgestaltung, Produktdesign, Markenkommunikation). Wir wollen uns zunächst mit Branding i.e.S. befassen (vgl. Abb. 5).

Bedeutungs-überschuss: Assozia-tionen, die ein Marken-name ohne Zusatzinfor-mationen (z.B. Wer-bung) weckt

Wer einen deskriptiven **Markennamen** verwendet (z.B. _Kinderschokolade_), verdeutlicht dem potenziellen Käufer unmittelbar, welches Produkt bzw. welche Dienstleistung sich dahinter verbirgt. Ein assoziativer Name hinge-gen weckt kognitive oder emotionale Vorstellungen, die einen Bedeutungs-überschuss vermitteln können (z.B. _Landliebe_). Mit einer Marke, die einen artifiziellen Namen trägt, verbinden wir hingegen anfänglich nichts, selbst wenn der Kunstname aus Sicht des Unternehmens bedeutungsvoll ist (z.B. _Persil = Per_borat und _Sili_kat). An deskriptive und assoziative Begriffe erin-nert man sich leichter als an artifizielle. Assoziative und artifizielle Namen wiederum versetzen ein Unternehmen besser als andere in die Lage, die ei-

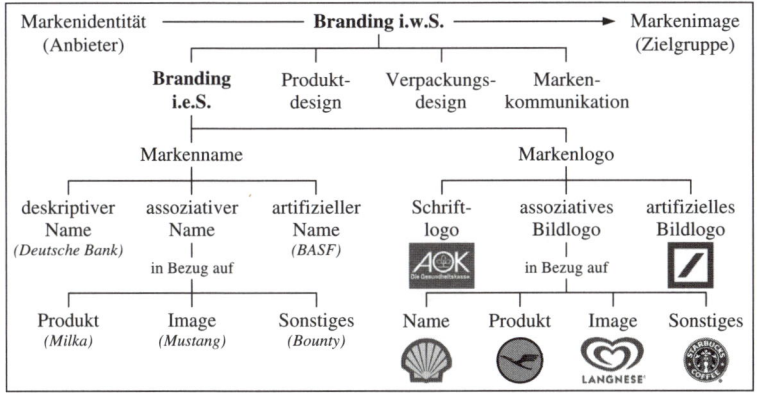

Abb. 5: Branding-Instrumente

genen Angebote von denen der Konkurrenten abzugrenzen: z.B. *Kerrygold* vs. *Deutsche Markenbutter*. Kunstnamen bieten auch mehr Flexibilität, wenn man Markendehnung betreiben, d.h. die Marke auf andere (Produkt-) Bereiche ausdehnen möchte. So erscheint das Parfüm *Creme 21 Eau Fraîche* wenig glaubwürdig, weil man mit der Marke *Creme 21* v.a. Creme assoziiert. Da sie weder Produkt- noch Sprachbezug aufweisen, besitzen artifizielle Namen zwei weitere, v.a. für internationale Marken bedeutsame Vorteile: sie sind zumeist schutzfähig und in andere Sprachen übertragbar.

Manche Markennamen werden sogar zum Gattungsbegriff. Das ist v.a. dann möglich, wenn es sich bei dem markierten Produkt um eine Basisinnovation handelt (z.B. *PostIt*), die Marke die Werbung dominiert (z.B. *Tempo*), oder der eigentliche Produktbegriff übermäßig kompliziert (z.B. Kopfschmerztablette = *Aspirin*) oder peinlich erscheint (z.B. Damenbinde = *always*). Obwohl es Ausdruck eines außerordentlichen Markterfolges ist, wenn ein Markenname zum Gattungsbegriff wird, ist dieser exklusive Status nicht ohne Risiko. In dem Maße, wie auch möglicherweise minderwertige Nachahmerprodukte damit bezeichnet werden, erodiert das Image der Marke.

Gattungsbegriff: Markenname, der zum Inbegriff für eine Produktkategorie geworden ist

Menschen können Bildinformationen leichter verarbeiten als Texte. Auch kodieren sie Bilder dual, und dual gespeichertes Wissen ist besonders wirksam. Daher empfiehlt es sich, den Namen um ein **Markenlogo** zu ergänzen. Hierbei kann es sich um ein Schriftlogo, ein artifizielles oder assoziatives Bildlogo handeln (vgl. Abb. 16). Bei der konkreten Gestaltung ist zu beachten, dass sich alle Gestaltungsvariablen (Form, Farbe, Anordnung etc.) auf das Markenimage auswirken können. Das Quadrat der *Deutschen Bank* etwa wirkt kräftig und verlässlich und die Farbe Blau beständig bzw. seriös. Zudem empfinden wir symmetrische Logos als gefälliger, asymmetrische aber als interessanter. Prägnanz besitzen v.a. einfache und symmetrische Gestalten, bei denen sich die Figur (bspw. der *Lufthansa*-Kranich) deutlich vom Hintergrund abhebt (Figur-Grund-Kontrast).

Duale Kodierung: Bessere Erinnerung von Bildern im Vergleich zu Texten (weil Bilder sowohl verbal als auch visuell gespeichert werden)

6.5 Markenarchitektur: Welche Produkte unter das Markendach passen

Breite der Markenarchitektur

Marken- Die Breite der Markenarchitektur bezieht sich auf die Anzahl der Produkte,
architektur: die ein Anbieter unter einer Marke führt. Es lassen sich drei Grundformen
Strukturelle unterscheiden. Eine **Einzelmarke** wie *Hanuta* kennzeichnet nur ein bestim-
Gestaltung mtes bzw. ein nur geringfügig differenziertes Produkt. **Familienmarken** wie
des Marken- *Du Darfst* stehen für mehrere Produkte, die einer bzw. sehr ähnlichen Produk-
und Produkt- tkategorie(n) angehören und ihrer Zielgruppe ein gleichartiges Nutzenver-
portfolios sprechen geben. Eine **Dachmarke** schließlich integriert verschiedene Produkt-
gruppen (z.B. Automobile und Finanzdienstleistungen von *Volkswagen*).
Keine dieser Varianten der Markenarchitektur ist einer anderen grundsätzlich vorzuziehen. Vielmehr sollte ein Anbieter anhand folgender Kriterien
entscheiden, welche Breite seinem Sortiment und seinen Marketing-Zielen
am ehesten gerecht wird:

- **Heterogenität des Produktsortiments:** Sehr unterschiedliche Produkte
  (z.B. Bier und Fruchtsaft) lassen sich im Regelfall nicht glaubwürdig gemeinsam unter einer Marke vertreiben. Besonders dann, wenn die zuge-
  hörigen Produktkategorien unvereinbar sind, ist die Einzelmarken- der
  Dachmarkenstrategie vorzuziehen. So würde eine Marke, unter deren
  Dach Hygiene- und Reinigungsartikel zusammen mit Lebensmitteln angeboten werden, bei vielen Verbrauchern Unbehagen auslösen. Daher
  verkauft *Procter & Gamble* seine Produkte nicht unter einer Dachmarke,
  sondern als Einzelmarken wie *Charmin*, *Fairy* und *Pringles*, da so die gemeinsame Herkunft nicht erkennbar ist.

- **Ansprache der Zielgruppe:** *Kraft* führt *Milka* und *Toblerone* als Einzelmarken, um mit ihnen unterschiedliche Käufersegmente ansprechen zu
  können: jung-dynamische Normalverbraucher vs. anspruchsvolle Scho-
  koladen-Kenner. Hingegen soll die Dachmarke *Volkswagen* Pkw-Käufer
  dazu veranlassen, auch Kunden der *VW-Bank* zu werden.

Spill-over- • **Ausstrahlungseffekte** (Spill over): Verschiedene Produkte, die unter
Effekt: einer Familien- oder Dachmarke geführt werden, können von positiven
Ausstrah- Ausstrahlungseffekten profitieren, aber auch unter negativen Ausstrah-
lung der lungseffekten leiden. So profitiert das gesamte Sortiment von *Milka* da-
Merkmale von, dass das Unternehmen die deutschen Skispringer sponsert. Entspre-
eines Objek- chend schädigte der Giftanschlag auf *Nestlé*-Kindernahrung alle *Nestlé*-
tes auf ein Produkte. Als zahlreiche Nichtregierungsorganisationen angesichts der
anderes geplanten Versenkung der Ölplattform *BrentSpar* dazu aufriefen, *Shell*-
Tankstellen zu meiden, wurde die *Royal Dutch Shell plc* dank ihrer Ein-
zelmarkenstrategie von diesem Boykottaufruf vergleichsweise wenig beeinträchtigt. Zwar wechselten viele Kunden zu *Esso*-Tankstellen; aber sie
ahnten nicht, dass diese ebenfalls zum *Shell*-Konzern gehörten.

- **Kannibalisierungseffekt:** Mehrere im selben Marktsegment positionierte Einzelmarken können einander Kunden abwerben.
- **Kosten der Markenführung:** Während Dach- und Familienmarken v.a. bei der Markenkommunikation von Synergieeffekten profitieren, fallen bei Einzelmarken weniger Koordinationskosten an (z.B. Abstimmung der Markenstrategie).
- **Positionierungs- und Entwicklungsspielraum:** Wird der Auftritt einer Einzelmarke geändert, dann wirkt sich dies nicht auf andere Produkte aus. Anbieter einer Familien- oder Dachmarke sind in dieser Hinsicht weniger flexibel; denn jedes Produkt muss zur Marke passen (d.h. dem Markenkern, der Markenbotschaft etc. entsprechen). Handelt es sich allerdings um starke Familien- und Dachmarken, so verschaffen sie dem Markeneigner bei Handel und Zielgruppe einen Vertrauensbonus. Diese Art von Markenstärke erleichtert es, neue Produkte unter der bereits etablierten Marke in den Markt einzuführen.

In der Praxis lassen sich Einzel-, Familien- und Dachmarken nur selten in reiner Form beobachten. So findet der Kunde unter dem Dach der Marke *Bahlsen* sowohl Keksgebäck der Familienmarke *Leibnitz* als auch Salzgebäck von *Lorenz*. Die Einzelmarken *Persil, Weißer Riese, Spee, Pril* und *General* wiederum werden zusätzlich mit der allerdings dezent platzierten Dachmarke *Henkel* gekennzeichnet.

Tiefe der Markenarchitektur

Mit Tiefe der Markenarchitektur bezeichnet man einen ganz anderen Sachverhalt: Wie viele Marken führt ein Unternehmen pro Produktart? In den sechziger Jahren konnte ein Anbieter mit einer mittelpreisig positionierten Marke noch alle Marktschichten weitgehend abdecken. Später unterlagen dann viele Märkte einer **Polarisierung**: Das mittlere Marktsegment schrumpfte, während die kleinere Zielgruppe der überdurchschnittlich Zahlungsbereiten und die größere Zielgruppe der primär Preisorientierten wuchsen. Diese Entwicklung veranlasste viele Anbieter dazu, einerseits die bisherige Marke zur sog. Erstmarke und bisweilen auch zur Premiummarke aufzuwerten (= Trading up). Andererseits führten sie zusätzlich eine günstigere Zweitmarke ein. Um mit Handelsmarken und Discountern konkurrieren zu können, wurde das Markenportfolio später nicht selten noch durch eine ausgesprochen preisaggressive Drittmarke abgerundet. Eine solche **preisorientierte Mehrmarkenstrategie** verfolgt bspw. die *Oetker-Gruppe*: Zu ihrem Sekt-Sortiment zählen u.a. die Erstmarke *Fürst von Metternich*, die Zweitmarke *Henkell* und die Drittmarke *Rüttgers Club* (vgl. Abb. 6).

Trading up: Leistungssteigerung durch einen Anbieter (z.B. Service), um höhere Preise durchsetzen zu können

Eine **bedürfnisorientierte Mehrmarkenstrategie** wiederum erlaubt es einem Unternehmen, mit mehreren Einzelmarken simultan unterschiedliche Zielgruppen anzusprechen, wie erneut das Beispiel der *Oetker-Gruppe* zeigt: Mit *Radeberger* zielt sie auf kulturinteressierte und mit *Jever* auf in-

Variety
Seeker:
Eigentlich
zufriedene
Kunden, die
auf der
Suche nach
Abwechs-
lung die
Marke
wechseln

dividualistische Biertrinker. Aus mehreren Gründen kann es in manchen Produktbereichen sogar sinnvoll sein, im **selben Preis- und Bedürfnisseg-ment** mehrere Einzelmarken zu führen. Indem *Unilever* mit *Becel, Du Darfst* und *Lätta* verschiedene Diät-Margarinen anbietet, besetzt das britisch-niederländische Unternehmen einen Großteil der vom Handel für die Produktkategorie vorgehaltenen und angesichts ihrer Begrenztheit hart umkämpften Regalfläche. Im Kampf um den Regalplatz errichtet *Unilever* so eine äußerst wirksame Markteintrittsbarriere und kommt mit dieser „hausinternen" Vielfalt zudem dem Wunsch bestimmter Käufer nach Abwechslung nach, ohne diese Variety Seeker als Kunden zu verlieren.

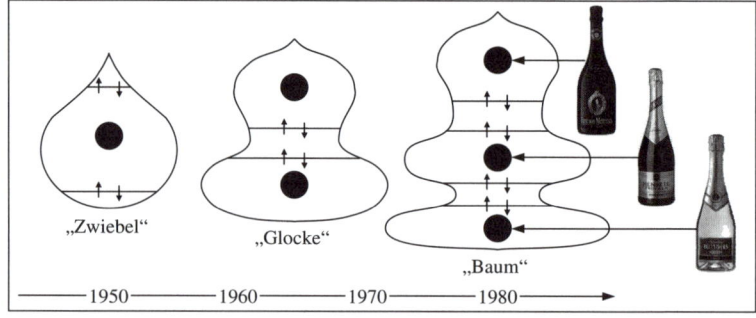

Abb. 6: Preisorientierte Mehrmarkenstrategie in mehrschichtigen Märkten

6.6 Markenentwicklung: Wie neue Produkte von Marken profitieren können

Möglichkeiten der Erweiterung des Markenspektrums

Markenartikler können ihr Angebot erweitern, indem sie eine neue Marke etablieren. Dies empfiehlt sich dann, wenn das Produkt mit keiner der Marken des Unternehmens harmoniert oder der Anbieter aus oben genannten Gründen eine Mehrmarkenstrategie anstrebt. Allerdings ist die Einführung einer neuen Marke kostenintensiv, weil Bekanntheit und Image aufgebaut werden müssen. Wesentlich kostengünstiger sind daher zwei andere Optionen: die Markendehnung sowie die Markenkombination.

Markendehnung

Bei der Markendehnung wird das neue Produkt unter dem **Dach einer etablierten Marke** eingeführt. Durch Imagetransfer soll es von dem bestehenden Markenimage profitieren. So fügt man bei einer Produktlinienerweiterung (Line Extension) einer bereits markierten Produktkategorie (z.B. Bier von *Beck's)* ein oder mehrere Produkte derselben Art hinzu (z.B. *Beck's Gold).* Im Zuge einer Markenerweiterung (Brand Extension) wiederum wird unter einer bestehenden Marke ein neues Produkt angeboten, das einer andersartigen Kategorie angehört. Dazu haben sich bspw. *Ferrari* und *Daimler* entschlossen, die nicht nur Kraftfahrzeuge, sondern auch Parfüm (= *Ferrari*) bzw. Finanzdienstleistungen verkaufen (= *Daimler*).

Häufig überdehnen Unternehmen jedoch ihre Marke, indem sie ihr mehr oder weniger unpassende Produkte hinzufügen. Darunter leidet das Markenimage: Es verliert an Prägnanz. Das breite und heterogene Sortiment lässt die Marke unglaubwürdig und diffus erscheinen. Ist dieser GAU der Markenpolitik eingetreten, bedarf es einer **Markenrestrukturierung.** Dabei wird die Marke in weitgehend homogene Markenfamilien oder Einzelmarken aufgeteilt, die allenfalls über eine dezent platzierte Dachmarke und somit nicht offensichtlich miteinander verbunden sind.

Überdehnung: Erweiterung einer Marke um Produkte, die nicht zum Markenkern passen

Mars setzt auf Einzelmarken statt auf Markendehnung
Eine der großen Erfolgsgeschichten des Marketing begann, als *F. Mars* 1920 für seinen Sohn den Schokoriegel *Milky Way* entwickelte. Diese Produktkategorie dominiert das Unternehmen bis heute, weil es mit *Mars*, *Snickers*, *Twix* und *Bounty* erfolgreich weitere Einzelmarken einführte bzw. zukaufte. Selbst wenn ‚Variety Seeker‘ häufiger ihre Marke wechseln, sie bleiben damit doch zumeist Kunden von *Mars*. Zudem nutzt *Mars* sein Wissen über moderne Herstellungsverfahren auch in anderen Bereichen: In den Kategorien „Tiernahrung" und „Reis" zählen *Mars*-Produkte gleichfalls zu den Marktführern. Wohlweislich verzichtet das Unternehmen dabei auf ein gemeinsames Markendach, weil das Sortiment den Kunden unvereinbar erscheinen würde (z.B. Schokolade und Tiernahrung).

Mars Inc/Masterfoods Germany			
Snackfoods	Main Meals	Drinks	Petcare
Mars, MilkyWay, SNICKERS, Twix, m&m's, Dove	Uncle Ben's, DOLMIO, Ebly	FLAVIA, KLIX	whiskas, kitekat, Cesar, WINERGY, Radierres, Frolic, CATSAN, SHEBA

Markenkombination

Ziel einer Markenkombination ist es, die jeweiligen Stärken von zwei Marken miteinander zu verbinden und daraus Synergien zu schöpfen. Bei einem solchen **Co-Branding** bringen Unternehmen, die jedes für sich Erzeugnisse auf derselben Wertschöpfungsstufe anbieten, gemeinsam ein Produkt auf den Markt, das durch beide Marken gekennzeichnet ist. Wie im Falle eines Multimedia-Handys, für das *O2* die Hardware und *ProSieben* die Inhalte bereitstellen, tragen zumeist beide Partner zum Co-Brand bei. Dabei ist darauf zu achten, dass die Produktkategorie zu beiden Marken passt. So wirkt das Co-Brand *Fruity Smarties* glaubwürdig, weil Handel und Verbraucher (*Haribo* und *Smarties*) als kompetente und erfolgreiche Hersteller von Fruchtgummi bzw. Schokolinsen kennen.

6.7 Neuere Tendenzen in Wissenschaft und Praxis

Markenpersönlichkeit: Eine Marke verfügt aus Sicht der Käufer über menschliche Eigenschaften und kann deshalb als potenzielle Beziehungsperson wahrgenommen werden. Dies erklärt, warum viele Befragte in Marktforschungsstudien *Porsche* als jungen, sportlichen, attraktiven Mann und *After Eight* als anspruchsvollen, konservativen Briten beschreiben. *Henkel* wiederum personifiziert sich durch den Slogan „A brand like a friend!".

Markenemotionen: Marken lösen bei Käufern nicht nur kognitive Assoziationen, sondern auch gefühlsmäßige Reaktionen aus. So nutzt *ebay* die Emotionen Hoffnung, Spannung und Freude, um sich unverwechselbar zu positionieren.

Markenvertrauen und **Markenloyalität:** Wer Käufer dauerhaft an seine Marke binden möchte, muss das Vertrauen seiner Zielgruppe(n) gewinnen. Aus dem Vertrauen in das Markenversprechen kann dann Loyalität erwachsen: Die Kunden fühlen sich langfristig gebunden und sind sogar bereit, einen höheren Preis zu zahlen. Manche Marketing-Instrumente, wie preisaggressive Werbung, beschädigen nachweislich Vertrauen und Loyalität.

Markenwert: Darunter versteht man den zusätzlichen Wert, den ein Produkt durch eine Marke erlangt. Er entsteht aus Assoziationen und Emotionen, welche die Marke beim Käufer aktiviert. Während der Markenwert in der Praxis vorwiegend anhand finanzwirtschaftlicher Kriterien gemessen wird (z.B. Börsenwert), setzt sich in der Forschung zunehmend ein verhaltenswissenschaftlicher Ansatz durch (sog. subjektiver Markenwert).

Überprüfen Sie Ihr Wissen

Wiederholende und weiterführende Fragen finden Sie in den Begleitmaterialien im Internet unter **www.erfolgsfaktoren-marketing.de**

Grundlegende Literatur

Esch, F.-R.: Strategie und Technik der Markenführung, 4.Aufl., München 2008.

Aaker, D.A.: Brand Portfolio Strategy, New York 2004.
Baumgarth, C.: Markenpolitik, 2.Aufl., Wiesbaden 2004.
Bruhn, M.: Handbuch Markenführung, 2.Aufl., Wiesbaden 2004.
Domizlaff, H.: Die Gewinnung des öffentlichen Vertrauens, Hamburg 1982.
Meffert, H.; Burmann, C.; Koers, M.: Markenmanagement, 2.Aufl., Wiesbaden 2005.
Mellerowicz, K.: Markenartikel. Die ökonomischen Grenzen ihrer Preisbildung und Preisbindung, 2.Aufl., München 1963.

Weiterführende Literatur

Aaker, J.L.: Dimensions of Brand Personality, in: Journal of Marketing Research, Vol.34 (1997), No.3, pp.347-356.

Chernatony, L. de; McDonald, M.H.B.: Creating Powerful Brands, Oxford 1992.

Keller, K.L.: Conceptualizing, Measuring, and Managing Customer-Based Brand Equity, in: Journal of Marketing, Vol.57 (1993), No.1, pp.1-22.

Richins, M.L.: Measuring Emotions in the Consumption Experience, in: Journal of Consumer Research, Vol. 24 (1997), No.3, pp.127-146.

Wünschmann, S.; Müller, S.: Markenvertrauen. Ein Erfolgsfaktor des Markenmanagements, in: Bauer, H.H.; Neumann, M.; Schüle, A. (Hrsg.), Konsumentenvertrauen, München 2006, S.221-234.

7 Preisfindung

7.1 Reason Why: Warum es so schwer ist, den „richtigen" Preis
  zu bestimmen 98
7.2 Preis und Absatz: Wie Märkte auf Preise reagieren 99
7.3 Kostenorientierung: Die Rolle der Stückkosten bei der Preisfindung . . 102
7.4 Nachfrageorientierung: Wie man Preise aus der Zahlungsbereitschaft
  ableitet 105
7.5 Konkurrenzorientierung: Wie man Preise dem Wettbewerbsumfeld
  anpasst 106
7.6 Preisdifferenzierung: Wie man Konsumentenrente abschöpft 109
7.7 Neuere Tendenzen in Wissenschaft und Praxis 110

Das vermeintliche Erfolgsrezept „Niedrigpreis" verleitet viele Anbieter, ja ganze Branchen dazu, sich auf einen bisweilen ruinösen Preiskampf einzulassen. Chiphersteller, Fluggesellschaften etc. erwirtschaften daher oft nicht die erforderliche Rendite. Um dieser Abwärtsspirale zu entgehen, honoriert *Lufthansa* die höhere Preisbereitschaft bestimmter Kundensegmente mit Hilfe des Bonusprogramms *Miles & More*. In der Business Class werden Prämienmeilen doppelt, in der First Class sogar dreifach gutgeschrieben. Vielflieger kommen in den Genuss der (goldenen) *Senator Card* und können die Wartezeit vor dem Abflug in einer höchst komfortabel ausgestatteten „Lounge" auf angenehme Weise verbringen, anstatt am Terminal mit den übrigen Reisenden. Wer gar innerhalb von zwei Jahren 600.000 Meilen sammelt, wird mit der schwarzen Karte in den exklusiven Kreis der *HON Circle-Member* aufgenommen. Er bekommt das Einchecken abgenommen, wird in einer Limousine zum Flugzeug gefahren und von freundlichen Assistenten persönlich betreut. Diese Strategie hat Erfolg: Im exklusiven HON-Segment stieg der Umsatz innerhalb eines Jahres (2004–2005) um 30%.

7.1 Reason Why: Warum es so schwer ist, den „richtigen" Preis zu bestimmen

Sicht des Abnehmers

Dauer-niedrigpreis-Politik: Garantie, dass die Preise dauerhaft niedrig bleiben

Für den Abnehmer stellt der Preis ein **finanzielles Opfer** dar: Es ist der Geldbetrag, den er für eine Leistung entrichten muss. Anders als die übrigen Produktmerkmale (z.b. Design, Haltbarkeit, Inhaltsstoffe) ist er auf dem Preisetikett unmittelbar ersichtlich und – scheinbar – objektiv. Auf viele Kunden übt ein niedriger Preis einen unwiderstehlichen Kaufanreiz aus: Rund 54% der Deutschen gaben 2006 an, immer nach möglichst billigen Produkten zu suchen. Die „Geiz ist geil"-Kampagne von *Saturn* hat Kultcharakter erlangt, und Harddiscounter, wie *Lidl* oder *Norma*, sind mit ihrer aggressiven Dauerniedrigpreis-Politik erfolgreich.

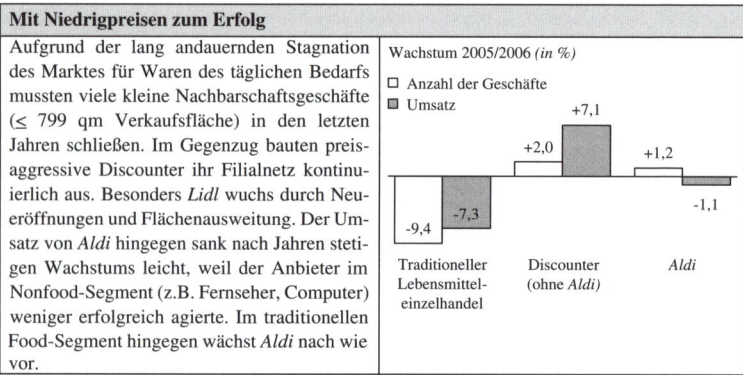

Mit Niedrigpreisen zum Erfolg

Aufgrund der lang andauernden Stagnation des Marktes für Waren des täglichen Bedarfs mussten viele kleine Nachbarschaftsgeschäfte ($\leq$ 799 qm Verkaufsfläche) in den letzten Jahren schließen. Im Gegenzug bauten preisaggressive Discounter ihr Filialnetz kontinuierlich aus. Besonders *Lidl* wuchs durch Neueröffnungen und Flächenausweitung. Der Umsatz von *Aldi* hingegen sank nach Jahren stetigen Wachstums leicht, weil der Anbieter im Nonfood-Segment (z.B. Fernseher, Computer) weniger erfolgreich agierte. Im traditionellen Food-Segment hingegen wächst *Aldi* nach wie vor.

Wachstum 2005/2006 *(in %)*

☐ Anzahl der Geschäfte
◨ Umsatz

+7,1   +2,0   +1,2   -9,4   -7,3   -1,1

Traditioneller Lebensmitteleinzelhandel   Discounter (ohne *Aldi*)   *Aldi*

Quelle: Information Resources GmbH.

Lediglich ein Drittel der deutschen Verbraucher beurteilt ein Kaufangebot nicht ausschließlich aufgrund des Preises, sondern beachtet das **Preis-Leistungs-Verhältnis**. In Befragungen geben diese Käufer an, zwar immer nach billigen Produkten zu suchen, für besondere Qualität aber einen Aufpreis zahlen zu wollen. Lässt sich eine Leistung schwer beurteilen, dann schließen Konsumenten vom Preis auf die Produktqualität: Teure Angebote halten sie dann für hochwertig, und einen niedrigen Preis werten sie als Hinweis auf geringe Qualität. Die sog. Preis-Qualitäts-Illusion tritt v.a. unter folgenden Bedingungen auf:

Preis-Qualitäts-Illusion: Preis dient als alleiniger Qualitätsindikator

- Die Preise innerhalb einer Warenkategorie variieren stark.
- Der Käufer empfindet ein hohes Kaufrisiko und hofft, mit dem Kauf eines hochpreisigen Markenartikels „auf der sicheren Seite" zu sein. Er besitzt wenig Produktwissen und ist nicht willens (kein Involvement, geringe Motivation) bzw. in der Lage (z.B. Zeitdruck), mehrere Produktinformationen einzuholen und zu verarbeiten.

- Außer dem Preis stehen keine Informationen (z.B. Markenname, Erfahrungen, Käuferberichte) zur Verfügung, aus denen der Kunde auf die Qualität schließen könnte.

In solchen Fällen kann also ein **hoher Preis** zum Erfolgsfaktor werden, während ein **auffallend niedriger** Preis sich als Misserfolgsfaktor erweisen kann. Der erste Offroader des chinesischen Herstellers *Jiangling* scheiterte 2007 auf dem deutschen Markt jedoch nicht nur an den Qualitätszweifeln, die sein ungewöhnlich niedriger Preis (14.995 €) schürte. Sondern ein Crashtest des *ADAC*, bei dem die Fahrzeugzelle kollabierte, bewies auch, dass diese berechtigt waren.

Sicht des Anbieters

Für den Anbieter erfüllt der Preis gleichfalls eine wichtige Funktion; denn er beeinflusst maßgeblich **Absatzmenge, Umsatz** und **Gewinn**. Zentrale Aufgabe der Preispolitik ist es daher, einen Erfolg versprechenden Verkaufspreis zu kalkulieren. Dabei ist allerdings Vorsicht geboten. Denn im Gegensatz zu anderen marketingpolitischen Entscheidungen (z.B. Produktentwicklung, Imagebildung) lässt sich ein Preis zwar relativ schnell festlegen und den Marktteilnehmern kommunizieren; aber nachträgliche Änderungen (insb. Erhöhungen) akzeptieren Verbraucher selten. Hinzu kommt, dass sich die Preisentscheidung unmittelbar auf den Absatz auswirkt, und zwar zehn bis zwanzigmal stärker als bspw. Werbung. Besonders ausgeprägt ist der Effekt, wenn ein Sonderangebot werblich unterstützt wird (z.B. durch eine Verkaufsförderungsaktion). So setzte *Lidl* 2005 im Verlauf von nur einer Stunde Hunderttausende von Bahntickets ab (zwei Fahrten innerhalb Deutschlands für 49,90 €).

7.2 Preis und Absatz: Wie Märkte auf Preise reagieren

Preis-Absatz-Funktion und Preis-Umsatz-Funktion

Um den „richtigen" Preis für ein Produkt kalkulieren zu können, muss der Anbieter wissen, bei welchem Preis welche Nachfrage zu erwarten ist (= Preis-Absatz-Funktion) und welcher Umsatz sich daraus ergibt (= Preis-Umsatz-Funktion). Die **Preis-Absatz-Funktion** zeigt die aggregierte Nachfragemenge (x) in Abhängigkeit vom gesetzten Preis (p) an. Sie ist negativ geneigt, d.h. die abgesetzte Menge fällt mit steigendem Preis. Die in Abb. 1 dargestellte, einfachste Form hat einen linearen Verlauf:

Preis-Absatz-Funktion: Änderung der Absatzmenge in Abhängigkeit vom Preis

$$x_i = f(p) = \alpha - \beta p_i \quad \text{mit } \alpha, \beta > 0$$

Der Parameter α bezeichnet die Sättigungsmenge (x_{max}), die sich theoretisch maximal erreichen lässt, wenn der Anbieter sein Produkt verschenken würde (Preis = 0). β gibt an, um wie viele Mengeneinheiten sich der Absatz bei einer Preisänderung um eine Einheit ändert (= Anstieg der Preis-Absatz-Funktion). Der Prohibitivpreis p_{max} ist so hoch, dass niemand die Leistung nachfragen würde.

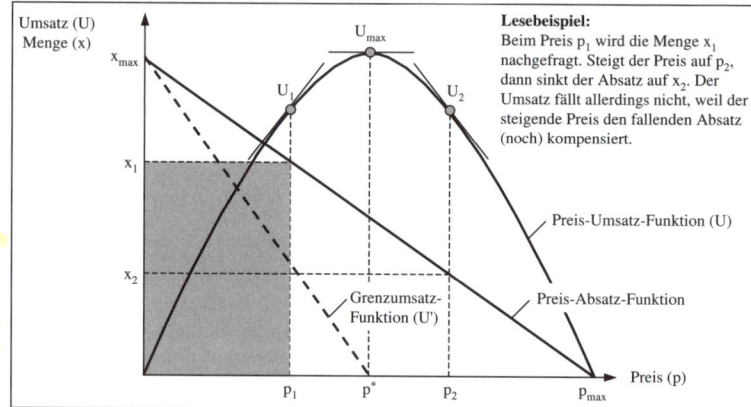

Lesebeispiel:
Beim Preis p_1 wird die Menge x_1
nachgefragt. Steigt der Preis auf p_2,
dann sinkt der Absatz auf x_2. Der
Umsatz fällt allerdings nicht, weil der
steigende Preis den fallenden Absatz
(noch) kompensiert.

Unterlegte Fläche: Umsatz bei p_1, der sich aus $p_1 * x_1$ ergibt

Abb. 1: Lineare Preis-Absatz-Funktion und umgekehrt U-förmige Preis-Umsatz-Funktion

Absatzmenge und Preis multipliziert ergeben die **Preis-Umsatz-Funktion** (vgl. Abb. 1):

$$U_i = x_i \cdot p_i = (\alpha - \beta p_i) \cdot p_i$$

Grenzumsatz: Änderung des Umsatzes, wenn der Preis um eine Einheit steigt — Ihr Verlauf, die umgekehrte U-Form, gibt zu erkennen, dass höhere Preise aufgrund der sinkenden Absatzmenge nicht unbedingt zu einem Umsatzanstieg führen. Vielmehr gibt es einen optimalen Preis (p*): Am Scheitelpunkt der Kurve ist der Grenzumsatz gleich null und somit der Umsatz maximal (U_{max}); bei einer weiteren Preiserhöhung würde er wieder sinken.

Änderung von Preisen

Bevor ein Anbieter einen Preis senkt oder erhöht, sollte er wissen, wie der Absatz darauf reagieren wird. Ein Maß für die voraussichtliche Marktreaktion ist die **Preiselastizität der Nachfrage** (ε). Sie gibt für jeden Punkt auf der Preis-Absatz-Funktion an, um wie viel Prozent sich der Absatz ändert, wenn der Preis um ein Prozent steigt oder fällt:

$$\varepsilon = \frac{\delta x_i}{x_i} : \frac{\delta p_i}{p_i} = \frac{\delta x_i \cdot p_i}{\delta p_i \cdot x_i} = \frac{\text{Mengeneffekt}}{\text{Preiseffekt}}$$

Da im Regelfall mit steigendem Preis der Absatz sinkt, nimmt die Preiselastizität negative Werte an. Ist ihr Betrag kleiner als 1 ($|\varepsilon| < 1$), dann spricht man von einer unelastischen Nachfrage: Preissenkungen lassen den

Absatz nur unterproportional steigen. Ist ihr Betrag größer als 1 ($|\varepsilon| > 1$), dann spricht man von einer elastischen Nachfrage: Geringe Preissenkungen führen zu einem überproportionalen Absatzanstieg. Der Betrag der Preiselastizität steigt entlang der Preis-Absatz-Funktion. Bei dem Preis, welcher zur Sättigungsmenge (x_{max}) führt, liegt die Preiselastizität bei 0 (vollkommen unelastisch), beim Prohibitivpreis ($x = 0$) beträgt sie $-\infty$ (vollkommen elastisch).

Betrachtet man wiederholte Preisänderungen im **Zeitverlauf**, so lassen sich als grundlegende Optionen die Skimming- und die Penetrationsstrategie unterscheiden. Bei der auch Abschöpfungsstrategie genannten **Skimmingstrategie** wählt das Unternehmen einen hohen Einführungspreis, den insb. Innovatoren zu zahlen bereit sind. Später wird mit dem Ziel, auch weniger zahlungsbereite Käufer anzuziehen, der Preis Schritt für Schritt gesenkt. Der entscheidende Vorteil dieser Strategie, dass in die Anfangsphase des Produktlebenszyklus hohe Gewinne erzielt werden können, ist zugleich ihr Nachteil. Denn die hohe Marge veranlasst Konkurrenten zum Markteintritt. Deshalb empfiehlt sich die Skimmingstrategie nur dann, wenn das Produkt rasch veraltet (z.B. Digitalkameras) und mögliche Konkurrenten nicht die erforderliche Zeit haben, Me too-Produkte auf den Markt zu bringen. Weiterhin sollte es sich um Märkte mit vielen zahlungsbereiten Innovatoren handeln. Und die Nachfrager sollten möglichst nicht auf Substitute ausweichen können.

Innovatoren: Konsumpioniere mit hoher Preisbereitschaft, die eine Neuheit als Erste übernehmen

Substitute: Ersatzprodukte, die denselben Zweck erfüllen (z.B. Margarine statt Butter)

Erfolgreiche Kombination von Skimming- und Penetrationsstrategie im Internet

Anbieter von Netzwerkdiensten im Internet (z.B. *XING, StudiVZ*) haben eine besondere Herausforderung zu bewältigen: Ihr Angebot ist erst dann attraktiv, wenn viele Kunden es nutzen. Mehr noch: Nur wenn das Netzwerk der Nutzer anfangs schnell wächst, ist der erforderliche Return on Investment (ROI) erzielbar. Schnelles Wachstum lässt sich u.a. durch eine gezielte Kombination von Penetrationsstrategie (für den Mitgliedsbeitrag) und Skimmingstrategie (für den Nutzungsbeitrag) erreichen. Der einer Grundgebühr vergleichbare Mitgliedsbeitrag ermöglicht es den Kunden, die Leistungen des Netzes prinzipiell in Anspruch zu nehmen (z.B. Einstellen eines persönlichen Profils). Ein anfänglich niedriger Beitrag (im Extremfall gar eine kostenlose Mitgliedschaft) ist für innovative Nutzer ein starker Anreiz, sich zu registrieren zu lassen, weshalb die Zahl der Teilnehmer schnell wächst. Dies steigert die Attraktivität des Netzwerkes, sodass der Mitgliedspreis später angehoben werden kann. Umgekehrt wird der Nutzungsbeitrag anfangs hoch gesetzt, weil die Mitgliedergewinnung (und nicht die intensive Nutzung) im Vordergrund steht. Später senkt der Anbieter den Nutzungspreis sukzessive, um die nunmehr breite Mitgliederbasis zu einer intensiven Nutzung seiner Leistungen zu bewegen.

Netzeffekt bzw. Netzwerkeffekt: Erklärt, warum der Nutzen einer Leistung davon abhängt, dass viele andere Nutzer diese Leistung nachfragen

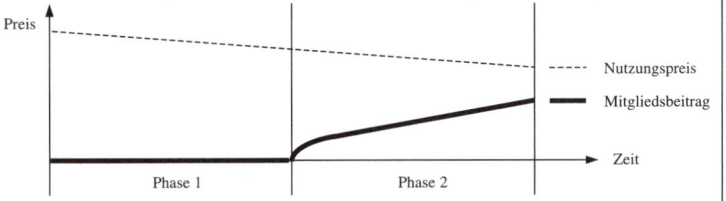

Quelle: in Anlehnung an Fruchter/Rao (2001).

Bei der **Penetrationsstrategie** wählt der Anbieter einen niedrigen Einführungspreis, um seinem Produkt schnell einen Markt zu erschließen und die Diffusion zu beschleunigen. Nicht zuletzt stellt der niedrige Preis eine Markteintrittsbarriere für Wettbewerber dar. Zu den Nachteilen der Penetrationsstrategie zählt die lange Amortisationsdauer. Auch besteht die Gefahr, dass die Zielgruppe das Produkt aufgrund des niedrigen Preises für minderwertig hält (Preis-Qualitäts-Illusion). Weiterhin verspricht die Strategie nur dann Erfolg, wenn es sich um große Märkte mit entsprechenden Absatzmengen handelt und die Preiselastizität hoch ist. Allerdings besteht die Gefahr, dass potenzielle Kunden sich an das niedrige Preisniveau gewöhnen und spätere Preiserhöhungen nicht akzeptieren.

Kalkulation von Preisen

Der kostenorientierten Preisfindung kommt die Aufgabe zu, die Preisuntergrenze eines Angebotes zu bestimmen. Mit Hilfe der nachfrageorientierten Preisfindung wird die Preisobergrenze festgelegt: Der Preis, den potenzielle Kunden maximal zu zahlen bereit sind. Aufgabe der wettbewerbsorientierten Preisfindung schließlich ist das Feintuning: Zwischen Preisober- und Preisuntergrenze soll der Preis festgelegt werden, der im konkreten Wettbewerbsumfeld die größten Erfolgsaussichten bietet (vgl. Abb. 2).

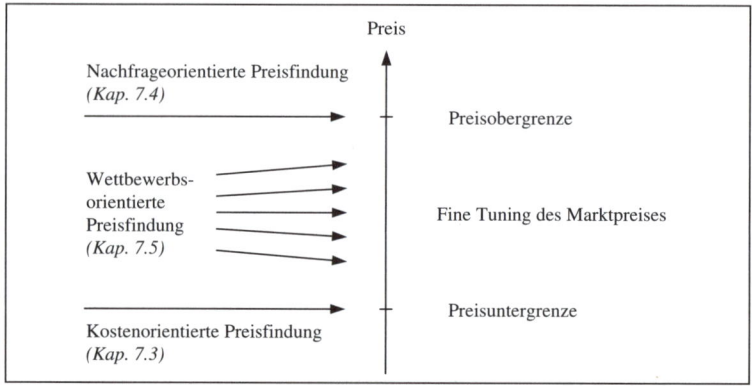

Abb. 2: Integrative Preisfindung

7.3 Kostenorientierung: Die Rolle der Stückkosten bei der Preisfindung

Ermittlung der Preisuntergrenze

Im Allgemeinen sollte der Marktpreis eines Produktes zumindest die Stückkosten decken. Diese Preisuntergrenze lässt sich auf unterschiedliche Weise ermitteln (vgl. Abb. 3):

- **Richtung der Kalkulation:** Bei der progressiven Kalkulation ermittelt man den Preis, indem man zu den Stückkosten einen Gewinnaufschlag addiert. Im Gegensatz dazu werden beim retrograden Ansatz – ausgehend vom gegebenen Marktpreis – die maximal möglichen Stückkosten errechnet.

- **Basis der Kalkulation:** Bei der Teilkostenkalkulation gehen nur variable Kosten in die Berechnung ein, während die Vollkostenkalkulation auch die Fixkosten berücksichtigt.

Variable Kosten: Steigen im Gegensatz zu fixen Kosten mit der Ausbringungsmenge (z.B. Kosten für Material)

Basis der Kalkulation \ Richtung der Kalkulation	Progressive Kalkulation (Cost-plus Pricing)	Retrograde Kalkulation (Target costing)
Vollkosten	$p_i = k_i(1 + \frac{g_i}{100})$	$k_{i,max} = p_i - G_i$ bzw. $p_i = k_{i,max} + G_i$
Teilkosten (Direct Costing)	$p_i = k_{var,i}(1 + \frac{db_{SOLL,i}}{100})$	$DB_{SOLL,i} = p_i - k_{var,i}$ bzw. $p_i = DB_{SOLL,i} + k_{v,i}$

p_i Preis	g_i prozentualer Gewinnaufschlag	$db_{SOLL,i}$ prozentualer Soll-Deckungsbeitrag
k_i gesamte Stückkosten	G_i absoluter Stückgewinn	$DB_{SOLL,i}$ absoluter Soll-Deckungsbeitrag
$k_{var,i}$ variable Stückkosten		

Abb. 3: Ansätze der kostenorientierten Preisbestimmung

Die **progressive Vollkostenrechnung** betrachtet den Preis als eine Funktion der Summe der auch als Selbstkosten bezeichneten Stückkosten (Material-, Herstellungs-, Verwaltungs- und Vertriebskosten), multipliziert mit einem Gewinnaufschlag. Um bspw. mit einem für 5 € hergestellten Medikament 10% Gewinnaufschlag zu erzielen, müsste ein Anbieter 5 € × (1 + 0,1) = 5,50 € verlangen.

Bei der **progressiven Teilkostenrechnung** wird ein Deckungsbeitrag festgelegt. Dieser gibt an, in welchem Maße das Produkt nach Abzug der variablen Kosten dazu beitragen soll, die Fixkosten zu decken. Die Preisuntergrenze erhält man, wenn die variablen Stückkosten mit dem prozentualen Soll-Deckungsbeitrag multipliziert werden. Angenommen, von den Stückkosten des o.g. Medikaments sind 3 € variabel, und der Anbieter möchte beim Verkauf wenigstens Fixkosten in Höhe von 50% dieses Betrags decken, dann müsste er mindestens 3 € × (1 + 0,5) = 4,50 € dafür verlangen.

Wer die **retrograde Vollkostenrechnung** anwendet, geht von einem erzielbaren Marktpreis bzw. Target Price (p_i) aus und berechnet die maximalen Einstands- bzw. Zielkosten ($k_{i,max}$), indem er vom Marktpreis den geplanten Gewinn pro Stück abzieht (G_i). Lässt sich für das o.g. Medikament ein Marktpreis von 6 € erzielen und beansprucht der Anbieter wenigstens 2 € Gewinn, dann dürfen die gesamten Stückkosten (fix + variabel) maximal 4 € betragen.

Target Costs: Einstandskosten, die mit Blick auf den realisierbaren Marktpreis maximal zulässig sind

Auch bei der **retrograden Teilkostenrechnung** geht man vom erzielbaren Marktpreis aus, subtrahiert davon allerdings nur die variablen ($k_{v,i}$) Stückkosten. Der so berechnete Soll-Deckungsbeitrag entspricht den maximalen Fixkosten. Wenn sich das Medikament also für 6 € verkaufen lässt und 3 € variable Kosten anfallen, dann dürfen die fixen Stückkosten 3 € nicht übersteigen. Liegen sie darunter, erzielt das Unternehmen Gewinn.

Risiken der einzelnen Verfahren

Falls der Absatz eines Anbieters sinkt (z.b. aufgrund des Markteintritts eines Wettbewerbers), steigen die Fixkosten pro Stück. Die **Vollkostenrech-nung** legt es in diesem Falle nahe, den Preis anzuheben. Dies hätte ceteris paribus jedoch zur Folge, dass der Absatz weiter sinkt und in der Konsequenz weitere Preisanhebungen erforderlich sind – mit jeweils demselben Effekt. Langfristig kalkuliert sich das Unternehmen so „aus dem Markt"; d.h. es fordert inakzeptabel hohe Preise. Aber nicht nur die Vollkostenrechnung kann die Wettbewerbsfähigkeit gefährden. Auch die **Teilkostenrechnung** birgt ein gravierendes Risiko. Gelingt es nämlich einem Anbieter, seine variablen Stückkosten zu senken (z.b. durch Rationalisierung), legt die Teilkostenrechnung eine Preissenkung nahe. Als Folge davon steigt der Absatz, und die damit verbundenen Skaleneffekte lassen die variablen Stückkosten weiter sinken. Da die Teilkostenrechnung jedoch die unveränderten Fixkosten außer Acht lässt, läuft das Unternehmen in diesem Fall Gefahr, sich sukzessive aus der Gewinnzone „herauszukalkulieren". Ein per Teilkostenkalkulation ermittelter Preis darf allenfalls kurzfristiger Natur sein, etwa um Konkurrenten vom Markteintritt abzuhalten oder schnell einen großen Marktanteil zu erreichen. Er verkörpert die kurzfristige Preisuntergrenze, während die Vollkostenkalkulation die langfristige Preisuntergrenze ergibt.

Progressiv kalkulierte Preise wiederum sind oft derart hoch, dass sie am Markt nicht durchsetzbar sind (Vollkostenrechnung), oder zu niedrig, um die Preisbereitschaft der Zielgruppe bestmöglich abzuschöpfen (Teilkostenrechnung). Mit einer **retrograden Kalkulation** lässt sich dies zwar vermeiden; aber oft ergeben sich dabei sog. Target Costs, zu denen sich das Produkt nicht bzw. nur unter Zugeständnissen an die Qualität produzieren lässt. Dem kann ein Anbieter entgehen, indem er seine Kosten senkt (z.b. durch Rationalisierung), seine Gewinnplanung überdenkt oder die Produktion des betreffenden Erzeugnisses einstellt. Weiterhin besteht die Möglichkeit, das defizitäre Produkt durch profitable Produkte querzusubventionieren (kalkulatorischer Ausgleichbzw. Mischkalkulation). Diese scheinbar unlogische Preisstrategie kann zum Erfolgsfaktor werden, wenn das subventionierte Produkt als „Lockvogel-Angebot" dient (z.b. preiswerte Zimmerpflanzen im Baumarkt).

Marginalien:

Ceteris paribus: Unter sonst gleichen Bedingungen

Lockvogel-Angebot: Defizitär kalkuliertes Produkt, das Käufer anzieht, die dann auch Ertragsbringer kaufen

7.4 Nachfrageorientierung: Wie man Preise aus der Zahlungsbereitschaft ableitet

Ermittlung der Preisobergrenze mittels Käuferbefragung

Abgesehen von Target Costing lässt die kostenorientierte Preisfindung außer Acht, welchen Preis potenzielle Käufer maximal zu zahlen bereit sind. Die individuelle Preisbereitschaft (und damit auch die Preis-Absatz-Funktion) werden mit Hilfe von Befragungen ermittelt. Hierbei geben die Auskunftspersonen an, welchen Preis sie für ein bestimmtes Produkt maximal zahlen würden. Da mit dieser direkten Befragungstechnik erfahrungsgemäß die Zahlungsbereitschaft unterschätzt wird, empfehlen sich folgende indirekte Frageformen, die realistischere Ergebnisse liefern:

- Was schätzen Sie, kostet dieses Produkt?
- Welchen Preis würden Sie für dieses Produkt als fair ansehen?
- Zu welchem Preis kann ein Unternehmen dieses Produkt Ihrer Meinung nach anbieten?
- Zu welchem Preis würden Sie als Unternehmer dieses Produkt anbieten?

Letztlich aber möchte ein Anbieter wissen, welche **Preisspanne** von möglichst vielen Kunden akzeptiert wird. Diese lässt sich mit Hilfe der sog. Van Westendorp-Methode ermitteln. Hierbei beantworten die Auskunftspersonen vier Fragen. Aus den Antworten ergibt sich der akzeptable Preiskorridor (vgl. Abb. 4).

Preisbereitschaft: Indivuelle Preisobergrenze (ergibt kumuliert die Preis-Absatz-Funktion)

Indirekte Fragen: Vermeiden verzerrter (z.B. sozial erwünschter) Antworten durch Verschleiern des Befragungsziels

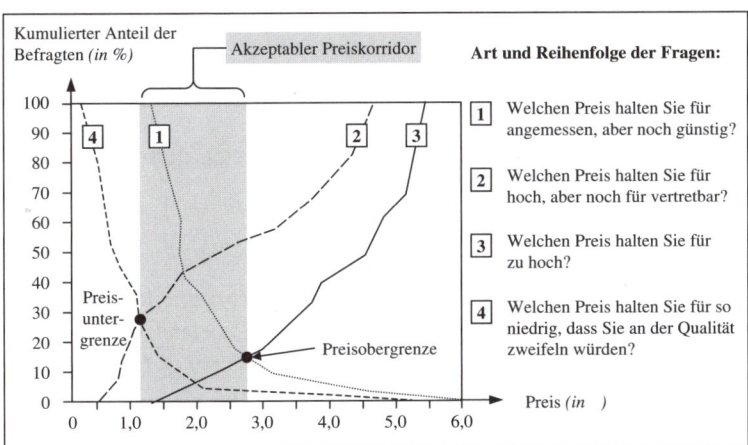

Abb. 4: Ermittlung des akzeptablen Preiskorridors
Quelle: eigene Erhebung; in Anlehnung an van Westendorp (1976).

Ermittlung der Preisobergrenze mittels Markttest

Validität: Gleichgültig, ob direkt oder indirekt gefragt wurde: Letztlich sind alle Be-
Gültigkeit funde von Befragungen nur eingeschränkt valide, weil es sich um hypothe-
von Unter- tische Situationen handelt, in denen keine Kaufverpflichtung besteht. Ob
suchungs-
methoden die Auskunftspersonen das Produkt tatsächlich zu dem von ihnen genannten Preis kaufen würde, lässt sich nur mit einem Feldversuch ermitteln.
Hierbei wird der **Preis systematisch variiert** und dann die jeweils abgesetzte
Menge gemessen. So kann ein Anbieter von Schokolade eine Marke X über
einen begrenzten Zeitraum in insgesamt 20 Testmärkten zu fünf verschiedenen Preisen anbieten (0,90 €, 0,95 €, 1,00 €, 1,05 €, 1,10 €), also jeden
Preis in vier Märkten. Er erhält dann für jeden Preis die durchschnittlich abgesetzte Menge (Preis-Absatz-Funktion).

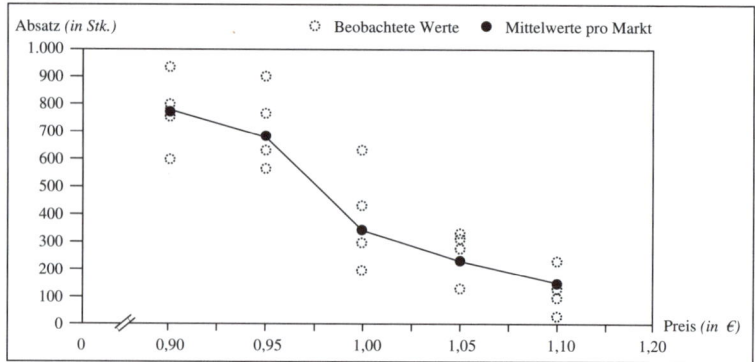

Abb. 5: Ergebnisse eines Markttests
Quelle: eigene Erhebung.

7.5 Konkurrenzorientierung: Wie man Preise dem Wettbewerbsumfeld anpasst

Strategien der konkurrenzorientierten Preisfindung

Sowohl die rein kosten- als auch die rein nachfrageorientierte Preisfindung
lassen die Wettbewerber außer Acht. Da diese die Preispolitik eines Anbieters konterkarieren können, bspw. durch Preisunterbindung, muss die Preispolitik auch mögliche Reaktionen wichtiger Wettbewerber berücksichtigen.
Hierbei lassen sich **vier Strategien** unterscheiden.

Ist ein Anbieter Marktführer, so kann er die **Preisführerschaft** übernehmen
und den (Leit-)Preis vorgeben, an dem sich die anderen Anbieter zu orientieren haben. Diese Lead-Funktion kann unterschiedliche Ursachen haben:

- **Kostenführerschaft:** Der Anbieter produziert zu konkurrenzlos geringen
  Kosten (z.B. aufgrund von Erfahrungseffekten und Standortvorteilen,
  was ihn jederzeit zu weiteren Preissenkungen befähigt.

- **Dominierende Preisführerschaft**: Der Anbieter ist dank seiner Marktmacht in der Lage, „Verstöße" gegen seine Preispolitik zu sanktionieren.
- **Barometrische Preisführerschaft**: In etwa gleichstarke Anbieter (z.b. Mineralölkonzerne, Energieversorger) bestimmen in „friedlicher Koexistenz" den Leitpreis und übernehmen – ohne explizite Absprache – abwechselnd die Rolle des Preisführers.

Preisanpassung (= Preisfolgerschaft) praktiziert ein Anbieter, wenn er sich am marktüblichen Preisniveau bzw. an der Preispolitik eines Wettbewerbers (z.B. Marktführer, wichtigster Konkurrent) orientiert. Damit nutzt er den Wissensvorsprung bzw. die Markterfahrung anderer und erspart sich den Aufwand einer eigenständigen Preispolitik (bspw. für Markforschung), gibt aber ein wichtiges Marketinginstrument aus der Hand. Unternehmen, welche diese Strategie verfolgen, sollten zumindest Target Costing betreiben und so die Kosten kontrollieren, um nicht versehentlich in die Verlustzone geraten.

Kostenvorteil durch Konzentration auf Generika

Ein neues Medikament zu entwickeln kostet Milliarden. Der 1895 in Dresden als Apothekergenossenschaft gegründete Pharmakonzern *STADA* setzt daher auf Generika, d.h. auf die wirkstoffgleiche Kopie von Arzneimitteln, deren Patentschutz abgelaufen ist. Deshalb können Generika so preiswert angeboten werden, dass sie teilweise lediglich ein Drittel des Originalpräparates kosten. Dem Margendruck, der in diesem Marktsegment herrscht, begegnet das Unternehmen mit einer konsequenten Kostenführerschaftsstrategie. Die Medikamente werden von Kooperationspartnern entwickelt und international vermarktet. Um standardisiert produzieren und so Skaleneffekte erzielen zu können, ist die Darreichungsform trotz lokaler Marktstrategien und Produktnamen europaweit einheitlich. Schließlich stellt der Anbieter keine der zur Produktion erforderlichen Wirk- und Hilfsstoffe selbst her, sondern greift auf Anbieter aus sog. Niedrigkostenländern zurück. Dank dieser Strategie stieg der Umsatz, den der Konzern zu 72% mit Generika erzielt, seit 1977 stetig. Und der Konzerngewinn lag 2005 bei 51,6 Mio. €.

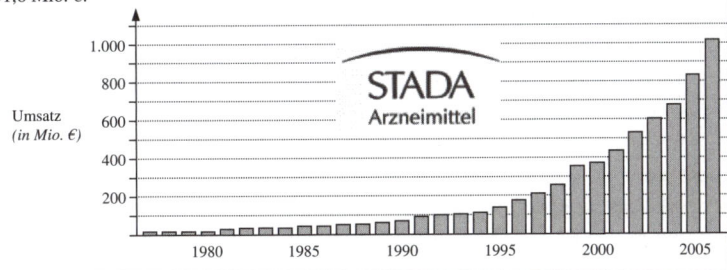

Quelle: www.stada.de.

Eine weitere Option ist die Strategie der **Preisüberbietung**. Bewusst einen höheren Preis als seine Konkurrenten zu fordern, ist im Regelfall jedoch nur dann empfehlenswert, wenn das eigene Produkt über ein wichtiges Alleinstellungsmerkmal verfügt (z.B. Premiumqualität, besondere Haltbarkeit, Prestige).

Weit häufiger ist die gegenteilige Strategie zu beobachten: **Preisunterbie-tung**. Markantes Beispiel dafür sind die freien Tankstellen, welche die Markentankstellen immer um einen Cent unterbieten und so mit nicht geringem Erfolg versuchen, preisbewusste Kunden abzuwerben. Preisunterbietung verspricht allerdings nur dann Erfolg, wenn die Nachfrage hinreichend elastisch reagiert, d.h. Preissenkungen den Absatz überproportional steigern. Auch bietet sie sich primär für Kostenführer an.

Preiskampf als ungewollte Folge der Preisunterbietung

Die Preisunterbietungsstrategie verspricht nur dann Erfolg, wenn die Konkurrenten keine Handhabe haben, diese zu unterlaufen. Sind sie z.b. in der Lage, den Preis ebenfalls wiederholt und dauerhaft zu reduzieren, dann droht ein **Preiskampf** (vgl. Abb. 4).

Grenz-kosten:
Kosten, die für eine zusätzlich produzierte Einheit anfallen

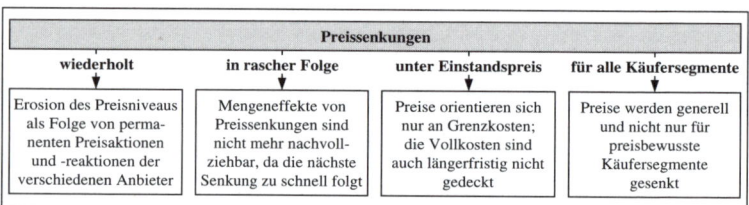

Preissenkungen			
wiederholt	**in rascher Folge**	**unter Einstandspreis**	**für alle Käufersegmente**
Erosion des Preisniveaus als Folge von permanenten Preisaktionen und -reaktionen der verschiedenen Anbieter	Mengeneffekte von Preissenkungen sind nicht mehr nachvollziehbar, da die nächste Senkung zu schnell folgt	Preise orientieren sich nur an Grenzkosten; die Vollkosten sind auch längerfristig nicht gedeckt	Preise werden generell und nicht nur für preisbewusste Käufersegmente gesenkt

Abb. 6: Woran man einen Preiskampf erkennt
Quelle: in Anlehnung an Laker/Zinöcker (2006, S.45ff.).

Unter einem Preiskampf leidet u.a. das Markenimage (Verlust an Einzigartigkeit). Werden die (Fix-)dauerhaft nicht gedeckt, ist sogar die **Unternehmensexistenz gefährdet**. Seit dem Markteintritt der Billiganbieter herrscht bspw. bei Passagierflügen ein ruinöser Preiswettbewerb. Zwischen 2001 und 2005 mussten die großen Fluggesellschaften deshalb jährlich einen durchschnittlichen Verlust von 8,2 Mrd. € verbuchen. Auch *General Motors* versuchte lange Zeit, sich durch aggressive Preisnachlässe im Automobilmarkt zu behaupten. Seit 2006 jedoch verzichtet das Detroiter Unternehmen auf Sonderangebote, um wieder profitabel zu wirtschaften. Paradoxerweise leiden langfristig auch die **Käufer** unter einem Preiskampf; denn die sinkenden Margen mindern die Innovationsfähigkeit und das Qualitätsniveau der gesamten Branche. Wie aber können sich Unternehmen gegen Preiskämpfe wehren? Die wichtigsten Handlungsmöglichkeiten sind kreative Preismodelle (z.B. Sonderkonditionen für Premiumnutzer), Produktdifferenzierung (z.B. zusätzliche Serviceleistungen, Nischenangebote) oder Innovationen (z.B. leitfähige Elektrobauteile mit Plastik-Eigenschaften).

7.6 Preisdifferenzierung: Wie man Konsumentenrente abschöpft

Ausnutzen der interindividuell variierenden Preisbereitschaft

Der allgemeinen Preis-Absatz-Funktion liegt die Annahme zugrunde, dass es für ein und dasselbe Produkt nur einen Marktpreis gibt, der für alle Konsumenten gilt. Dabei wird ignoriert, dass sich diese in ihrer Preisbereitschaft unterscheiden. So würden manche Leser für eine regionale Tageszeitung monatlich maximal 20 € zahlen, andere hingegen sogar 40 €.

Wenn es einem Anbieter gelingt, verschiedene Käufersegmente dazu zu veranlassen, für dasselbe Produkt unterschiedliche Preise zu bezahlen, dann kann er Konsumentenrente abschöpfen. Abb. 5 illustriert dies an einem einfachen Beispiel (d.h. ohne Fixkosten). In diesem Fall entsprechen die variablen Stückkosten den Grenzkosten. Angenommen, es ist **keine Preisdifferenzierung** möglich (linke Seite), und der Anbieter wählt den Preis p*. Dann erzielt er einen Gewinn in Höhe der gepunkteten Fläche ($G_{undifferenziert}$). Gleichzeitig entgeht ihm die Konsumentenrente in Höhe von G_1 (denn einige Konsumenten wären mehr zu zahlen bereit gewesen als p*) und der Gewinn in Höhe von G_2 (weil einige Konsumenten nicht bereit sind, p* zu zahlen). Kann der Anbieter **zwei verschiedene Preise** (p_1 und p_2) durchsetzen (rechte Seite), dann steigt sein Gewinn, weil er einen Teil von G_1 (graue Fläche) und G_2 (schraffierte Fläche) abschöpfen kann. Im Falle einer – in der Realität unmöglichen – perfekten Preisdifferenzierung verlangt der Anbieter unendlich viele Preise zwischen p_{min} (gerade kostendeckend) und p_{max} (Prohibitivpreis) und kann so die komplette Konsumentenrente abschöpfen.

Konsumentenrente: Nicht abgeschöpfte Zahlungsbereitschaft von Käufern

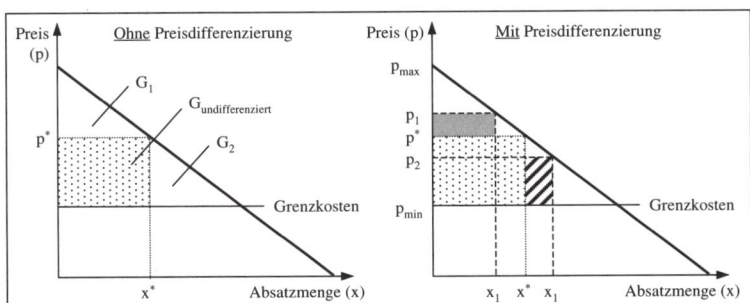

Abb. 7: Abschöpfen von Konsumentenrente

Arten der Preisdifferenzierung

Bei der **quantitativen** Preisdifferenzierung bezahlt der Kunde in Abhängigkeit von der Stückzahl bzw. Inanspruchnahme einer Leistung. Mit zunehmender Menge muss er relativ gesehen pro Einheit weniger bezahlen (z.B.

Flugmeilen, Leihdauer eines Rasenmähers). Von **zeitlicher** Preisdifferenzierung spricht man, wenn der Preis vom Kauf- bzw. Nutzungszeitpunkt abhängt (z.b. tageszeitspezifische Telefongebühren, saisonabhängige Preise für Reisen). Für die **räumliche** Preisdifferenzierung ist die Entfernung zum Anbieter bzw. zum Ort der Leistungserbringung maßgeblich (z.b. distanzabhängige Transportkosten für Zement, höhere Lebensmittelpreise in Urlaubsgebieten). Bei **personeller** Preisdifferenzierung variiert der Preis in Abhängigkeit von überprüfbaren Statusmerkmalen des Kunden (z.b. günstigere Theaterkarten für Schüler und Rentner, von Einkommen oder Vermögen abhängige Bankkonditionen).

Arbitrageur: Marktteilnehmer, der Preisunterschiede in verschiedenen Teilmärkten ausnutzt (z.B. Re-Import von Pkws aus dem Ausland)

Häufig locken Unternehmen durch (zwangsweise) Segmentierung allerdings Arbitrageure an oder schaden ihrem Image, wie die *Deutsche Bank,* welche ihr „Massengeschäft" zeitweilig in die *Deutsche Bank 24* auslagerte. Vermeiden lässt sich dies, wenn man die Kunden selbst bestimmen lässt, welchem Segment sie angehören. So „verdienen" sich Passagiere von *Lufthansa* den besonderen Service, der mit der *Frequent Traveller Card* verbunden ist, durch eine bestimmte Mindestmenge an Flugmeilen (35.000 Flugmeilen). Die Kunden der *Deutschen Bahn* wiederum „erkaufen" sich derartige Vorteile, indem sie 1. Klasse buchen oder eine Bahncard erwerben. Damit sich Kunden selbst einem Kundensegment zuordnen, muss der Anbieter den damit verbundenen Nutzen kommunizieren (z.b. Zugang zur *Lufthansa*-Lounge für *Frequent Traveller*, Beinfreiheit in der 1. Klasse).

7.7 Neuere Tendenzen in Wissenschaft und Praxis

Yield Management: Unternehmen, deren Leistungen bzw. Produkte nicht lagerbar sind bzw. zu einem bestimmten Zeitpunkt verfallen (z.b. Hotels), müssen versuchen, ihre Produktionskapazität gleichmäßig auszulasten. Hierbei kann das sog. Ertragsmanagement helfen. Dabei werden Preise variabel gesetzt, je nach aktueller bzw. erwarteter Auslastung. Zu Spitzenzeiten muss der Kunde mehr bezahlen, ansonsten weniger. Neben Fluggesellschafen (niedrige Preise bei unattraktiven Flugzeiten bzw. Buchung im Voraus) nutzen v.a. Hotels (Wochenend-Specials) dieses Konzept.

Relationship-Pricing: Kundenorientierte Unternehmen unterstellen auch die Preispolitik dem Unternehmensziel „Kundenbindung". Beim sog. Relationship-Pricing soll bzw. muss sich daher nicht unbedingt das einzelne Produkt rentieren, sondern die Kundenbeziehung als Ganzes. Erfolgreiche Anbieter honorieren daher die Loyalität ihrer Kunden durch Preisvorteile. Bevorzugte Instrumente sind Bonussysteme (z.b. *Payback*) oder eine Mischkalkulation entlang des Kundenlebenszyklus (z.b. kostenloses „Junges Konto" der *Deutschen Bank* zur Akquise von Kunden, die – wie Studenten – langfristig Gewinnpotenzial bieten).

Value-Pricing: Viele Unternehmen erwirtschaften mit einem kleinen Teil ihrer Kunden den Hauptteil ihres Gewinns. Bei Banken etwa spricht man von einer 20:80-Regel. Mit Hilfe des Value-Pricing werden wirtschaftlich attraktive Kunden (z.b. Vermögenskunden bei Banken, VIPs in Hotels) belohnt, indem sie für besondere Leistungen nicht bezahlen müssen (z.b. Blumenstrauß und Chauffeur im Hotel). Diese Segmente lassen sich aber häufig nur mit Hilfe komplexer Kundenwertmodelle identifizieren.

Kundenwert: Beitrag, den der Kunde zum Unternehmenserfolg leistet

Follow-the-Free-Pricing: Um die Diffusion ihres Produkts zu beschleunigen, verfolgen einige Anbieter eine Extremform der Penetrationsstrategie: Sie verbreiten ihre Produkte kostenlos im Internet (z.b. Software, E-Mail-Service). Wenn genügend Nutzer gewonnen wurden, dann versucht der Anbieter, diesen Kunden zusätzliche, höherwertige oder komplementäre Produkte zu verkaufen (z.b. Premiumangebote, Updates) und dadurch den erforderlichen Umsatz zu generieren.

Überprüfen Sie Ihr Wissen

Wiederholende und weiterführende Fragen finden Sie in den Begleitmaterialien im Internet unter **www.erfolgsfaktoren-marketing.de**

Grundlegende Literatur

Diller, H.: Preispolitik, 4.Aufl., Stuttgart 2006.

Nagle, T.T.; Hogan, J.E.: Strategie und Taktik in der Preispolitik, München 2006.
Pechtl, H.: Preispolitik, Stuttgart 2005.
Simon, H.: Preispolitik, Mainz 1994.

Weiterführende Literatur

Hummel, S.; Männel, W.: Kostenrechnung, 4.Aufl., Wiesbaden 1995.
Laker, M.; Zinöcker, R.: Eine Preisschlacht gewonnen, den Preiskrieg verloren?, in: absatzwirtschaft, o.Jg. (2006), Nr.12, S.45-49.
Lindenmeier, J.: Yield-Management und Kundenzufriedenheit, Wiesbaden 2005.
Wübker, G.: Professionelle Preisfindung, Göttingen 2004.

8 Preispsychologie

8.1 Reason Why: Was Preise mit Psychologie zu tun haben 114
8.2 Orientierungsphase: Wie Käufer sich über Preise informieren 114
8.3 Wahrnehmungsphase: Warum Preise relativ sind 116
8.4 Wahrnehmungsphase: Welche Preisschwellen Käufer ungern
     überschreiten 120
8.5 Preisbewertungsphase: Wie Käufer Preisinformationen verarbeiten . . . 121
8.6 Speicherungsphase: Was wir uns über Preise merken 123
8.7 Neuere Tendenzen in Wissenschaft und Praxis 125

„In zehn Jahren fliegen alle umsonst!" Derart provokante Äußerungen kann sich *Michael O'Leary* erlauben. Denn *Ryanair*, die von ihm seit 1994 geführte Fluggesellschaft, schreibt im Gegensatz zu ihren Konkurrenten schwarze Zahlen. Der Börsenwert von Europas größter Billig-Airline übertrifft den von *Air France*, und sie befördert mehr Passagiere als *British Airways*. Diesen außerordentlichen Erfolg verdanken die Iren zunächst ihrer kompromisslosen Kostenorientierung (nur Direktflüge, Nutzung von Nebenflughäfen, Online-Buchung, unattraktive Flugzeiten, keine Zusatzleistungen). Nicht minder aber beruht er auf Preispsychologie: *Ryanair* hat es verstanden, sich in den Köpfen der Verbraucher als Billig-Airline zu positionieren, obwohl sie Tickets größtenteils nicht preiswerter anbietet als viele Konkurrenten. Denn der auf Werbeplakaten herausgestellte Null- bzw. Niedrigtarif gilt nur für einen zumeist sehr geringen Teil der Sitzplätze. Auch erhöhen weitere Kosten den beworbenen Preis spürbar. Neben Steuern und Gebühren ist jedes Gepäckstück zu bezahlen, und wer in Frankfurt-Hahn landet, muss lange Anfahrtswege in Kauf nehmen, die Zeit und Geld kosten. Auch dass sie für 15,99 € möglicherweise von Berlin nach London kommen, aber nicht zurück, bedenken viele Passagiere zunächst nicht. Sie lassen sich von derartigen Lockvogel-Angeboten beeindrucken und messen daran die Ticketpreise anderer Anbieter, die zumeist höher erscheinen.

8.1 Reason Why: Was Preise mit Psychologie zu tun haben

Scheinbar irrationale Reaktionen auf Preise

Die klassische Preistheorie geht davon aus, dass Käufer sich rational verhalten: Beim Kauf eines Produkts sind sie über die Preise aller konkurrierenden Anbieter vollständig informiert und entscheiden sich schließlich für jenes Angebot, das ihnen, objektiv betrachtet, den größten Nutzen bietet. Wie die neuere Forschung jedoch gezeigt hat, ist dieses Menschenbild des „Economic Man" eine Fiktion. Auch Kaufentscheidungen werden zumeist beschränkt-rational und bisweilen sogar irrational gefällt. So ist das sog. Preiswissen von Verbrauchern im Regelfall begrenzt, sie verzichten darauf, alle verfügbaren Preisinformationen zu vergleichen, oder betrachten einen Preisnachlass von 10 € in einer Situation als hoch, in einer anderen Situation hingegen als niedrig. Dieses Phänomen ist auf eine Vielzahl psychologisch erklärbarer Prozesse zurückzuführen, die im Menschen ablaufen und seine Reaktion auf ein Preisangebot beeinflussen.

Verhaltenswissenschafliche Theorien: (Sozial-) Psychologische Theorien, die beschränkt-rationales Verhalten erklären

Um das Preisverhalten der Käufer beschreiben zu können, bedienen sich Wirtschaftswissenschaftler daher zunehmend verhaltenswissenschaftlicher Theorien. Mit dem **Behavioral Pricing** entstand so ein neues, eigenständiges Forschungsfeld. Dieses ist allerdings keine in sich geschlossene Wissenschaft, sondern beschreibt und erklärt verschiedenartige Reaktionen auf Preise, die sich nicht mir der klassischen Preistheorie vereinbaren lassen. Derartige Phänomene können in jeder Phase der Verarbeitung von Preisinformationen auftreten (vgl. Abb. 1).

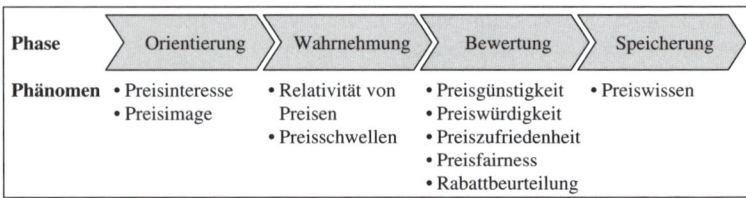

Phase	Orientierung	Wahrnehmung	Bewertung	Speicherung
Phänomen	• Preisinteresse • Preisimage	• Relativität von Preisen • Preisschwellen	• Preisgünstigkeit • Preiswürdigkeit • Preiszufriedenheit • Preisfairness • Rabattbeurteilung	• Preiswissen

Abb. 1: Phasen der Verarbeitung von Preisinformationen
Quelle: in Anlehnung an Homburg/Koschate (2005, S.386).

8.2 Orientierungsphase: Wie Käufer sich über Preise informieren

Preisinteresse

Menschen unterscheiden sich in ihrem Interesse, nach Preisinformationen zu suchen und diese bei ihren Kaufentscheidungen zu berücksichtigen. Während wenig interessierte Käufer dazu neigen, das gerade verfügbare Produkt zu kaufen, erkunden interessierte Käufer eingehend, wie viel welches Produkt wo kostet. Unternehmen, die auf den Erfolgsfaktor „Preiswürdigkeit" setzen, erleichtern deshalb den Käufern die Preissuche. Wer hingegen teuerer ist als seine Konkurrenten und diesen Preisnachteil nicht durch einen eindeutigen Wettbewerbsvorteil rechtfertigen kann, dem muss daran gelegen sein, die Preissuche zu erschweren. Ein Mittel hierfür ist die Erhöhung der Suchkosten. Manche Anbieter steigern diese, indem sie eine unübliche Packungsgröße wählen, sodass sich der Preis nur schwer mit dem von Konkurrenzprodukten vergleichen lässt. Das **Ausmaß der Preissuche** hängt von folgenden Faktoren ab:

* **Ökonomische Faktoren:** Je niedriger der Ausgangspreis und je höher die Suchkosten sind, desto weniger ausdauernd suchen Käufer nach Preisinformationen. Hohe Suchkosten entstehen auf intransparenten Märkten (z.B. durch heterogene, kaum vergleichbare Produkte).
* **Persönlichkeitsmerkmale:** Bestimmten Menschen bereitet es Freude, sich ausführlich zu informieren. Manche haben sich zu sog. Preis-Mavenisten entwickelt (= spezielle Form der Market Mavens): Sie sammeln Preisinformationen und teilen sie anderen mit. Diese Variante des Information Seeking nutzen einige Anbieter als Grundlage für ein eigenständiges Geschäftsmodell. Sie bieten im Internet Preisvergleiche an (z.B. *billigflieger.de, billiger.de*) bzw. richten Foren ein, in denen Konsumenten anderen Käufern preiswerte Anbieter bzw. Produkte empfehlen können. Finanziert werden derartige Portale u.a. mit Hilfe von Werbeeinnahmen, Sponsoring und Gewinnspiel-Kooperationen.

  Market Mavens: Gut informierte Konsumenten, die ihr Produkt- und Marktwissen gerne an andere weitergeben

* **Preisstrategien des Anbieters:** Einige Unternehmen bieten ihren Kunden an, den Preis zurückzuerstatten, wenn dasselbe Produkt anderswo billiger erhältlich ist. Selbst Anbieter, die keineswegs immer die billigsten sind, können eine solche Rückerstattungs-Garantie relativ gefahrlos anbieten. Denn aufgrund der Trägheit der meisten Kunden, ist das Rückgaberisiko gering.

Preisimage

Das Preisimage eines Anbieters erfüllt eine Schlüsselfunktion. Sind Kunden überzeugt davon, dass ein Anbieter preiswert bzw. billig ist, dann prüfen sie nicht (mehr) bei jedem Produkt, ob sie es anderswo billiger erwerben könnten. Prägend für das (Niedrigpreis-)Image sind Eckartikel bzw. Schlüsselprodukte (z.B. Butter, Kaffee, Schnittkäse). Wer bei diesen (wenigen) Eckartikeln der Preisgünstigste ist, kann es sich erlauben, die große Vielzahl der anderen, seltener gekauften Artikel teuerer anzubieten.

Eckartikel: Häufig gekaufte Produkte, die das Preisimage eines Anbieters prägen

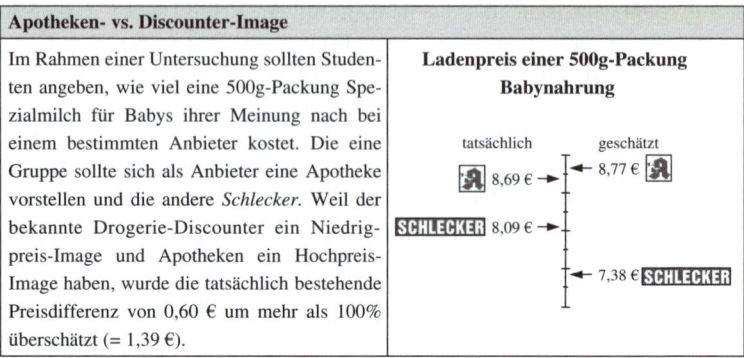

Apotheken- vs. Discounter-Image

Im Rahmen einer Untersuchung sollten Studenten angeben, wie viel eine 500g-Packung Spezialmilch für Babys ihrer Meinung nach bei einem bestimmten Anbieter kostet. Die eine Gruppe sollte sich als Anbieter eine Apotheke vorstellen und die andere *Schlecker*. Weil der bekannte Drogerie-Discounter ein Niedrigpreis-Image und Apotheken ein Hochpreis-Image haben, wurde die tatsächlich bestehende Preisdifferenz von 0,60 € um mehr als 100% überschätzt (= 1,39 €).

Ladenpreis einer 500g-Packung Babynahrung

Quelle: eigene Erhebung.

8.3 Wahrnehmungsphase: Warum Preise relativ sind

Referenzpreise

Interner Referenzpreis: Aus dem Gedächtnis abgerufene Preisvorstellung

Jeder Mensch hat eine mehr oder minder konkrete Vorstellung davon, was ein bestimmtes Produkt kostet: ein MP3-Player z.b. 100 €, ein Mittagessen im Restaurant 15 € oder ein Sandwich 2 €. Diese Preisvorstellung wird als **interner Referenzpreis** bezeichnet; er beruht auf

* bisherigen Erfahrungen mit demselben oder ähnlichen Produkten,
* Berichten von Freunden, Bekannten, Kollegen, Familienmitgliedern oder Medien,
* dem Betrag, der für solch ein Produkt normalerweise zu bezahlen ist,
* dem Betrag, den der Käufer für fair hält und/oder
* der Preisuntergrenze, bei deren Unterschreitung man an der Produktqualität zweifelt.

Externer Referenzpreis: Auf Basis der am PoS verfügbaren Informationen gebildete Preisvorstellung

Es kann vorkommen, dass Käufer keinen internen Referenzpreis besitzen, z.B. weil es ihnen an Erfahrung mangelt. Dann bilden sie unmittelbar am Point-of-Sale (PoS), wenn sie die Preisschilder der zur Auswahl stehenden Produkte sehen, einen **externen Referenzpreis**. Dies geschieht v.a. dann, wenn Verbraucher ein Produkt erstmalig bzw. selten kaufen, keine Marke eindeutig präferieren oder aus derart vielen Angeboten auswählen können bzw. müssen, dass kognitive Überlastung eintritt. Indem sie einen geforderten Preis zu diesem intern und/oder extern gebildeten Ankerpunkt in Beziehung setzen, erscheint den Kunden ein Angebot „billig" oder „teuer". Die Preiswahrnehmung ist demzufolge relativ.

Theorien zur Erklärung der Relativität von Preisen

Wie diese Relativierung abläuft, lässt sich mit Hilfe verschiedener Theorien beschreiben und erklären. Die **Psychophysik** untersucht, wie Menschen physische Reize (z.B. Schall, Licht) subjektiv empfinden. Dabei hat sich gezeigt, dass zwischen Reizintensität und Reizwahrnehmung keine lineare Beziehung besteht. So ärgern wir uns mehr über die Überlänge eines Vortrages, der statt der angekündigten 10 Minuten 20 Minuten gedauert hat, als über einen Vortrag, der statt 90 Minuten 100 Minuten gedauert hat, obwohl die absolute Differenz in beiden Fällen exakt 10 Minuten beträgt. Nicht anders verhält es sich mit der Preiswahrnehmung. Die meisten würden wohl auf einen Kinobesuch verzichten, wenn sie statt der üblichen 8 € plötzlich 15 € bezahlen sollen. Denselben Mehrpreis (7 €) würden sie vermutlich nicht einmal bemerken, wenn die Eintrittskarte für ein Musical statt 65 € nunmehr 72 € kosten soll. Daraus lassen sich Handlungsempfehlungen für eine erfolgreiche Preispolitik ableiten.

Zubehörteile für ein teures Produkt können vergleichsweise viel kosten, weil der zusätzliche Betrag kaum ins Gewicht fällt. So bietet *Funke&Will* für seinen *YES! Roadster* (Preis: ab ca. 57 000 €) als Sonderausstattung ein „Car Cover" an, das den Sportwagen für vergleichsweise unerhebliche 392 € vor Staub und Kratzern schützen soll.

Preis-auslobungs-effekt: Wirkungsvoller Ausweis von Rabatten (Hochpreissegment: absolut, Niedrigpreissegment: prozentual)

Rabatte sollten unterschiedlich ausgewiesen werden, wie folgendes Beispiel zeigt (Preisauslobungseffekt). Ein Nachlass von 10 € auf eine PC-Tastatur, die ursprünglich 20 € kostet, entspricht 50% des Originalpreises, während bei einem Notebook (1.000 €) ein Nachlass von 10 € einem kaum wahrnehmbaren Prozentpunkt gleichkommt. Im Hochpreissegment empfiehlt es sich daher, Rabatte als Absolutbeträge auszuweisen (10 € auf Notebooks). Im Niedrigpreissegment sind prozentuale Abschläge ratsam (50% auf Tastaturen).

Gemäß der **Adaptionsniveau-Theorie** entspricht der Referenzpreis dem mittleren Preisempfinden eines Käufers. Dieses hängt von drei Faktoren ab (vgl. Abb. 2).

Schütt-platzierung: Zweitplatzierung abseits herkömmlicher Regalflächen, in der die Ware lose liegt

- **Fokale Reize** stehen im Zentrum der Aufmerksamkeit. Dies sind in erster Linie der Preis des Produkts und das Preisschild. Darüber hinaus setzen Anbieter verschiedene Instrumente ein, um den Angebotspreis in einem besonders günstigen Licht erscheinen zu lassen. Dazu gehören verbale Aussagen wie „saubillig", „mega-günstig", „Preisknaller", „Discount-Alarm" etc. oder Preisbrechersymbole (z.B. Pfeil nach unten, Blitz, Hammer, Sparschwein, Fuchs, Euro-Zeichen). Eine vergleichbare Funktion erfüllen besondere Platzierungen im Supermarkt. So sollen Schüttplatzierungen suggerieren, dass es sich nicht lohnt, ein derart preiswertes Produkt überhaupt in ein Regal einzusortieren.
- **Kontextreize** entstammen dem (Wettbewerber-, Konsum-)Umfeld der Kaufentscheidung. Dass auch diese Stimuli die Preiswahrnehmung beeinflussen, nutzen u.a. Handelsunternehmen aus. Wenn sie ihre Handelsmarken unmittelbar neben den teuren Herstellermarken platzieren, erscheinen ihre Angebote aufgrund des Kontexteffektes preisgünstiger, als sie es tatsächlich sind.

- **Residualreize** beruhen auf bisherigen Erfahrungen des Konsumenten mit der jeweiligen Produktkategorie: Hat ein Reisender für die Strecke Berlin – London und zurück bei seiner nationalen Fluglinie bislang 625 € bezahlt (Residualreiz) und bieten auch konkurrierende, etablierte Fluglinien diese Verbindung nur unwesentlich billiger an, dann erscheint ihm – gemessen am so gebildeten Adaptionsniveau – der von einem Billiganbieter ausgelobte Preis von 89,99 € ganz außergewöhnlich niedrig.

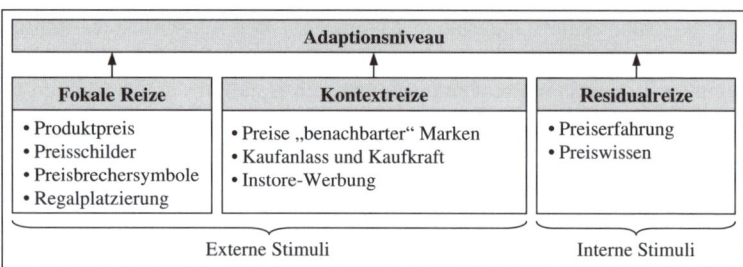

Abb. 2: Referenzpreisbildung gemäß der Adaptionsniveau-Theorie Quelle: in Anlehnung an Kleinschrodt (2007, S.20).

Range: Die **Range-Theorie** erklärt die Wahrnehmung eines Preises mit dessen Lage
Spannweite zwischen dem niedrigsten und höchsten Preis der Angebote in der Umge-
zwischen bung des Produktes. Es kommt also darauf an, welche Preise den fraglichen
niedrigstem
und höch- Produktpreis „einrahmen". Angenommen, ein Herrenausstatter bietet vier
stem Preis Anzüge zwischen 99 € und 499 € an (vgl. Abb. 3). Der Anzug für 499 € markiert das obere Ende der Preisspanne und wird nicht zuletzt deshalb als „teuer" wahrgenommen. Nimmt der Händler jedoch zusätzlich einen fünften Anzug für 999 € in sein Sortiment auf, dann verändert sich die Preiswahrnehmung grundlegend. Nunmehr verkörpert das 499 €-Angebot die Mitte der Preisspanne, und der zuvor als „teuer" stigmatisierte Anzug findet als „preiswertes", weder zu teueres noch zu billiges Angebot reißenden Absatz. Statt seiner übernimmt der 999 €-Anzug die Rolle des Ladenhüters.

Die **Assimilations-Kontrast-Theorie** unterstellt, dass Produktpreise, die innerhalb einer gewissen Spanne um den Referenzwert (Adaptation Level) liegen, mehr oder weniger mit diesem gleichgesetzt werden (= assimiliert). Weicht der geforderte Betrag hingegen stark vom Referenzniveau ab, dann wird der bestehende Preisunterschied überdeutlich wahrgenommen (= kontrastiert). Somit nivelliert der Assimilationseffekt geringe Preisunterschiede, während der Kontrasteffekt bestehende Unterschiede verstärkt. Für die Preispolitik lässt sich daraus die Empfehlung ableiten, dass ein Anbieter, der seinen Wettbewerbsvorteil in einem besonders niedrigen Preis sucht, die Konkurrenzpreise bzw. den sich daraus ergebenden Referenzpreis deutlich unterbieten sollte. Ist die Differenz zu klein, kommt es zum Assimilationseffekt, mit der Folge, dass die Zielgruppe keine Unterschiede wahrnimmt.

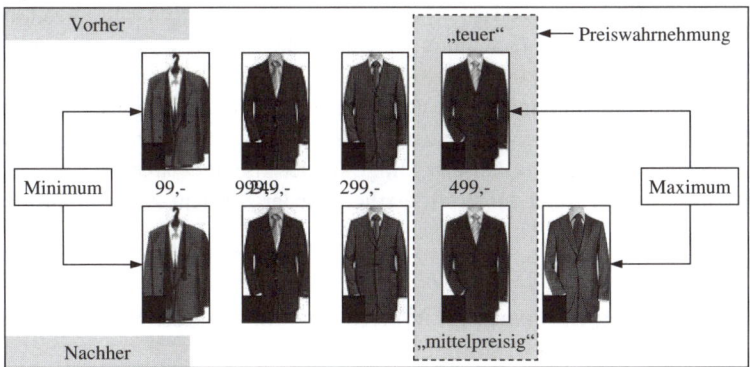

Abb. 3: Steuerung der Preiswahrnehmung durch Sortimentsgestaltung

Ein umfassender Erklärungsansatz

Die Nobelpreisträger *D. Kahneman* und *A. Tversky* erklären mit der **Prospect-Theorie** bislang am besten, wie sich Abweichungen vom Referenzwert auswirken. Demnach bewerten die Käufer die Aussichten bzw. erwarteten Konsequenzen (Prospects), die sich aus einer Preisforderung ergeben:

- Liegt diese unter dem Referenzpunkt, dann erwartet der Abnehmer, beim Kauf einen **Gewinn** zu erzielen. Diese Ersparnis würde ihm (zusätzlichen) Nutzen stiften. Ein Preis über dem Referenzpunkt wird hingegen als **Verlust** empfunden, der im Sinne eines Aufpreises einen Schaden anrichtet. Diese Erkenntnis eröffnet Anbietern, die ihren Absatz stimulieren wollen, eine Alternative zur Rabattstrategie, welche die Gewinnspanne mindert: Indem sie den Referenzpreis möglichst hoch ansetzen, erscheint die zwangsläufige Abweichung als Gewinn. Nichts anderes bewirken Händler, wenn sie die unverbindliche Preisempfehlung des Herstellers (z.b. 2,39 €) einerseits ausweisen und andererseits unterbieten (z.b. 1,99 €).

- Allerdings steigt der Nutzen eines niedrigeren Preises mit zunehmender Gewinnhöhe degressiv (**abnehmender Grenznutzen**). Ebenso verhält es sich bei Verlusten: Je höher der Preis und damit der erwartete Verlust, desto geringer fällt der Schaden einer zusätzlichen Preiserhöhung aus (**abnehmender Grenzschaden**). Daraus ergeben sich u.a. Konsequenzen für den Verkauf von Produktbündeln (z.b. Skiausrüstung). Preisnachlässe sollten für jede Komponente einzeln ausgewiesen werden (z.b. Skier: -10 €, Bindung: -10 €, Stöcke: -5 €), weil sie in der Summe einen höheren Nutzen stiften als ein Gesamtrabatt in gleicher Höhe auf das gesamte Produktbündel (Rabattsplittungseffekt). Hingegen sollte der (unrabattierte) Preis für das Produktbündel aggregiert angegeben werden (z.b. 299 €). Denn die aus Einzelpreisen der Komponenten erwachsende Summe der Verluste wären für den Käufer „schmerzlicher" (z.b. Skier: 199 €, Bindung: 75 €, Stöcke: 25 €).

Nutzen: Stiften unterhalb des Referenzpunkts angesiedelte Preise

Schaden: Verusachen oberhalb des Referenzpunkts angesiedelte Preise

Nutzenfunktion: Konkav verlaufend

Schadensfunktion: Konvex verlaufend

Verlustaversion: Nutzenfunktion mit im Vergleich zur Schadensfunktion flacherem Verlauf

Ein **Verlust wiegt schwerer** als ein Gewinn, d.h. er verursacht subjektiv mehr Schaden als ein Gewinn in gleicher Höhe Nutzen stiftet. Angesichts dieser Verlustaversion sollten Anbieter „Preisaktionitis" vermeiden, d.h. nicht fortwährend Preise senken und dann wieder erhöhen. Denn der aus der Preissenkung entstehende Nutzen ist für die Kunden geringer als der Schaden der späteren Preiserhöhung. In der Summe entsteht ein Nettoschaden, auch wenn der Preis letztlich wieder auf dem Ausgangsniveau liegt.

8.4 Wahrnehmungsphase: Welche Preisschwellen Käufer ungern überschreiten

Preisschwelle: Preisniveau, ab dem sich die Preiswahrnehmung sprunghaft ändert

Eine Anomalie der Preiswahrnehmung haben wir bereits kennen gelernt: Sie verläuft nicht linear. Weiterhin lässt sich die Preiswahrnehmung als nicht kontinuierlich beschreiben. Käufer beurteilen Preise kategorial: ab einer bestimmten Grenze als „hoch" bzw. „teuer", darunter als „niedrig" bzw. „billig". Als typische Preisschwelle gilt der Übergang von einem runden (auf null endenden) auf einen gebrochenen (häufig auf neun endenden) Betrag. Abb. 4 zeigt am Beispiel eines Geschirrspülmittels die Preisschwellen 1,00 €, 1,50 € und 2,00 €. Erfolg verspricht es, einen Preis knapp unterhalb dieser Schwellen zu wählen (z.B. 0,95 € oder 1,45 €); denn ein noch geringerer Betrag würde die Marge unnötig schmälern, ein höherer hingegen das Absatzvolumen. Besonders der Lebensmitteleinzelhandel setzt auf **gebrochene Preise**; durchschnittlich enden dort fast 90% der Preise mit „x,x9".

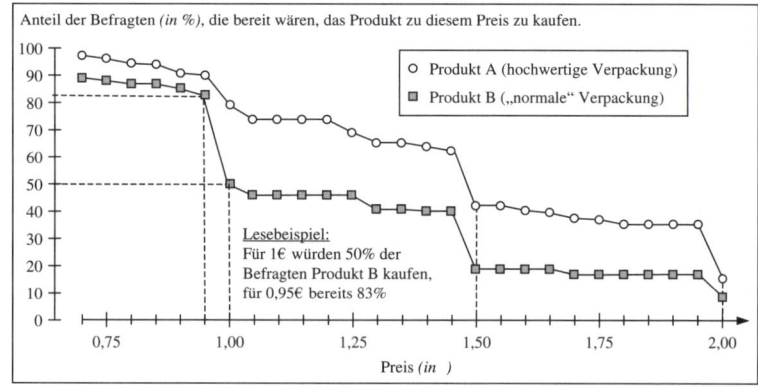

Anteil der Befragten *(in %)*, die bereit wären, das Produkt zu diesem Preis zu kaufen.

○ Produkt A (hochwertige Verpackung)
■ Produkt B („normale" Verpackung)

Lesebeispiel:
Für 1€ würden 50% der Befragten Produkt B kaufen, für 0,95€ bereits 83%

Preis *(in)*

Abb. 4: Preisschwellen eines Geschirrspülmittels
Quelle: eigene Erhebung.

Primacy-Effekt: Bevorzugte Erinnerung der ersten aus einer Reihe von Informationen (hier: Preisziffern)

Die **Wirkung** der auch Odd Pricing genannten Preisstrategie basiert allgemein gesehen auf der begrenzten Fähigkeit des Menschen, (Preis-)Informationen umfassend und realitätsgetreu zu verarbeiten. Konkret wird sie mit Hilfe des Primacy-Effekts erklärt. Gebrochene Preise sind allerdings kein

Patentrezept. Denn sie können von bestimmten Käufertypen (z.B. qualitäts-
bewusster Käufer) bzw. bei bestimmten Produkten (z.B. Luxusartikel) auch
als Zeichen minderer Qualität gewertet werden.

8.5 Preisbewertungsphase: Wie Käufer Preisinformationen verarbeiten

Facetten des Preisurteils

In der Wahrnehmungsphase wird die objektive Preishöhe weitgehend „na-
turgesetzlich" in subjektive Empfindungsstärken umgewandelt. Der an-
schließende Bewertungsprozess ist stärker kognitiv kontrolliert, was bedeutet, dass der Käufer sein Urteil tendenziell bewusst fällt. Das Preisurteil hat
mehrere Facetten: die Preisgünstigkeit, die Preiswürdigkeit, die Preiszufriedenheit und die Preisfairness.

Das **Preisgünstigkeitsurteil** fällt der Käufer, indem er den geforderten Preis
in einige wenige Kategorien einordnet, z.B. „günstig/niedrig" (wenn dieser
unter dem individuellen Referenzpreis liegt) vs. „ungünstig/hoch" (wenn
dieser über dem individuellen Referenzpreis liegt). Dabei sind weitere Abstufungen möglich. Diese Kategorisierung erleichtert die Kaufentscheidung
und wird insb. dann vorgenommen, wenn das Preisniveau entscheidendes
Auswahlkriterium ist.

Bestandteile	Preis-günstigkeit	Preis-würdigkeit	Preis-transparenz	Preis-sicherheit	Preis-zuverlässigkeit
Maßnahmen	• Preis-nachlässe • Geringe Gebühren • Kostenlose Zusatz-leistungen	• Qualitäts-signale • Service-leistungen	• Über-sichtliche Preisinfor-mationen • Vollständige Preisinfor-mationen	• Festpreise • Pauschal-preise • Preis-garantien	• Korrekte Rechnungs-legung • Verbindliche Kosten-voranschläge

Abb. 5: Maßnahmen zur Steigerung der Preiszufriedenheit
Quelle: in Anlehnung an Diller (2006, S.160).

Anders als beim Preisgünstigkeitsurteil setzt der Käufer zur Einschätzung
der **Preiswürdigkeit** den Preis ins Verhältnis zur Produktleistung. Beurteilt
er ein Produkt zwar als hochpreisig, aber auch von außerordentlicher Qualität, dann attestiert er diesem ein günstiges bzw. angemessenes Preis-Leistungs-Verhältnis. Das Preiswürdigkeitsurteil beeinflusst unmittelbar die
Nachkaufzufriedenheit, und zwar mitunter stärker als einzelne Leistungs-
komponenten. So hängt die Zufriedenheit mit der Automobilfinanzierung
davon ab, ob der Pkw-Käufer den Finanzierungsvertrag für vorteilhaft hält.
Das Fachwissen sowie die Höflichkeit des Verkäufers sind demgegenüber
vergleichsweise nachrangig.

Das Preisgünstigkeits- und das Preiswürdigkeitsurteil sind Bestandteile der **Preiszufriedenheit,** die wiederum ein wichtiger Treiber der Kundenbindung ist. Preiszufriedenheit entsteht aus dem Vergleich der Preiserwartungen mit dem tatsächlich wahrgenommenen Preis. Dieser Vergleich bezieht sich nicht nur auf die Preishöhe bzw. das Preis-Leistungs-Verhältnis, sondern auch auf die Preistransparenz, die Preissicherheit sowie die Preiszuverlässigkeit (vgl. Abb. 5).

Die wahrgenommene **Preisfairness** basiert auf Gerechtigkeitsüberlegungen. Wie sich aus der Equity-Theorie ableiten lässt, bewerten Käufer einen Preis als fair, wenn ihr Kosten-Nutzen-Verhältnis subjektiv dem Kosten-Nutzen-Verhältnis des Anbieters entspricht:

$$\frac{\text{Produktnutzen (Käufer)}}{\text{Kaufpreis (Käufer)}} = \frac{\text{Verkaufspreis (Anbieter)}}{\text{Produktionskosten (Anbieter)}}$$

Gewinnt der Verkäufer hingegen den Eindruck, dass der Preis – gemessen an seinem Produktnutzen und den Produktionskosten des Anbieters – zu hoch und das Kosten-Nutzen-Verhältnis unausgewogen ist, dann empfindet er Ungerechtigkeit. Preisfairness spielt eine wichtige Rolle, wenn Unternehmen Preise erhöhen möchten. Können sie dies mit verschlechterten Einkaufskonditionen (z.b. für Rohstoffe) begründen oder ethische Motive anführen (z.b. bessere Entlohnung von Zulieferern in Niedriglohnländern, Verzicht auf Pestizide), dann akzeptieren die Kunden eine angemessene Erhöhung im Regelfall. Anbieter sollten daher Gründe dieser Art, welche das Preisvertrauen fördern, offen legen.

> **Preisvertrauen:** Überzeugung, dass ein Anbieter seine Preise nicht opportunistisch bildet

Als unfair werden Preiserhöhungen hingegen empfunden, wenn der Anbieter dadurch primär seinen Gewinn steigert, eine Monopolstellung ausnutzt etc. Dann beschweren sich Kunden bzw. wechseln ohne Vorwarnung den Anbieter. Kommt Abwanderung aufgrund hoher Wechselkosten (z.b. Bankverbindung) oder mangels einer Alternative (z.b. Gasanbieter) nicht in Frage, „rächen" sich viele Kunden, indem sie negative Mund-zu-Mund-Propaganda betreiben und das Image des Anbieters beschädigen.

Verarbeitung von Rabattinformuationen

> **Discount Framing:** Art und Weise, auf die eine Preissenkung kommuniziert wird

Viele Kunden sind mangels Zeit und Interesse nicht gewillt, sämtliche Preisinformationen, die auf sie einströmen, eingehend zu verarbeiten. Dies betrifft v.a. Rabattinformationen, zumal diese inflationär eingesetzt werden. Besonders **prozentual ausgewiesene Nachlässe** halten Verbraucher oft für übertrieben und beachten sie daher nicht. Als Erfolgsfaktor hat es sich erwiesen, das übliche Discount Framing („Sparen Sie 20%!") durch ein neuartiges Angebot („Zahlen Sie 80% des Originalpreises!") zu ersetzen, weil dies zum Nachrechnen und damit zu einer intensiveren Verarbeitung der Werbebotschaft anregt.

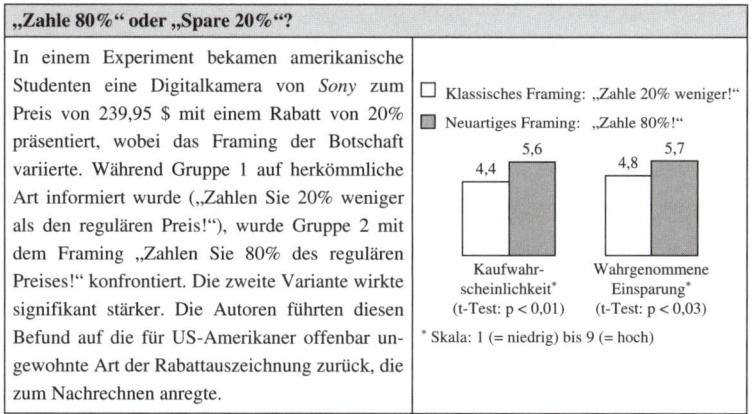

„Zahle 80%" oder „Spare 20%"?

In einem Experiment bekamen amerikanische Studenten eine Digitalkamera von *Sony* zum Preis von 239,95 $ mit einem Rabatt von 20% präsentiert, wobei das Framing der Botschaft variierte. Während Gruppe 1 auf herkömmliche Art informiert wurde („Zahlen Sie 20% weniger als den regulären Preis!"), wurde Gruppe 2 mit dem Framing „Zahlen Sie 80% des regulären Preises!" konfrontiert. Die zweite Variante wirkte signifikant stärker. Die Autoren führten diesen Befund auf die für US-Amerikaner offenbar ungewohnte Art der Rabattauszeichnung zurück, die zum Nachrechnen anregte.

☐ Klassisches Framing: „Zahle 20% weniger!"
■ Neuartiges Framing: „Zahle 80%!"

Kaufwahrscheinlichkeit[*]
(t-Test: p < 0,01)
4,4 / 5,6

Wahrgenommene Einsparung[*]
(t-Test: p < 0,03)
4,8 / 5,7

[*] Skala: 1 (= niedrig) bis 9 (= hoch)

Quelle: in Anlehnung an Kim/Kramer (2006).

Die Verarbeitung einer Rabattinformation lässt sich auch fördern, indem man dem Rabatt ein „Gesicht" bzw. einen Namen gibt, anstatt nur seine Höhe zu nennen. Diese Strategie der **Vergegenständlichung** verfolgte bspw. *MediaMarkt* Anfang 2005 („Deutschland zahlt keine Mehrwertsteuer!") und 2007 („Einkäufe ohne 19% Mehrwertsteuer"). Auch Naturalrabatte, die gerne zur Kundenbindung eingesetzt werden („Wer zehn Pakete Kaffee kauft, bekommt eines gratis!"), sind geeignet, den Nachlass zu vergegenständlichen. Da die Höhe des Rabattes im gewählten Beispiel dem Wert des bereits mehrfach erworbenen Produkts entspricht, kann der Käufer dessen Höhe genau ein- und wertschätzen. Amerikanische Anbieter haben eine extreme Variante dieser Strategie entwickelt, die in Fachkreisen als „BOGOF" („Buy one, get one free") oder „241" („Two for one") bezeichnet wird. Noch wirksamer sind solche Preispromotions, wenn die Zugabe nicht – wie im Kaffee-Beispiel – in derselben „Währung" geleistet wird, sondern in keiner Beziehung zum Ursprungsprodukt steht (z.B. Zugabe eines Kinogutscheins bei Übernachtung in einem Hotel).

Preispromotion: Vorübergehende Preissenkung, die den Absatz kurzfristig steigern soll

8.6 Speicherungsphase: Was wir uns über Preise merken

Preiswissen

Der Käufer speichert die Preise einzelner Produkte und Marken, aber auch ganzer Produktkategorien oder Einkaufsstätten in seinem Gedächtnis und kann sie von dort abrufen. Sein Preiswissen hilft ihm dabei, einen internen Referenzpreis zu bilden. Mit diesem vergleicht er aktuelle Preise und kann sie so erst einordnen und beurteilen. Damit unterstützt das Preiswissen den Konsumenten bei seiner Kaufentscheidung. Zu unterscheiden sind **explizites** und **implizites** Preiswissen. Im ersten Fall prägt sich der Käufer einen Betrag bewusst ein (intentionales bzw. absichtliches Lernen). Im zweiten Fall nimmt er den Preisstimulus zwar nicht bewusst auf, kann sich aber diffus daran erinnern, sodass in ähnlichen Kaufsituationen ein Gefühl der Vertrautheit aufkommt (inzidentelles bzw. unabsichtliches Lernen). Ein aktueller Preis kommt ihm dann z.B. „irgendwie billig" vor. Das Preiswissen lässt sich mit Hilfe verschiedener Methoden messen:

Recall:
Erinnerung

- **Price Recall:** Der Käufer soll aus dem Gedächtnis den Kaufpreis angeben, den er beim letzten Kauf bezahlt hat. Verschiedene Studien haben gezeigt, dass oft nur ein Bruchteil der Menschen sich an den exakten Preis erinnert. Allerdings können relativ viele den ungefähren bzw. mittleren Preis angeben.

Recognition:
Wiedererkennung

- **Price Recognition:** Der Käufer bekommt verschiedene Preise für ein Produkt vorgegeben und soll den richtigen angeben. Dies fällt den meisten leichter als ein Price Recall, weshalb Recall-Werte zumeist deutlich niedriger ausfallen als Recognition-Werte.

- **Relativer Preisrang:** Die Käufer geben an, welchen Rangplatz eine Marke gemessen an der Höhe ihres Preises im Vergleich zu Konkurrenzmarken eingenommen hat (z.B. zweitteuerste Marke). Auch dies fällt Verbrauchern leichter, als den korrekten Preis selbst anzugeben.

- **Dual Spotting:** Die o.g. Methoden erfassen das explizite Preiswissen. Das implizite Preiswissen lässt sich messen, indem man dem Käufer einen Preis vorgibt und ihn bittet anzugeben, ob dieser innerhalb des üblichen Bereichs früher gezahlter Preise liegt oder nicht.

Variation des Preiswissens

Schnäppchenjäger:
Käufer, die es als eine Art Sport betrachten, das preiswerteste Produkt zu kaufen

Das Preiswissen unterscheidet sich von Mensch zu Mensch. Erstaunlicherweise ist es aber weitgehend unabhängig vom Alter. Obwohl ältere Menschen eine geringere Gedächtnisleistung haben als jüngere, fällt es ihnen nicht schwerer, sich Preise zu merken. Es kommt vielmehr darauf an, wie sehr jemand dazu neigt, Preise zu vergleichen. Schnäppchenjäger haben generell ein ausgesprochen starkes **Preisinteresse**; andere interessieren sich besonders für eine bestimmte Produktkategorie. Beide hoffen, durch intensive Suche z.B. ein Geschäft zu entdecken, in dem sie das gesuchte Produkt besonders günstig erwerben können. So kennen sie die Preise bald recht gut und sammeln umfangreiches Preiswissen.

Weiterhin spielt die **Wettbewerbssituation** eine Rolle: Werden in einer Kategorie sehr viele Produkte angeboten, deren Preise zudem stark variieren (z.B. Hautcreme), dann sinkt das Preiswissen der Verbraucher, weil die Informationsfülle sie überfordert. Intensive (Preis-) Werbung, etwa in Form von Postwurfzetteln, erhöht hingegen insb. das implizite Preiswissen: Auch wenn die meisten Empfänger der Werbebotschaft die genaue Preishöhe nicht bewusst aufnehmen, sorgt die ständige Wiederholung der Werbung doch für ein diffuses Gefühl von Preisgünstigkeit.

Erfolgreiche Anbieter kennen das Preiswissen ihrer Zielgruppe und **passen diesem ihr Angebot an.** Ist das Preiswissen, wie in werbeintensiven Branchen üblich, stark ausgeprägt (z.b. bei Mobiltelefonie) und besitzt das Unternehmen keinen eindeutigen Wettbewerbsvorteil, dann liegt es nahe, eine Niedrigpreis-Strategie zu verfolgen. Ihre Preisgünstigkeit kommunizieren sie durch massive Preiswerbung (z.B. *Base*). Wer hingegen einen Wettbewerbsvorteil vorzuweisen hat, der kann auch in wettbewerbsintensiven Märkten und bei ausgeprägtem Preiswissen (z.B. in der Automobilbranche) seine Produkte teuer verkaufen (z.B. *Mini Cooper* als kultiger Kleinwagen). Bei schwach ausgeprägtem Preiswissen (z.B. bei Möbeln) kann ein Anbieter u.U. auch ohne Wettbewerbsvorteil einen vergleichsweise hohen Preis durchsetzen. Voraussetzung dafür ist allerdings, dass der Kunde zeitgleich keine konkurrierenden Anbieter wahrnimmt, aus denen er einen externen Referenzpreis bilden könnte.

		Eindeutiger Wettbewerbsvorteil?		
		nein		ja
Preis-wissen	gering	nein —— Preisvergleich beim —— ja ↓ Kauf möglich? ↓ Hochpreis-Strategie Sonderpreis-Strategie (z.B. Möbel) (z.B. Heimelektronik)		Premiumpreis-Strategie (z.B. Bio-Lebensmittel, Luxusuhren)
	hoch	Niedrigpreis-Strategie (z.B. Mobilfunkanbieter wie *Base*, Kaffee)		Premiumpreis-Strategie (z.B. Automobile wie *Mini Cooper*)

Abb. 6: Preispolitische Wettbewerbsstrategie

8.7 Neuere Tendenzen in Wissenschaft und Praxis

Mental Accounting: Menschen verbuchen Gewinne und Verluste so auf „mentalen Konten", dass sie ihr persönliches Wohlbefinden maximieren. Dabei handelt es sich u.U. um verschiedene Konten, sodass Gewinne und Verluste nicht miteinander „saldiert" werden. Dies können sich Anbieter hochpreisiger Güter zunutze machen, deren Erwerb für den Käufer naturgemäß einen großen finanziellen Verlust darstellt (z.B. Pkw, Immobilie). Wenn sie dem Kunden seine Ausgabe mit einem kleinen Geschenk „versüßen" (z.B. Blumenstrauß, Flasche Champagner), dann verbucht er diesen Gewinn auf einem anderen „Konto". Dort stiftet es ihm einen weitaus höheren Nutzen als bspw. ein Preisnachlass in gleicher Höhe, den er mit dem Verlust saldiert hätte.

Zahlung vor Konsum: Nachdem eine spätere Zahlung (in Raten) den Konsum fördert, interessiert weiterhin, inwieweit eine Vorauszahlung den späteren Konsum des Produktes beeinflusst. Hierbei hat sich gezeigt, dass eine einmal getätigte Zahlung als „versunken" angesehen wird – und die Konsumbereitschaft im Zeitverlauf sinkt. Im Extremfall verzichten Käufer u.U. ganz darauf, ein vor langer Zeit gekauftes Musical-Ticket einzulösen.

Preise-Emotionen: Zwar thematisiert das Behavioral Pricing systematische Verzerrungen bei der Aufnahme und Verarbeitung von Preisinformationen. Aber dass diese auch Emotionen auslösen können, wurde bislang weitgehend vernachlässigt. Dabei beeinflussen Gefühle unser Verhalten maßgeblich. So sorgen Preisfreude (z.b. über den Kauf eines „Schnäppchens") und Preisstolz (z.b. über erfolgreiches „Herunterhandeln") für positive Mund-zu-Mund-Propaganda. Auf der anderen Seite erzeugt Preisneid (z.b. weil ein Bekannter dasselbe Produkt billiger gekauft hat) Nachkaufdissonanz, und Preisärger (z.b. weil es ein Sonderangebot nicht mehr gibt) führt zu Beschwerden und Auseinandersetzungen mit dem Verkaufspersonal.

Kulturabhängigkeit: Nur wenige Untersuchungen beschäftigen sich bislang mit dem interkulturellen Vergleich der Preiswahrnehmung und -beurteilung. Besonders für die Beurteilung der nicht-monetären Preiskomponente (z.b. Wegekosten, Opportunitätskosten) spielt es eine wichtige Rolle, ob der Käufer aus einer „zeitgeizigen" Kultur stammt (die meisten Industrienationen) oder nicht. Wo „Zeit gleich Geld" ist, schätzt man die Wege- und Opportunitätskosten als entsprechend hoch ein, erledigt seine Einkäufe schnell und feilscht selten.

> **Opportunitätskosten des Einkaufs:** Aufgrund des Verzichts auf andere Tätigkeiten entgangener Nutzen

Überprüfen Sie Ihr Wissen

Wiederholende und weiterführende Fragen finden Sie in den Begleitmaterialien im Internet unter **www.erfolgsfaktoren-marketing.de**

Grundlegende Literatur
Diller, H.: Preispolitik, 4.Aufl., Stuttgart 2006.
Homburg, C.; Koschate, N.: Behavioral-Pricing-Forschung im Überblick, Teil 1/2, in: Zeitschrift für Betriebswirtschaft, 75.Jg. (2005), Nr.4/5, S.383-423/501-525.   *Kleinschrodt, A.:* Preispsychologie im Marketing, Berlin 2007.   *Pechtl, H.:* Preispolitik, Stuttgart 2005.

Weiterführende Literatur
Gedenk, K.; Sattler, H.: The Impact of Price Thresholds on Profit Contribution. Should Retailers Set 9-Ending Prices?, in: Journal of Retailing, Vol.55 (1999), No.1, pp.33-57.   *Kahnemann, D.; Tversky, A.:* Prospect Theory. An Analysis of Decision under Risk, in: Econometrica, Vol.39 (1979), No.2, pp.341-350.
Kim, H.M.; Kramer, T.: "Pay 80%" versus "Get 20% off". The Effect of Novel Discount Presentation on Consumers' Deal Perceptions, in: Market Letters, Vol.17 (2006), No.4, pp.311-321.

9 Absatzwege

9.1 Reason Why: Warum der Absatzweg ein Erfolgsfaktor sein kann 128
9.2 Entscheidungsproblem: Was für welchen Absatzkanal spricht 129
9.3 Direkter Vertrieb: Wie man seine Kunden unmittelbar erreichen
     kann 131
9.4 Indirekter Vertrieb: Welche Absatzmittler zur Verfügung stehen 134
9.5 Konflikte im Absatzkanal: Wie man sie löst oder umgeht 136
9.6 Distributionslogistik: Wie man Warenströme steuert 140
9.7 Neuere Tendenzen in Wissenschaft und Praxis 141

Unser Bestes für Ihre Familie

„Nichts überzeugt mehr als die Empfehlung der besten Freundin oder eine Produkt-Präsentation im eigenen Wohnzimmer." Dieses Credo ist die Grundlage des Erfolgs eines Wuppertaler Unternehmens, welches die Brüder *Carl* und *Adolf Vorwerk* 1883 als *Barmer Teppichfabrik Vorwerk & Co.* gründeten, um zunächst Teppiche und Möbelstoffe und später elektrische Geräte zu verkaufen. 1929 kam der Staubsauger *Kobold* hinzu, den *Vorwerk* ab 1930 ausschließlich per Direktvertrieb im Wohnzimmer der Kunden anbot. Im Vergleich zur üblichen Einschaltung von Absatzmittlern (z.B. Haushaltsgerätehandel) eröffnete diese Vertriebsstrategie zwei entscheidende Vorteile. Erstens demonstriert ein hierfür eigens ausgebildeter Berater die Funktionsweise des Produktes am potenziellen Einsatzort, wo sich der Kunde von der Qualität des Gerätes am besten überzeugen kann. Zweitens erfährt der Anbieter im direkten Gespräch viel über die Bedürfnisse seiner Kunden. Beides ist insb. bei technisch komplexen, erklärungsbedürftigen Geräten von unschätzbarem Wert. Der direkte Vertriebsweg erwies sich als so erfolgreich, dass *Vorwerk* ihn auch beibehielt, als das Sortiment um andere Produkte, wie Mixer, Einbauküchen und Bügelsysteme, erweitert wurde. Mittlerweile hat sich *Vorwerk* zu einer internationalen Gruppe mit über 566.000 Mitarbeitern und Vertriebspartnern in 60 Ländern sowie einem Geschäftsvolumen von 2,32 Mrd. € entwickelt.

9.1 Reason Why: Warum der Absatzweg ein Erfolgsfaktor sein kann

Strategische Bedeutung der Absatzwege

Die Wahl des auch Distributionskanal genannten Absatzweges ist grundlegender, strategischer Natur und sollte aus folgenden Gründen wohl überlegt sein:

- Da der Aufbau von Distributionskanälen (z.b. ein Filialnetz) höchst zeit- und kostenintensiv ist, lassen sich distributionspolitische Entscheidungen nur **schwer rückgängig** machen. Weiterhin ist die Handelsstruktur historisch gewachsen: Die Kunden sind es gewöhnt, bestimmte Produkte bei bestimmten Absatzmittlern zu beziehen. So kauft man Neuwagen traditionell beim autorisierten Händler und scheut sich, einen Kaufvertrag im Internet oder an der Haustür abzuschließen.

- Die mit dem Vertrieb befassten Mitarbeiter müssen mit den Produkten und der Unternehmenskultur des Anbieters vertraut sein. Zudem verfolgen Vertriebspartner eigene Ziele, die im Konflikt mit den Zielen des Anbieters stehen können. Klassisch ist der **Hersteller-/Handelskonflikt**. So wollen viele Händler Kunden insb. durch Dauerniedrigpreise und Sonderangebote an ihre Einkaufsstätte binden; die Hersteller bewerten dies jedoch als Preisaktionitis, welche sowohl Gewinnspanne als auch Markenimage gefährdet.

- Der Absatzweg muss zu den anderen Instrumenten des Marketing-Mix passen (**Integriertes Marketing**). So empfiehlt sich für den Vertrieb erklärungsbedürftiger (z.B. Satellitenempfänger) bzw. hochwertiger Güter (z.B. *Rolex*-Uhr) der Fachhandel, während für digitalisierbare Güter (z.B. Musik) der Online-Vertrieb Vorteile bietet (Distributionspolitik ↔ Produktpolitik). Niedrigpreisiges lässt sich am besten in Verbrauchermärkten verkaufen, teure Produkte wie *Tupperware* hingegen bspw. auf Home-Partys, da der Käufer dort keine Preise vergleichen kann und möchte (Distributionspolitik ↔ Preispolitik). Für Produkte mit hohem Emotionalisierungsgrad, wie Designerkleidung, wiederum empfehlen sich Boutiquen oder Flagship-Stores, weil dort die Markenbotschaft auch durch das Corporate Design kommuniziert werden kann (Distributionspolitik ↔ Kommunikationspolitik).

Flagship-Store: Vorzeige-Filiale, die ein größeres und höherwertiges Sortiment führt und besser ausgestattet ist als andere Filialen und daher imagebildend wirkt

Akquisitorische und logistische Funktion

Zum einen hat Distribution eine **akquisitorische Funktion**: Sie soll den Kontakt zu den Kunden über geeignete Distributionskanäle aufbauen und pflegen (Absatzwege-Management). Hierfür stellt sich die Frage nach einem direkten oder indirekten Vertrieb. Weiterhin ist zu entscheiden, ob eine (Single Channel-Vertrieb) oder mehrere Vertriebsformen (Multi Channel-Vertrieb) genutzt werden sollen.

Zum anderen muss Distribution eine **physische Funktion** erfüllen. Sie optimiert den körperlichen Warenfluss innerhalb der Absatzwege, damit die Ware für den Kunden zum richtigen Zeitpunkt am richtigen Ort in der richtigen Menge verfügbar ist. Denn Hersteller wie Handel fürchten das Out of Stock-Problem: Finden Kunden „ihre" Marke im Regal des Einzelhändlers nicht vor, wechseln sie womöglich zu einer anderen Marke oder Einkaufsstätte. Wichtige Entscheidungsfelder der physischen Distribution sind die Standortwahl, die Gestaltung der Transportkette, die Lagerhaltung und die Auftragsabwicklung.

9.2 Entscheidungsproblem: Was für welchen Absatzkanal spricht

Direkter vs. indirekter Vertrieb

Hersteller, die ihre Ware selbst an den Endverbraucher verkaufen, betreiben **Direktvertrieb** (vgl. Abb. 1), für den zahlreiche Argumente sprechen. Durch den unmittelbaren Kontakt mit den Kunden erhält der Anbieter aus erster Hand Informationen über deren Bedürfnisse. Ein weiterer Pluspunkt ist die Unabhängigkeit von der Unternehmenspolitik der Handelsbetriebe, welche den im Regelfall knappen Regalplatz als Machtmittel nutzen und mit Auslistung drohen sowie ihre eigenen Vorstellungen über Preisstellung, Imagepositionierungen und Servicekultur durchsetzen. Finanziell lohnt sich ein Direktvertrieb, wenn die Aufwendungen für dessen Aufbau und Pflege geringer sind als die sonst anfallende Handelsspanne, die in manchen Bereichen (z.B. Möbel, Kleidung) 50% ausmacht.

(Randspalte:) **Handelsspanne:** Differenz zwischen Nettoverkaufs- und Nettoeinkaufspreis, ausgedrückt in Prozent vom Verkaufspreis

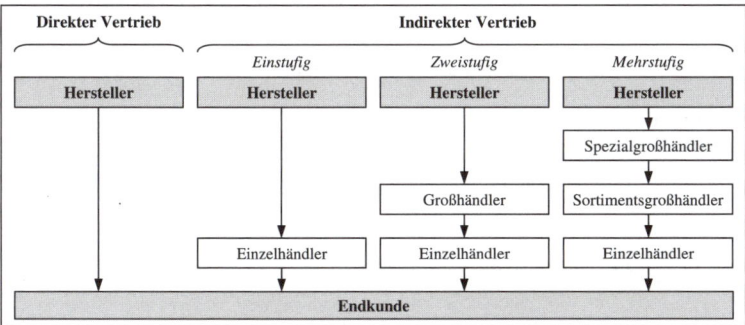

Abb. 1: Struktur der Vertriebswege
Quelle: in Anlehnung an Specht/Fritz (2005, S.162); Meffert (2000, S.614).

Aber auch ein **indirekter Vertrieb** bietet Vorteile. Da hierbei rechtlich selbständige Absatzmittler (z.B. Einzelhändler) den Verkauf der Ware übernehmen, ist der Investitionsbedarf des Herstellers gering. Dies mindert sein finanzielles Risiko. Weiterhin empfiehlt sich der indirekte Vertrieb für An-

Sortiment: bieter ohne fundierte Marktkenntnis. Allerdings muss, wer sich für den Di-
Menge bzw. rektvertrieb entscheidet, auf eine wichtige Dienstleistung des Handels ver-
Struktur der zichten: die Sortimentsbildung. Sie ermöglicht es dem Verbraucher, (fast)
von einem
Händler an- alles aus einer Hand zu kaufen, und besitzt demzufolge ein eigenständiges
gebotenen akquisitorisches Potenzial. Ein weiterer Vorteil des indirekten Vertriebs ist
Artikel die Ubiquität. Dem steht jedoch der Nachteil gegenüber, dass der Handel
aufgrund seiner Einkaufsmacht eine starke Marktposition innehat, nur eine
begrenzte Anzahl von Produkten listet und seine eigene Unternehmenspo-
Ubiquität: litik verfolgt. Bei der Entscheidung zwischen direktem und indirektem Ver-
Überaller- trieb ist demzufolge eine Vielzahl von Faktoren simultan zu beachten (vgl.
hältlichkeit
der Ware Abb. 2).

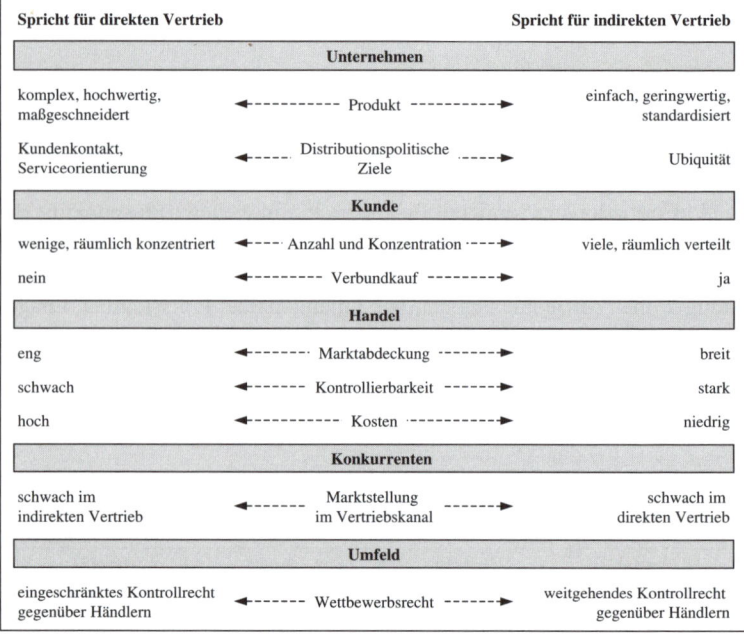

Abb. 2: Kriterien von Vertriebswegen

Single vs. Multi Channel-Vertrieb

Weiterhin stellt sich die Frage nach der **Anzahl der Absatzwege**. Beim Single Channel-Vertrieb konzentriert sich das Unternehmen auf einen Vertriebsweg (z.B. Direktvertrieb mittels Außendienst), während man von
Multi Channel-Vertrieb spricht, wenn der Hersteller verschiedene Absatzwege kombiniert (z.B. Warenhaus und Fachhandel als Formen des
indirekten Vertriebs). Welche der beiden Distributionsstrategien Erfolg
verspricht, hängt von den konkreten Umständen ab (bspw. Wettbewerbsumfeld).

Avon bspw. ließ seine Kosmetikprodukte lange Zeit ausschließlich von Beraterinnen verkaufen (mittlerweile wurde auch ein Online-Shop eingerichtet). Ein solcher **Single Channel-Vertrieb** ist erfolgreich, wenn der gewählte Kanal eine klar abgegrenzte Zielgruppe erschließt und ein „Fit" zwischen dieser Zielgruppe und dem Vertriebsorgan bzw. dem Vertriebsmitarbeiter besteht (hier: schönheitsbewusste, moderne Frauen). Auf einen „Fit" baut auch die *Dr. Theiss Naturwaren GmbH*, wenn sie ihre Heilmittel-, Pflege- und Kosmetikprodukte ausschließlich in Apotheken anbietet und so mit sehr geringen Streuverlusten die Zielgruppe der Gesundheitsbewussten erreicht. Nachteilig ist die Abhängigkeit von einem einzigen Vertriebskanal.

> **Fit:** Zueinanderpassen (z.B. Zielgruppe und Vertriebsorgan)

Waren des täglichen Bedarfs (z.B. Butter, Kleidung und viele andere Produkte) müssen überall erhältlich sein. Dies lässt sich durch einen einzigen Kanal kaum erreichen, weshalb bspw. *Milka* seine Produkte in allen Vertriebsformen des Einzelhandels anbietet (z.B. Discounter, Verbrauchermärkte, Tankstellen). **Multi Channel-Vertrieb** ermöglicht es auch, verschiedene Marktsegmente zielgruppengerecht anzusprechen. So erreicht man im Flagship-Store die besonders markentreuen Käufer, im Kaufhaus die Käufer anderer Marken und im Online-Shop die Preisbewussten und/oder Convenience-Orientierten. Erfolgreich praktiziert z.B. der dänische Schuhfabrikant *Ecco* einen Mehrkanalvertrieb. Seine Erzeugnisse sind in *Ecco*-Shops (nur diese Marke), *Ecco*-Points (normale Schuhgeschäfte mit vielen Marken), Factory Outlet Centern (FOC) und im E-Shop erhältlich. Nachteilig ist, dass mehrere Vertriebskanäle schwerer zu steuern sind als ein einzelner (z.B. Abstimmungsbedarf bei kommunikationspolitischen Maßnahmen, Transaktionskosten).

> **FOC:** Vertriebsstätte, in der mehrere Hersteller ihre Markenartikel (oft überschüssige Produkte, Auslaufmodelle) verbilligt anbieten

9.3 Direkter Vertrieb: Wie man seine Kunden unmittelbar erreichen kann

Erscheinungsformen

Beim direkten Vertrieb schaltet der Anbieter keine Absatzmittler ein, sondern übernimmt den Vertrieb selbst. Abb. 3 zeigt die verschiedenen Optionen.

Am stärksten an das Unternehmen gebunden sind **interne Vertriebsträger**, die Kunden zumeist in einer Verkaufsabteilung bzw. -niederlassung betreuen. Verkaufsniederlassungen treten in verschiedenen Spielarten auf, bspw. als Filialen (z.B. *Esprit)* oder als Factory Outlets (z.B. *Hugo Boss).* Letztere liegen zumeist nahe der Produktionsstätte abseits großer Städte und unterscheiden sich von Factory Outlet Centern dadurch, dass sie von einem Hersteller allein in Eigenregie betrieben werden. Sie verdanken ihre Attraktivität der Erwartung vieler Kunden, dort Markenprodukte besonders preisgünstig erwerben zu können. Andere Vertriebsmitarbeiter betreuen ihre Kunden im Außendienst (z.B. in der Pharmabranche), wobei wichtige

> **Key Account Management:** Exklusive Betreuung von Schlüsselkunden durch persönliche Ansprechpartner

Kunden besonders intensive Zuwendung erfahren (Key Account Management). Manche Anbieter verkaufen ihre Waren auch auf kreativen Wegen. Neben dem oftmals als Belästigung empfundenen Haustürgeschäft und der ominösen Kaffeefahrt haben sich auch weniger aufdringliche Vertriebsformen etabliert: etwa Verkaufsfahrer (z.b. *Eismann, Bofrost)*, Home-Party (z.b. *Tupperware)* oder Clubsystem (z.b. *Bertelsmann*-Buchclub).

Interne Vertriebsträger	Absatzhelfer	Marktveranstaltungen	Medialer Verkauf
Verkaufsabteilung	Handelsvertreter	Tages-, Wochen-, Jahrmarkt	Katalogverkauf
Verkaufsniederlassung	Makler	Großmarkt	Telefonverkauf
Außendienst	Kommissionär	Messe, Ausstellung	Tele-Shopping
	Spediteur	Waren- und Einkaufsbörse	E-Commerce
	Organisation zur Retrodistribution	Auktion	M-Commerce
		Einschreibung	

Abb. 3: Organe und Instrumente des direkten Vertriebs

Das Unternehmen kann auch rechtlich selbständige **Absatzhelfer** vertraglich binden, die Geschäfte vermitteln (Makler) bzw. die Ware auf Rechnung des Herstellers im eigenen Namen (Kommissionär) oder im Namen des Herstellers (Handelsvertreter) vertreiben. Im Gegensatz zu internen Vertriebsmitarbeitern erhalten Absatzhelfer kein Grundgehalt, sondern werden erfolgsabhängig bezahlt. Dies mindert die Fixkosten und damit das finanzielle Risiko des Herstellers. Vertreiben Absatzhelfer auch konkurrierende Produkte, sind Interessenskonflikte unausweichlich. Andere Absatzhelfer übernehmen rein logistische Funktionen (z.B. Spediteur, Organe der Retrodistribution).

Marktveranstaltungen, wie das *Münchner Oktoberfest* oder der *Nürnberger Christkindlmarkt*, sind räumlich und zeitlich begrenzt. Aufgrund der zunehmenden Event-Orientierung der Verbraucher sowie des Trends zum Außer-Haus-Verzehr hat diese Vertriebsform in der jüngeren Vergangenheit eine Renaissance erfahren und ist insb. für die Lebensmittelindustrie und das Ernährungshandwerk bedeutsam geworden. Weiterhin finden auf Märkten kleinere Anbieter, wie (Öko)-Bauern, ihre Absatznische, da sie aufgrund geringer Produktionsmengen für die großen Handelsunternehmen nicht als Lieferanten in Frage kommen. Auch Messen und Ausstellungen können als Vertriebsweg genutzt werden; primär aber dienen sie dazu, Verbraucher über (neue) Produkte zu informieren.

Catalogue Showroom: Verkaufsstätte, in der Kunden Produkte bestellen bzw. kaufen können, die sie vorher im Katalog angeschaut haben

Schließlich ermöglichen es die verschiedenen **Medien**, Produkte ohne persönlichen Kontakt zu Absatzhelfern oder Verkäufern im Handel abzusetzen. Hierzu zählt zunächst der Katalogvertrieb. Um es dem Kunden dennoch zu ermöglichen, die Ware in Augenschein zu nehmen, richten manche Anbieter zusätzlich Catalogue Showrooms ein. Im Falle von *IKEA* sind diese ein weit wichtigerer Absatzkanal als der reine Katalogversand. Hinzu kommt der Telefonverkauf, der jedoch aufgrund zahlreicher unseriöser Anbieter als wenig vertrauenswürdig gilt und kaum für erklärungsbedürftige Produkte bzw. nur für die Anbahnungsphase geeignet ist. Der zunehmend erfolgreiche Absatzweg Tele-Shopping hingegen bietet den Vorteil, das Produkt im Gebrauch zu zeigen und somit (scheinbar) innovative Problemlösungen erklären und verkaufen zu können. Außerdem gelingt es den Verkaufssendern, mit Hilfe von Beeinflussungstechniken (z.b. Zuschalten von zufriedenen Kunden) bei einigen Zuschauern einen Kaufrausch ähnlichen Zustand auszulösen. Zu dem rasant wachsenden Distributions- und Kommunikationskanal Internet finden sich in den Online-Begleitmaterialien zu diesem Buch unter dem Stichwort „E-Commerce" ausführliche Informationen. In den letzten Jahren entwickelt sich auch der Mobilfunk für einige Anbieter zum relevanten Absatzweg. So werden nicht mehr nur geringwertige (z.b. Klingeltöne, Bilder), sondern auch hochwertige Leistungen (z.b. Finanzdienstleistungen, Tickets und Informationsdienstleistungen) per M(obile)-Commerce verkauft.

Stellenwert des persönlichen Kontakts

Aufgrund des allgemeinen Kostendrucks ersetzen immer mehr Unternehmen den **persönlichen Ansprechpartner bzw. Kundenbetreuer** durch eine anonyme Servicenummer, bei der der Anrufer durch ein Telefonmenü geleitet wird, um schließlich mit einem Callcenter-Agenten verbunden zu werden. Dies senkt die Kosten und ermöglicht es, „rund um die Uhr" erreichbar zu sein. Vielfach hat sich jedoch gezeigt, dass der persönliche Kontakt ein unersetzlicher Erfolgsfaktor ist. Deshalb stellt bspw. *1&1*, ein Anbieter von Webhosting-Dienstleistungen, den Kunden in bestimmten Tarifgruppen seit 2007 einen persönlichen Ansprechpartner zur Seite (mit E-Mail-Adresse und Telefon-Durchwahl).

Erfolgsfaktor Kundenkontakt	
85% der befragten vermögenden Privatkunden einer deutschen Großbank gaben an, sich einen persönlichen Ansprechpartner zu wünschen. Allerdings wollten nur 28%, dass dieser regelmäßig Kontakt zu ihnen aufnimmt, während sich 72% für eine anlassbezogene Kontaktaufnahme aussprachen. Der persönliche Berater sollte sie nur dann anrufen bzw. eine E-Mail senden, wenn es einen aktuellen Grund dafür gibt (z.B. hohe Liquidität auf dem Girokonto, freiwerdende Kapitalbeträge). Derartige Kontakte erhöhen die Kundenzufriedenheit, wie die Grafik zeigt.	Durchschnittliche Zufriedenheit mit der Bank +2,3 +1,1 Kunden **mit** Kontakt zum persönlichen Berater — Kunden **ohne** Kontakt zum persönlichen Berater +3 = sehr zufrieden, -3 = sehr unzufrieden

Quelle: eigene Erhebung

9.4 Indirekter Vertrieb: Welche Absatzmittler zur Verfügung stehen

Erscheinungsformen von Absatzmittlern

Beim indirekten Vertrieb hat der Hersteller keinen unmittelbaren Kundenkontakt. Diesen stellen unternehmensfremde, rechtlich und wirtschaftlich selbständige Absatzmittler her. **Großhändler** sammeln die Ware mehrerer Hersteller ähnlicher (Spezialgroßhändler) oder verschiedener Produktkategorien (Sortimentsgroßhändler). Spezialgroßhändler beliefern Fachgeschäfte des Einzelhandels oder Sortimentsgroßhändler, die wiederum die gekauften Waren zu einem Sortiment bündeln und weiter an verschiedene Einzelhändler vertreiben. Dabei hat sich neben dem klassischen Zustellgroßhandel seit den sechziger Jahren der Selbstbedienungsgroßhandel etabliert. Dessen Erfolg beruht darauf, das Prinzip der Selbstbedienung auf den Handel zu übertragen: Die Kunden, i.d.R. Einzelhändler, aber auch andere Gewerbetreibende, wählen die Ware wie in einem Supermarkt aus, bezahlen sie sofort und transportieren sie selbst ab (Cash & Carry). Weltweiter Marktführer im Selbstbedienungsgroßhandel ist *METRO Cash & Carry* mit 29,9 Mrd. € Jahresumsatz.

Konzentrationsgrad: Anteil der Marktführer (z.B. Top 10) am Gesamtumsatz einer Branche (deutscher LEH 2005 = 86,2%)

Die von den Großhändlern belieferten **Einzelhändler** stehen im direkten Kontakt zum Endabnehmer. Allerdings sind der Konzentrationsgrad und damit die Nachfragemacht insb. des Lebensmitteleinzelhandels (LEH) mittlerweile derart hoch, dass viele große Hersteller den Einzelhandel direkt beliefern. Aufgrund von Verkaufsfläche, Sortimentsbreite (Anzahl unterschiedlicher Produktarten) und Sortimentstiefe (Anzahl verschiedener Varianten bzw. Marken eines Produkts) lässt sich der Einzelhandel wie in Abb. 4 dargestellt kategorisieren.

Neben diesen Formen des stationären Einzelhandels gibt es noch den **Versandhandel** (auch: Distanzhandel). Dessen Sortiment kann ebenfalls verschieden breit und tief sein: Während bspw. *Quelle* ein breites Warenangebot hat (Kleidung, Haushaltgeräte, Spielzeug, Multimedia etc.), bieten Spezialversender ein schmales, aber tiefes Sortiment an (z.B. der *Westfalia Versand* mit Werkzeug). Der zentrale Vorteil des Versandhandels besteht darin, dass ihm keine Kosten für die Etablierung von Filialen entstehen (z.B. Ladenmiete, Verkaufspersonal). Nachteilig ist hingegen, dass die Kunden die Ware nicht betrachten können, sodass einige dort gar nicht erst einkaufen bzw. der Anteil der Retouren hoch ist.

Convenience: Wunsch nach Bequemlichkeit (flexible Ladenöffnungszeiten etc.)

Umsatzzuwächse konnten in den letzten Jahren v.a. großflächige (Verbrauchermärkte) und preisaggressive Betriebsformen (Discounter) sowie Versandhändler verzeichnen, während der traditionelle Handel (Supermärkte, Fach- und Nachbarschaftsgeschäfte) stetige Marktanteilsverluste hinnehmen musste. Sonderformen, wie Automatenverkauf, Internet-Shops, Tankstellen-Shops oder Teleshopping, profitieren hingegen vom zunehmenden Bedürfnis vieler Kunden nach Convenience (z.B. unbeschränkte zeitliche Verfügbarkeit).

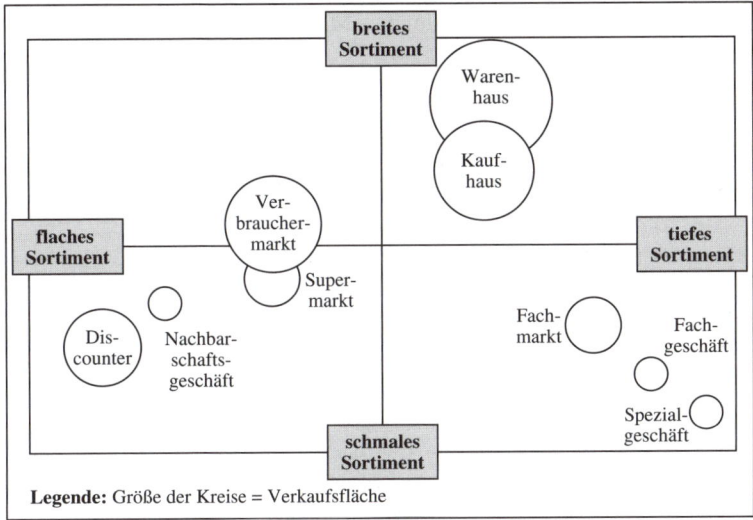

Abb. 4: Betriebsformen des stationären Einzelhandels

Distributionsdichte

Hat sich ein Hersteller für einen (oder mehrere) indirekte Absatzkanäle entschieden, stellt sich die Frage nach der Zahl der Partner pro Kanal. Die Antwort hängt von den Zielen des Anbieters ab. Bei Waren des täglichen Bedarfs, aber auch bei Pharmazieprodukten oder bei Elektronikartikeln, ist Ubiquität der entscheidende Erfolgsfaktor: Die Angebote sollten überall erhältlich sein. Um dieses Ziel zu erreichen, sind möglichst viele Vertriebspartner zu wählen (intensiver Vertrieb). *Sachsenmilch* etwa wird daher im Vertriebsgebiet von nahezu allen Super- und Verbrauchermärkten angeboten. Ein intensiver Vertrieb ist nicht mit einem Multi-Channel-Absatz zu verwechseln, bei dem mehrere verschiedene Vertriebskanäle gewählt werden. Zwar fördern beide den flächendeckenden Verkauf (horizontale Marktabdeckung), aber nur letzterer erreicht zudem verschiedene Marktsegmente (vertikale Marktabdeckung).

Intensiver Vertrieb: Keine Beschränkung der belieferten Händler

Anbieter **erklärungsbedürftiger** und höherwertiger Güter (z.B. Uhren, Möbel, Hifi-Anlagen, Computer) entscheiden sich zumeist für den selektiven Vertrieb. Hierbei werden nur solche Händler als Absatzmittler akzeptiert, die bestimmten Standards genügen (z.B. geschultes Personal, Ladenausstattung, Image). Manchmal allerdings ist der selektive Vertrieb eine erzwungene Strategie: Wenn es den Herstellern nicht gelingt, von allen Handelsketten gelistet zu werden. Den exklusiven Vertrieb wählen im Regelfall

Selektiver Vertrieb: Konzentration auf solche Absatzmittler, die bestimmte Kriterien erfüllen

Hersteller besonders hochwertiger, außergewöhnlicher Ware (z.B. Luxusgüter). Neben den hier noch höher anzusetzenden Qualitätsstandards setzen sie auf **Scarcity** als Erfolgsfaktor: (künstliche) räumliche Verknappung des Angebots. Im Extremfall räumt der Hersteller seinem Vertriebspartner ein Alleinvertriebsrecht für ein bestimmtes Marktareal ein (Gebietsrecht).

Exklusiver Vertrieb: Wie Bang&Olufsen Vertriebspartner auswählt

Bang&Olufsen produzieren hochwertige Audio- und Videogeräte in edlem Design. Jeden Vertriebspartner zu akzeptieren würde das Markenbild zerstören. Der dänische Anbieter setzt daher seit 2003 auf sog. B1-Shops, die strenge Vorgaben zu erfüllen haben: Sie müssen mindestens über 120 qm Verkaufsfläche verfügen, das hochwertige Ladenkonzept übernehmen (z.B. Parkettböden, Holzvertäfelung), mindestens 2% ihres Umsatzes für zentral vorgegebene Marketingmaßnahmen ausgeben, One-to-One-Marketing betreiben (z.B. Hausbesuche) sowie das Servicekonzept des Herstellers übernehmen (z.B. Lieferung, Einbau, mobiler Reparaturservice). Unmittelbar nach Einführung des B1-Programms brach der Absatz zwar ein, weil die strengen Vorgaben einige Einzelhändler abschreckten. Seitdem aber steigen Umsatz und Umsatzrendite stetig.

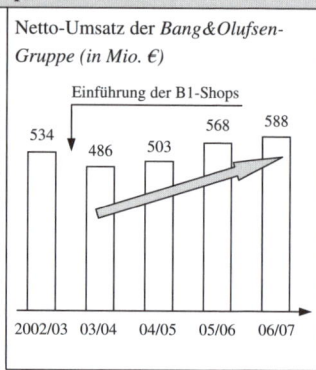

Netto-Umsatz der *Bang&Olufsen-Gruppe (in Mio. €)*

Einführung der B1-Shops

534 486 503 568 588

2002/03 03/04 04/05 05/06 06/07

Quelle: in Anlehnung an Mende (2006, S.36ff.); www.bang-olufsen.com.

9.5 Konflikte im Absatzkanal: Wie man sie löst oder umgeht

Handel als Gatekeeper

Die Hersteller-/Handels-Beziehung ist konflikthaft; denn beide verfolgen mitunter divergierende Ziele. So möchte jeder Anbieter seine gesamte Produktpalette auf dem besten Regalplatz präsentieren, Konkurrenzprodukte ausschalten, sein Markenimage durchsetzen und dem Absatzmittler eine möglichst geringe Handelsspanne einräumen. Der Handel wiederum kann sich nicht an einzelnen Produkten orientieren, sondern muss sein Sortiment optimieren. Folglich bevorzugt er Produkte, die sich gut verkaufen (= Schnelldreher) oder zumindest das Sortiment abrunden (unabhängig, von welchem Anbieter sie stammen). Weiterhin möchte er das positive Image seiner Handelsmarken fördern und die Handelsspanne maximieren.

Als die Handelsketten weniger Marktmacht besaßen als heute, konnten die Hersteller ihre Ziele leichter durchsetzen. Mittlerweile hat sich jedoch der Handel vom Erfüllungsgehilfen zum **Gatekeeper** entwickelt, der über den Zugang des Herstellers zum Kunden wacht. Das ist besonders problematisch, wenn Händler wie *H&M* oder *C&A* Rückwärtsintegration betreiben (z.B. durch Übernahme von oder Beteiligung an Herstellerunternehmen) und eigene Produktionskompetenz aufbauen.

Strategien zur Konfliktlösung

Der Direktvertrieb als Problemvermeidungsstrategie ist nur in einigen Branchen (z.b. Fertighäuser) eine vollwertige Alternative zum indirekten Vertrieb. Wichtige Funktionen der Absatzmittler (z.b. Ubiquität, Sortimentsbildung) kann er nicht ersetzen. Es bleiben dem Hersteller **zwei Möglichkeiten** (vgl. Abb. 5).

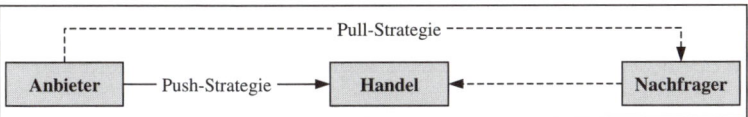

Abb. 5: Möglichkeiten des Herstellers zur Durchsetzung seiner Interessen

Bei der **Pull-Strategie** betreibt der Hersteller intensive Endverbraucherwerbung, um einen Nachfragesog auszulösen. Auf diese Weise „zieht" er die Produkte aus dem Handel (to pull = ziehen). Dies erfordert jedoch den Aufbau einer Marke, die so stark ist, dass die Verbraucher im Zweifelsfall die Marke in einem anderen Geschäft kaufen, wenn ein Händler sie nicht listet bzw. kurzfristig nicht verfügbar hat. Die mit der Pull-Strategie verbundenen finanziellen Aufwendungen können sich jedoch kleinere Unternehmen nicht leisten, und größere lediglich für ausgewählte Premiummarken (z.B. *Ariel, Meister Proper, Mon Chéri*). Je größer die Handelsmacht wird, umso weniger verspricht diese Strategie Erfolg.

Handelsmacht: Beruht auf Nachfragekonzentration und Informationsvorsprung (z.B. Scannerdaten)

Daher versuchen die meisten Hersteller mit Hilfe der **Push-Strategie** (auch: Vertikales Marketing), ihre Waren in die Regale zu „drücken" (to push = drücken). Dabei wird der Handel als Kunde betrachtet und bspw. mit folgenden Argumenten überzeugt, die eigenen Produkte zu listen: Man bewirbt diese Produkte in Medien, die Entscheidungsträger des Handels lesen (z.B. *LebensmittelZeitung*), schult das Handelspersonal, bietet verkaufsfördernde Maßnahmen an (z.B. Verkostungsaktion am Point-of-Sale), optimiert die Produktverpackung entsprechend den Erfordernissen des Handels und pflegt eine individuelle Beziehung zu den Einkäufern (Key Account Management). Viele dieser ursprünglich präferenzbildenden Leistungen setzt der Handel mittlerweile jedoch als selbstverständlich voraus: z.B. Regalpflege, Naturalrabatte, kooperative Werbung, Werbekostenzuschüsse und oft auch Listungsgebühren. Dies wird als Nebenleistungswettbewerb bezeichnet.

Werbekostenzuschuss (WKZ): Finanzielle Leistung der Hersteller, die der Handel vorgeblich für Werbung ausgibt, oft aber pauschal einfordert

Da diese Form von Push-Strategie erhebliche Kosten verursacht und die Wirkung oftmals nachlässt (Gewöhnungseffekt) bzw. zweifelhaft ist, wird zunehmend auch der stärker partnerschaftliche Ansatz propagiert. Hierzu müssen Hersteller und Handel sich auf ihre gemeinsamen Ziele besinnen. Diese lassen sich durch **zwei Kooperationsstrategien** erreichen.

Der **Category Management-Ansatz** geht davon aus, dass jedes Produkt (z.B. Haarspülung) innerhalb einer Warenkategorie (z.B. Haarpflegemittel)

Category ein spezifisches Bedürfnis sowohl der Kunden (z.B. Mittel gegen Haarsp-
Captain: liss, für tägliche Wäsche, für Kopf und Körper) als auch der Händler erfüllt
Hersteller, (z.B. Lockvogel, Ertragsbringer, Frequenzbringer, Verbundverkauf). Her-
der dem
Handel hilft, steller und Handel versuchen nun gemeinsam, jede Warengruppe so zu
die Produkte führen, dass den jeweiligen Bedürfnissen möglichst optimal entsprochen
einer Waren- wird. Hierfür kann der Anbieter aufgrund seiner Produktkompetenz einen
kategorie wichtigen Beitrag leisten: als Category Captain (vgl. Abb. 6).
auszuwäh-
len und im
Regal zu
positionieren

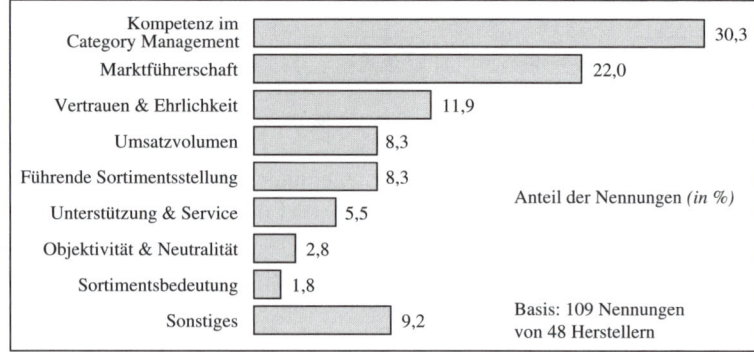

Abb. 6: Auswahlkriterien für einen Category Captain aus Sicht der Hersteller
Quelle: eigene Erhebung.

Ziel des **Efficient Consumer Response-Ansatzes** ist es, den Waren- und In-
formationsfluss von der Produktionsstätte bis zum Endverbraucher zu optimieren. Zusammen mit der effizienten Regalbestückung (Aufgabe des
Category Management), Neuproduktentwicklung (z.B. gemeinsamer Store-
test) und Verkaufsförderung (z.B. auf bestimmte Filialen abgestimmt) zählt
die zeitlich optimale Nachbestellung verkaufter Ware zu den Erfolgsfaktoren. Zu zeitige Nachbestellung sorgt für übervolle Lager, diverse Platz-
und Koordinationsprobleme, sowie die ineffiziente Bindung finanzieller
Ressourcen. Wird zu spät nachbestellt, dann ist die Ware im Regal nicht

Bedenken verfügbar. Als Folge dieses Out of Stock-Problems wandern Kunden mög-
gegenüber licherweise ab. Erfolgreiche Anbieter betreiben daher elektronische Wa-
RFID: Angst renwirtschaftssysteme (WWS), die über Schnittstellen mit den WWS des
von Verbrau- Handels gekoppelt sind und z.B. eine automatische Nachbestellung ermög-
cherschüt-
zern, dass die lichen. RFID (Radio Frequence Identification) soll den dazu erforderlichen
Ware auch Datenaustausch revolutionieren. Dabei wird an der Ware ein Transponder
nach dem befestigt, der ein Funksignal abgibt, wodurch sich das Produkt permanent
Kauf weiter- identifizieren und lokalisieren lässt. Auf dem Transponder sind auch Pro-
verfolgt wird
("Gläserner dukt- und Preisinformationen gespeichert, wodurch sich „auf Knopfdruck",
Konsu- d.h. unverzüglich und nahezu kostenlos, Preise anpassen lassen (z.B. im
ment") Rahmen einer Verkaufsförderungsmaßnahme).

Quasi-Filialisierung und Vorwärtsintegration zur Umgehung des Konflikts

Zwar gehört es zum Wesen von Kooperationsstrategien, gemeinsame Ziele zu verfolgen. Aber häufig bleiben grundlegende Konflikte bestehen. So fällt es manchen Anbietern (z.b. *Mexx*) schwer, ihr Produkt als Premiummarke zu positionieren, weil die großen Handelsketten diese Funktion bereits den Marktführern in dem Segment (z.B. *BOSS*) vorbehalten haben. Nicht selten müssen Hersteller (z.b. *Levi's* in den neunziger Jahren) machtlos dabei zusehen, wie ihr Markenimage durch einen Preiskampf zwischen Händlern schweren Schaden nimmt. Um ihren Handlungsspielraum zu vergrößern, gründen einige Hersteller deshalb **Quasi-Filialen.** Diese verantworten zwar formal-juristisch ihr Geschäftsergebnis eigenständig, sind aber vertraglich und wirtschaftlich vom Hersteller abhängig:

- Bei der u.a. im Automobilbereich üblichen **Vertragshändlerschaft** schreibt der Hersteller seinen Vertriebspartnern Mindestabnahmemengen vor und verpflichtet sie zu Reparatur- und Nachkauf-Serviceleistungen. Vertragshändler müssen das Markenzeichen des Herstellers verwenden und strenge Corporate Design-Vorschriften erfüllen, können allerdings im Gegensatz zu Franchising-Nehmern den eigenen Firmennamen bewerben (z.B. *Boschservice Missbach).*

   Corporate Design: Einheitliches Erscheinungsbild von Produkten (z.B. Verpackung), Kommunikationsmitteln (z.B. Geschäftspapier) etc.

- **Franchising** ist die engste Form der vertraglichen Bindung, bei welcher der Franchise-Geber (z.B. *Kamps, McDonald's, TUI Urlaubscenter, OBI, Sunpoint)* den Franchise-Nehmer streng kontrolliert. Er überlässt dem Vertriebspartner gegen eine Franchise-Gebühr seine gesamte Marketing-Konzeption, welche dieser ohne Änderung übernehmen muss (z.B. Produktpalette, Büro-Ausstattung, Aussehen der Speisekarte). Aus Kundensicht entspricht der Franchise-Nehmer daher einer Filiale. Die strikte Standardisierung senkt die Vertriebskosten und bietet dem Franchise-Nehmer die Gewissheit, seine Ressourcen für ein erprobtes und erfolgreiches Geschäftskonzept einzusetzen. Den Kunden bietet es den Vorteil (manchmal auch Nachteil), überall dasselbe Produkt und denselben Service zu erhalten. 2006 wuchs die Franchising-Branche in Deutschland um 10,2% und erzielt mittlerweile einen Umsatz von 48 Mrd. €.

Noch stärker ist der Einfluss auf den Vertriebspartner, wenn sich der Hersteller finanziell an ihm beteiligt (Equity Store) oder ihn ganz kauft (Übernahme). Beispiele für diese als **Vorwärtsintegration** bezeichnete Strategie sind die Hersteller *Benetton* und *Zara.* Weil viele Handelsketten gleichzeitig rückwärts integrieren, d.h. selbst produzieren bzw. Hersteller aufkaufen (z.B. *H&M, IKEA),* verschwimmen die Grenzen zwischen Hersteller und Händler immer mehr.

9.6 Distributionslogistik: Wie man Warenströme steuert

Zwei grundlegende Entscheidungen

Die Distributionslogistik beschäftigt sich mit dem physischen Transport der Ware zum Kunden. Dabei kann es sich um Händler (indirekter Vertrieb) bzw. Endverbraucher handeln (direkter Vertrieb). Aus Marketing-Sicht sind hierbei zwei grundlegende Entscheidungen zu treffen: Wie ist die **Lagerhaltung** organisiert? Und **wer transportiert** die Ware mit welchem Verkehrsmittel? Mit weiterführenden Entscheidungen, etwa über Verpackung, Losgrößen, Grad der Lieferfähigkeit und Auftragsdisposition, beschäftigen sich andere Unternehmensfunktionen eingehender (Produktionsplanung und -steuerung, Logistik).

Lagerhaltung

Trade-off: Zielkonflikt, hier zwischen maximaler Lieferfähigkeit (dezentrales Lager) und geringen Lagerhaltungskosten (zentrales Lager)

Prinzipiell kann der Anbieter zentrale (ein Lager an zentraler Stelle) oder dezentrale Lagerhaltung betreiben (viele kleine Lager in Kundennähe). Zwischen beiden Möglichkeiten besteht ein Trade-off. Für eine **zentrale Lösung** spricht der Vorteil niedriger Lagerhaltungskosten. Sie empfiehlt sich v.a. für Hersteller, die nur eine Produktionsstätte unterhalten (z.B. kleine Mineralbrunnen, Brauereien), teure Produkte vertreiben (z.B. Luxus-Uhren), wenige Großkunden beliefern (z.B. Zulieferer für Chipwerk) und wenige große Bestellungen bearbeiten (z.B. Maschinenbau). Zudem müssen die Kunden längere Lieferzeiten in Kauf nehmen (z.B. bei Möbeln und Pkws). Sind hingegen umfassende Lieferfähigkeit und kurze Lieferzeit die wesentlichen Erfolgsfaktoren (z.B. Medikamente, Feinkost), dann sollte trotz höherer Lagerhaltungskosten eine **dezentrale Lösung** den Vorzug erhalten. Dies gilt auch, wenn der Hersteller viele verteilte Produktionsstätten betreibt (z.B. Fastfood-Kette), zahlreiche kleine Bestellungen bearbeitet (z.B. Online-Buchhandel) und niedrigpreisige Produkte verkauft (z.B. Lebensmittel).

Transport

Welches Transportmittel das geeignete ist, hängt nicht nur von den Kosten, sondern auch von der **Flexibilität** ab. So ist der Schienenweg zwar auf bestimmten Strecken kostengünstiger als der Lkw. Aber zum einen bindet sich der Anbieter dadurch an Fahrpläne; zum anderen muss die Ware vom Lager zum Zug und am Zielort vom Zug zum Händler transportiert werden. Das dadurch erforderliche Umladen ist einer der Gründe, warum der Güterverkehr auf der Straße trotz Staugefahr und schlechterer Ökobilanz weiter wächst.

Häufig überlassen Hersteller den Transport zum Kunden einer Fremdfirma (z.B. *IKEA)*. Diese als **Outsourcing** bezeichnete Strategie, bei der Leistungen von unternehmensexternen Anbietern bezogen werden, bietet verschiedene Vorteile. So besitzen Logistikfirmen spezielles Know-how sowie Erfahrung und können daher die Leistung preisgünstiger erbringen. Außerdem muss der Hersteller keine Finanzbindung eingehen. Als problematisch erweist sich jedoch, wenn die Fremdfirma nicht die Servicestandards des Herstellers erfüllt (z.b. Freundlichkeit, Pünktlichkeit). In diesem Fall gefährdet Outsourcing die Kundenbeziehung.

9.7 Neuere Tendenzen in Wissenschaft und Praxis

Long Tail: Damit ist die im E-Commerce angewandte Strategie gemeint, auch selten verkaufte Produkte („Langsamdreher") in größerem Umfang in das Sortiment aufzunehmen, da dort die Verkaufskosten mit steigender Produktzahl kaum steigen. Im klassischen Handel sind bspw. 20% aller DVDs nicht verfügbar (z.b. Independent-Filme). Diese Nachfrage bündelt *Netflix*, ein Anbieter von Leihfilmen, bei dem DVDs online bestellt und mit der Post versandt sowie retourniert werden. Noch mehr Potenzial bietet der Büchermarkt, auf dem 57% aller Titel durch traditionelle Vertriebskanäle nicht zugänglich sind.

Nachkaufservice-Allianz: An Produktion und Vertrieb von sog. Multivendor-Produkten sind mehrere Partner beteiligt, z.b. Handy-Hersteller (*Nokia*) und Netzanbieter (*O₂*), TV-Gerätehersteller (*Sony*) und Kabelanbieter (*Kabel Deutschland*), Hard- (*Fujitsu Siemens*) und Softwareproduzent (*Microsoft*). Der Kunde hat in der Regel nur mit einem Anbieter Kontakt. Ist dessen Service in der Nachkaufphase mangelhaft, beschädigt dies auch das Image des Erstanbieters, selbst wenn dieser keine Schuld trägt. Erstanbieter sollten daher vor dem Verkaufsprozess mit dem Zweitanbieter vertragliche Vereinbarungen zum Nachkaufservice treffen. Der Service ist „aus einer Hand" zu erbringen, sodass der Kunde weiß, an wen er sich im Falle eines Servicefehlers wenden muss.

Grenzgänger-Phänomen: Für viele Kunden sind die Grenzen zwischen Hersteller und Handel nicht mehr wahrnehmbar. So unterscheidet sich ein vorwärtsintegrierter Hersteller (*Zara*) aus Kundensicht nicht von einem rückwärtsintegrierten Händler (*H&M*). Die Wachstumsraten solcher vertikal integrierten Unternehmen übersteigen die des klassischen Einzelhandels signifikant.

Überprüfen Sie Ihr Wissen

Wiederholende und weiterführende Fragen finden Sie in den Begleitmaterialien im Internet unter **www.erfolgsfaktoren-marketing.de**

Grundlegende Literatur

Specht, G.; Fritz, W.: Distributionsmanagement, 4.Aufl., Stuttgart 2005.

Ahlert, D.: Distributionspolitik, 4.Aufl., Stuttgart 2004.
Olbrich, R.: Instrumente des Marketing. Distributionspolitik, Hagen 2006.
Pepels, W.: Einführung in das Distributionsmanagement, 2. Aufl., München 2001.

Weiterführende Literatur

Allred, C.R.; Money, R.B.: Customer Satisfaction with the Performance of Multivendor, After-Sales Service Alliances, in: Mohr, J.; Fisher, R. (Eds.): Enhancing Knowledge Development in Marketing, Chicago 2007.
Zentes, J.: Logistische Distributionspolitik in Multi-Channel-Systemen, in: Wirtz, B.W. (Hrsg.): Handbuch Multi-Channel-Marketing, Wiesbaden 2007, S.451-472.

10 Präsentation des Angebots

10.1 Reason Why: Warum der Handel sein Angebot inszenieren muss . . . 144
10.2 Standortwahl: Wo es sich lohnt, eine Filiale zu eröffnen 145
10.3 Sortimentsgestaltung: Wie man ein attraktives Leistungsangebot
     schafft 148
10.4 Ladengestaltung: Wie das Sortiment angeordnet wird 150
10.5 Verkaufsgespräch: Wie man Kunden überzeugt 153
10.6 Erlebnisqualität: Wie Einkaufen zum Ereignis wird 155
10.7 Neuere Tendenzen in Wissenschaft und Praxis 157

Gespannt schieben die Kunden im Supermarkt ihren Wagen zum *Tchibo*-Regal. Was wird wohl diese Woche angeboten? Früher ausschließlich als Kaffeeröster bekannt („Oh, frische Bohnen"), lockt das Hamburger Unternehmen heute seine Kunden v.a. mit wöchentlich wechselnden Non-Food-Artikeln. Das kleine Sortiment von ca. 30 Produkten steht jeweils unter einem Motto (z.b. Backen, Alles fürs Kind). Dass es *Tchibo* so gelingt, sein Angebot als Erlebniswelt zu inszenieren, hat mehrere Gründe. Zunächst aktiviert kaum etwas den Menschen stärker als Neugier. Hinzu kommt das Phänomen der sog. Scarcity: Die nur für eine Woche und ausschließlich bei *Tchibo* erhältlichen Produkte erscheinen den Kunden aufgrund ihrer – künstlich geschaffenen – Knappheit als besonders attraktiv. Wer sie haben möchte, muss schnell zugreifen. Die Aktionsthemen wiederum bringen die Käufer auf Ideen (z.b. Innovationen für die Küche) und lösen Verbundeffekte aus. Mancher kauft dann nicht nur eine neue Backform, sondern gleich die ganze Grundausstattung. Zudem ermöglicht das *Tchibo*-Regal sog. One-Stop-Shopping. Überzeugend wirkt auch das flache Sortiment, das mit einem Qualitätsversprechen verbunden ist. Der Kunde muss nicht mühsam aus einem übergroßen Angebot auswählen. Diese Suchkosten hat *Tchibo* für ihn übernommen und ein geeignetes Produkt mit dem *TCM*-Qualitätssiegel *(Tchibo Certified Merchandise)* versehen. Die fehlende Vergleichsmöglichkeit hat noch einen positiven Effekt: Die i.d.R. mittelpreisigen Angebote erscheinen den Käufern als Schnäppchen. Letztlich profitiert *Tchibo* auch von den hohen Dekkungsbeiträgen der Produkte, die Auftragshersteller in großer Zahl exklusiv für das Unternehmen produzieren.

One-Stop-Shopping: Einkauf aller Waren, die man benötigt, an einem Ort

10.1   Reason Why: Warum der Handel sein Angebot inszenieren muss

Evolution von Handelsunternehmen

Wheel of Retailing: Immer mehr Menschen leben in Städten. Der Lebensstandard steigt, und der Außer-Haus-Verzehr boomt. Der Handel reagiert auf diesen Wandel, indem er ständig neue Betriebsformen erprobt (z.b. Fast Food-Ketten) und etabliert Betriebsformen verändert (z.b. *Tchibo*-Filialen). Dieser als „Wheel of Retailing" bezeichnete **Anpassungsprozess** verläuft klassischerweise in zwei Phasen (vgl. Abb. 1):

> *Wheel of Retailing: Gesetz von der Dynamik der Betriebsformen des Handels*

Entstehung und Aufstieg: Neue Anbieter drängen mit einem preisgünstigen, häufig schmalen und flachen Sortiment in den Markt. Ihren Preisvorteil erlangen sie dadurch, dass sie sich auf Waren mit hoher Umschlagsfrequenz beschränken, eingeschränkten Kundenservice bieten und große Mengen preiswert einkaufen (heute: z.B. *kik*, früher: z.B. *Aldi, Lidl*).

Reife und Assimilation: Auf Dauer können nur Kostenführer wie *Aldi* und *Schlecker* (sog. Low Level-Trader) eine aggressive Preispolitik durchhalten. Auch bieten niedrige Preise allein nur begrenzte Möglichkeiten, sich zu profilieren und Kunden dauerhaft zu binden. Daher betreiben die meisten Pionierunternehmen Trading up: mehr Kundenservice sowie ein breiteres und tieferes Sortiment (z.B. Frischetheke und Bio-Produkte bei *Rewe* und *Lidl*). Im oberen Preissegment treffen sie dann auf High Level-Trader wie *Edeka* und *Konsum)*, die sich von vornherein im Qualitätswettbewerb profiliert haben. Das Wheel of Retailing sorgt also dafür, dass das untere Marktsegment immer wieder für preisorientierte Neueinsteiger geräumt wird (z.B. *WalMart)*.

> *Trading up: Aufwertung der Betriebsform durch hochwertigere Angebote und Service*

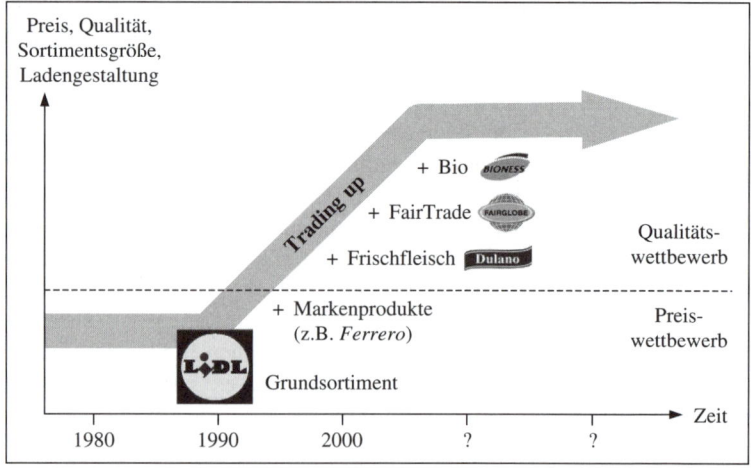

Abb. 1: Entwicklungspfade von Handelsunternehmen

Inszenierung

Angesichts der Fülle von Betriebstypen muss sich jeder Händler überlegen, wie er sein Angebot inszeniert, um eine einzigartige Wettbewerbsposition zu erreichen. So profiliert sich *Starbucks* als modern, während *ebay* (Bequemlichkeit), *Marché* (Frische) und *Galeria Kaufhof* (Lifestyle) auf andere Wettbewerbsvorteile bauen. Das Inszenierungsgebot gilt selbst für Low Level-Trader. Zwar schränkt die Niedrigpreisstrategie ihren Spielraum ein. Aber auch Preisgünstigkeit lässt sich in Szene setzen. *Mäc-Geiz* etwa sortiert seine Artikel nicht nach Waren-, sondern nach Preisgruppen. Abb. 2 zeigt die verschiedenen **Profilierungsinstrumente** der Händler, die in den folgenden Kapiteln erläutert werden.

Standort	Die Lage einer Einkaufsstätte nimmt starken Einfluss darauf, wie viele und v.a. welche Kunden ein Händler anzieht. Große Handelsunternehmen bevorzugen 1 A-Lagen.
Sortiment	Eine wichtige Dienstleistung des Handels – und ein entscheidender Vorteil gegenüber dem Direktvertrieb durch den Hersteller – ist die Sortimentsbildung. Ein einzigartiger Mix an Produkten und Dienstleistungen steigert die Attraktivität einer Einkaufsstätte wesentlich.
Laden-gestaltung	Wenn *Aldi* viele Waren in den Kartons belässt, dann nicht aus Nachlässigkeit, sondern als wohl bedachte Konsequenz eines erfolgreichen Preis-Leistungs-Konzepts. Andere Händler entscheiden sich – nicht minder erfolgreich – für eine hochwertige Ladengestaltung.
Verkaufs-gespräch	Verkäufer setzen gezielt verschiedene Techniken ein, um ihre Kunden von der Vorteilhaftigkeit des Angebots zu überzeugen.
Erlebnis	Einkaufen dient zunehmend der Freizeitgestaltung und soll daher auch Spaß bereiten.

Abb. 2: Instrumente zur Inszenierung des Angebots
Quelle: in Anlehnung an Müller-Hagedorn (2002, S.27).

10.2 Standortwahl: Wo es sich lohnt, eine Filiale zu eröffnen

Erfolgreiche Handelsgeschäfte finden sich auf der „Grünen Wiese" ebenso wie in der Innenstadt. Bei der Wahl eines passenden Standorts sind **vier Faktoren** zu beachten: die räumlichen Nähe zu Kunden und komplementären Anbietern, die Distanz zu Konkurrenten sowie das Image und die Kaufkraft des Standorts bzw. dessen Umfelds.

1A-Lage im Handel: Einkaufsstraße mit großen Passantenströmen

Komplementäre Anbieter: Bieten Produkte an, die sich ergänzen (z.B. Fleischer und Bäcker)

Nähe zur Zielgruppe

Für kleinere Betriebsformen, die Waren des täglichen Bedarfs anbieten, ist die räumliche Nähe zu (potenziellen) Kunden der Erfolgsfaktor: Idealerweise sind sie **fußläufig** erreichbar. Daher lassen sich Nachbarschaftsgeschäfte, Supermärkte, Bäcker, Fleischer etc. bevorzugt in Wohngegenden nieder. Manche Spezialgeschäfte bzw. Dienstleister profitieren auch davon, dass ihre Zielgruppe regelmäßig bestimmte Einrichtungen aufsucht. Deshalb suchen manche Blumenhändler die Nähe von Krankenhäusern und Friseure die Nähe von Altenheimen. Copy-Shops, PC-Geschäfte, Buchhandlungen etc. bevorzugen das Umfeld einer Hochschule.

Laufkund-schaft: Passanten, die eine Einkaufs-stätte spon-tan betreten

Convenience Store: Geschäft mit langen Öff-nungszeiten, dessen brei-tes Sortiment auf kurzfri-stigen Bedarf ausgerichtet ist

Andere Betriebsformen sind auf Laufkundschaft angewiesen, die zum **Im-pulskauf** neigt (z.B. Fast-Food-Ketten, Eisdielen). Großformatige Anbieter, wie Waren- und Kaufhäuser, benötigen eine überragende Kundenfrequenz. Der ideale Standort für solche Händler sind die 1A-Lagen von Großstädten. Den *Berliner Alexanderplatz* etwa passieren täglich 300.000 Menschen und den *Times Square* in New York sogar 1,5 Mio. In solchen Vorzugslagen be-trägt die Ladenmiete oft mehr als das Zehnfache des ortsüblichen Preises. Aber nicht nur in den Einkaufsmeilen der Innenstädte, sondern auch an **„Umschlagsplätzen" für Reisende** (Bahnhöfe und Flughäfen) verdichten sich die Passantenströme. Davon profitieren neben Convenience-Stores, welche den Reisebedarf decken (z.B. an Lebensmitteln, Zeitungen), zuneh-mend auch Anbieter hochwertiger Waren (z.B. *Bulgari, Boss*).

Perfekter Standort: Wo entspannte Menschen viel Zeit haben

Eine hohe Kundenfrequenz garantiert zunächst nur eine große Zahl an potenziellen Käu-fern. Wie viele von ihnen tatsächlich etwas kaufen, hängt von weiteren Faktoren ab: der Verweildauer und einer günstigen Stimmung der Kunden. Beides ist häufig am Flughafen gegeben. Nachdem die lästige Sicherheitskontrolle passiert und der Abflugsteig gefunden sind, entspannen sich die Reisenden und sind dankbar für jede Form der Abwechslung, die ihnen hilft, sich die Zeit bis zum Abflug zu vertreiben. In dieser „Happy Hour" decken viele nicht nur ihren Reisebedarf (Getränke, Snacks, Geschenke), sondern „shoppen" aus-giebig (u.a. hochwertige Kleidung, Schmuck). Für Nicht-EU-Passagiere bietet das sog. Tax-Back-Verfahren einen zusätzlichen Anreiz. Sie können sich am Flughafen die Mehr-wertsteuer auf ihre in Deutschland getätigten Umsätze erstatten lassen. Da dieses Geld buchstäblich „locker sitzt", fällt es *Fraport*, dem Frankfurter Flughafenbetreiber, nicht schwer, seine gesamte Einzelhandelsfläche zu vermieten.

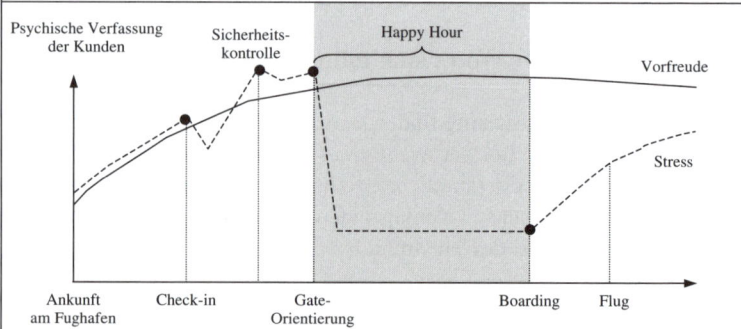

Quelle: in Anlehnung an Fraport AG.

Grüne Wiese: Große Gewerbe-flächen in verkehrsgün-stiger Lage außerhalb der Städte

Kundennähe lässt sich auch durch **Verkehrsgünstigkeit** erreichen. Beson-ders für Anbieter, bei denen große (z.B. Einrichtungshäuser wie *Ikea)* oder viele Waren (z.B. Verbrauchermärkte wie *Globus)* gekauft werden, ist die Verkehrsanbindung ein Erfolgsfaktor. Da die meisten ihrer Kunden mit dem Pkw kommen, haben sich zahlreiche Einzelhändler auf der „Grüne Wiese" angesiedelt. Dadurch ziehen sie die Kaufkraft aus den In-nenstädten ab.

Für andere ist die räumliche Nähe zum Kunden **weniger bedeutend**. So sind Besucher von Spezialgeschäften (z.B. Modelleisenbahnen, Inneneinrichtung) überdurchschnittlich involviert und daher auch bereit, weite Strecken zu fahren, um ihren Bedarf zu decken. Und virtuelle Händler (z.B. *ebay*) können von fast jedem Ort aus agieren.

Involvement: Inneres Engagement des Verbrauchers beim Kauf eines Produkts (z.B. Hobbybedarf)

Distanz zu Konkurrenten und Nähe zu komplementären Anbietern

Das Einzugsgebiet leistungsstarker **Konkurrenten** sollte sich nicht mit dem eigenen Einzugsgebiet überschneiden. Dies gilt insb. für Anbieter von Convenience-Goods; denn Waren des täglichen Bedarfs werden zumeist schnell und ohne weitere Preis- bzw. Qualitätsvergleiche beschafft. Anders verhält es sich mit Shopping-Goods, wie Möbel oder elektronische Geräte, die häufig erst nach eingehender Informationssuche gekauft werden. Auch steigert in ihrem Fall eine große Auswahl die Attraktivität des Angebots (z.B. Schuhe). Diese Bedürfnisse kann eine Standortagglomeration, die im Regelfall auch konkurrierende Anbieter einschließt, besser befriedigen als ein Anbieter für sich genommen.

Standortagglomeration: Räumliche Ansammlung von Einzelhändlern

Erfolgreich sind weiterhin Standortagglomerationen **komplementärer Handelsunternehmen**. Ein solcher Angebotsverbund sich ergänzender Waren ermöglicht es den Kunden, (fast) alle benötigten Dinge an einem Ort zu kaufen (z.B. Lebensmittel im Frischemarkt und Taschentücher im Drogeriefachgeschäft). Dieses One-Stop-Shopping ist das Erfolgsrezept von Shopping-Centern, deren Zahl in den letzten Jahren erheblich zugenommen hat. Über deren Erfolg bzw. Misserfolg entscheidet nicht zuletzt der „richtige" Mix an Mietern:

Shopping-Center: Als Einheit geplante Ansiedlung verschiedener Einzelhändler und Dienstleister

- Anbieter von Waren des täglichen Bedarfs (z.B. Lebensmittelgeschäft) und Dienstleister (z.B. Friseur, Wäscherei) sind „Besucher-Magneten", die für Kundenfrequenz sorgen.
- Luxus-Outlets (z.B. Juwelier) verleihen dem Center eine hochwertige Ausstrahlung.
- Filialen erfolgreicher Modemarken (z.B. *Esprit, Mexx*) sowie Elektrofachmärkte (z.B. *Saturn*) ziehen junges Publikum an und zählen dank ihres hohen Produktumschlags zu den besonders rentablen Dauermietern.
- Unterhaltungs- und Gastronomie-Betriebe (z.B. Eisdiele) laden zum Verweilen ein.

Image des Standorts

Das Image des Standorts wird dann zum Erfolgsfaktor, wenn es die Positionierung des Anbieters unterstützt. So hat *VW* mit der *Gläsernen Manufaktur* aus dem gleichen Grund eine Produktions- und Verkaufsniederlassung am Rande des Großen Gartens mitten in Dresden errichtet, wie die Confiserie *Sprüngli* in Zürichs renommierter Bahnhofstraße. Das außergewöhnliche Umfeld soll signalisieren, dass die Kunden dort ein hochwertiges, ex-

Image-Fit: *Entsprechung zwischen dem Image des Standorts und der angestrebten Positionierung des Händlers*

klusives Angebot erwartet. Designerschmuck und Trendboutiquen sind dagegen besser im Szeneviertel einer Stadt aufgehoben. Bei einem „Image-Fit" profitiert also der Händler von seiner Umgebung.

Kaufkraft im Einzugsgebiet

Neben räumlichen Faktoren spielt auch das verfügbare Einkommen der potenziellen Kunden im Einzugsgebiet des Händlers eine wichtige Rolle. Es können noch so viele Menschen mit einschlägigem Bedürfnis eine Einkaufsstätte passieren; mangelt es ihnen an Kaufkraft, um regelmäßig bei einem eher höherpreisigen Anbieter wie *Edeka* einzukaufen, dann eignet sich ein solcher Standort besser für Discounter. Um sein Marktpotenzial zu prognostizieren, muss der Händler die Zahl der Menschen im Einzugsgebiet mit deren verfügbarem Einkommen sowie mit dem Anteil der Ausgaben multiplizieren, die sie für seine Waren (z.b. Lebensmittel) im Schnitt in seiner Betriebsform (z.B. Verbrauchermarkt) ausgeben.

10.3 Sortimentsgestaltung: Wie man ein attraktives Leistungsangebot schafft

Grundlagen der Sortimentsgestaltung

Sortimentsbreite: *Anzahl unterschiedlicher Produktlinien*

Sortimentstiefe: *Anzahl verschiedener Varianten eines Produkts*

Die Art des Sortiments bemisst sich nach seiner Breite und Tiefe. Ein breites Angebot ermöglicht One-Stop-Shopping, ein tiefes Angebot erhöht die Auswahlmöglichkeiten. Angesichts dieser Vorteile galt lange Zeit ein **großes Sortiment** als Erfolgsgarant. Deshalb tendieren die meisten Einzelhändler dazu, ihr Sortiment im Laufe ihres Lebenszyklus zu vergrößern. Wer allerdings bspw. vor einem übervollen Regal mit 40 MP3-Playern verschiedenster Marken und Preise steht, der fühlt sich von dieser Konsequenz des Trading-up eher überlastet als angetan. Denn ein Überangebot erschwert den Such- und Auswahlprozess und verwirrt bzw. demotiviert den durchschnittlichen Käufer. Die Folge sind Kaufunlust, suboptimale Kaufentscheidungen und letztlich unzufriedene Kunden. Hinzu kommt, dass übergroße Sortimente undifferenziert und austauschbar wirken.

Die optimale Dimensionierung des Sortiments hängt von vielen Faktoren ab (u.a. von den Bedürfnissen der Zielgruppe); jede Option eröffnet andere **Profilierungsmöglichkeiten**:

- Spezialgeschäfte, wie Boutiquen und Feinkostläden, präferieren im Regelfall die Sortimentsstruktur „schmal und tief". Denn ihre Kunden sind stark involviert und legen daher Wert auf eine große Auswahl.
- Auf Kunden, die schnell und gezielt (z.B. Snack an der Tankstelle) bzw. preisgünstig (z.B. Discounter) einkaufen möchten, wirkt ein schmales und flaches Sortiment vorteilhaft. Die Umschlagsgeschwindigkeit der Waren ist aufgrund des überschaubaren Sortiments hoch.

- Breit und flach ist die ideale Kombination für den One-Stop-Shopper, der alle Waren des täglichen Bedarfs auf einmal kaufen möchte, ohne dabei lange auswählen zu müssen.
- Breit und tief positionieren sich Megastores sowie Kauf- und Warenhäuser. Damit erfüllen sie die Bedürfnisse, die beim klassischen Shopping bzw. Einkaufsbummel im Vordergrund stehen: Sich inspirieren lassen, vergleichen können und nebenbei noch alles andere einkaufen. Da sich die Warenfülle schwer steuern lässt, strukturieren Kauf- und Warenhäuser Teilsortimente oft als Shop-in-the-Shop. Dies erhöht ihre Attraktivität und erleichtert markenorientierten Kunden die Auswahl. Der Händler profitiert von der erzielten Miete sowie vom Image und der Sortimentskompetenz der jeweiligen Marke. Der Markenanbieter wiederum sichert sich so einen Standort mit hoher Kundenfrequenz.

Shop-in-the-Shop: Anordnung von Marken bekannter Hersteller in abgeschlossenen Bereichen (teilweise sogar mit eigenem Personal und eigener Kasse)

Verbundeffekte

Viele Produkte werden im **Verbund** gekauft, weil sie sich ergänzen (z.B. Fleisch und Gewürze) oder weil sie ähnliche Bedürfnisse erfüllen (z.B. Windeln und Taschentücher). Nicht immer sind Verbundkäufe derart offensichtlich. So ist oft ein attraktives Produkt der Grund, einen Laden zu betreten und bei der Gelegenheit gleich noch andere Waren zu kaufen. Baumärkte bspw. nutzen preisgünstige Zimmerpflanzen als „Lockvogel". Diese Verbundfunktion kann sogar dafür sprechen, selbst Verlustbringer im Sortiment zu behalten. Werden sie nämlich eliminiert, sind Umsatzverluste in anderen Unternehmensbereichen die Folge.

Frischer Fisch als Lockvogel	
Bei einer isolierten Betrachtung hätte ein deutscher Großhändler nach einer Umsatzstrukturanalyse eigentlich seine Frischfischabteilung schließen müssen. Negativ machte sich zunächst der Energieaufwand (Kühlung) bemerkbar. Vor allem aber ergab die Kundenanalyse, dass dort nur 20% aller Kunden einkaufen (im Vergleich: Haushaltsware = 90%). Zudem sind die Ausgaben pro Kunde mit rund 40 € pro Jahr minimal (im Vergleich: Spirituosen = 760 €). Die Verbundanalyse zeigte jedoch, dass die Frischfischtheke überproportional viele Käufer anzieht, die auch in anderen Food-Bereichen einkaufen: In jenen Märkten, die einen Frischfischbereich haben, liegen die Umsätze für Backwaren, Feinkost und Nährmittel deutlich über den Umsätzen in solchen Märkten, die kein solches Angebot haben.	Umsatzplus *(in %)* in Märkten mit Frischfischtheke Backshop ▢ 93,8 Feinkost ▢ 58,7 Nährmittel ▢ 56,4

Quelle: eigene Erhebung.

Handelsmarken

In den letzten Jahren gingen große Einzelhändler dazu über, ihr Sortiment um Handelsmarken (auch Eigenmarken des Handels oder Private Labels genannt) zu ergänzen. Von **anonymen Herstellern** produziert, bietet der

Handel sie unter eigenem Namen an. Anfangs wollte man mit der Eigenmarkenstrategie primär das Sortiment durch besonders preisgünstige Artikel abrunden. Handelsmarken der 1. Generation sprachen daher v.a. preisbewusste Käufer an. Die auch als „klassische Handelsmarken" bezeichnete 2. Generation sendete u.a. durch eine professionelle Verpackung bereits erste Qualitätssignale. Erst die zumeist als Dachmarke konzipierte 3. Generation sprach jedoch konsequent die Smart Shopper an: hochwertige Produkte zum besten Preis-Leistungs-Verhältnis. Primäre Aufgabe von Handelsmarken der 4. Generation hingegen ist es, den Einzelhändlern ein hochwertiges Profil zu verleihen (z.b. durch Öko- oder Bioprodukte) und die Käufer an die Einkaufsstätte zu binden (vgl. Abb. 3). Allerdings wiesen Marktstudien nach, dass Käufer von Handelsmarken ihrer Einkaufsstätte nicht treuer sind als andere. Eine echte Konkurrenz zu Premiummarken der Hersteller sind auch die Handelsmarken der 4. Generation daher (noch) nicht.

Smart Shopper: Verbraucher, die auf Qualität achten, dafür aber nicht mehr bezahlen möchten

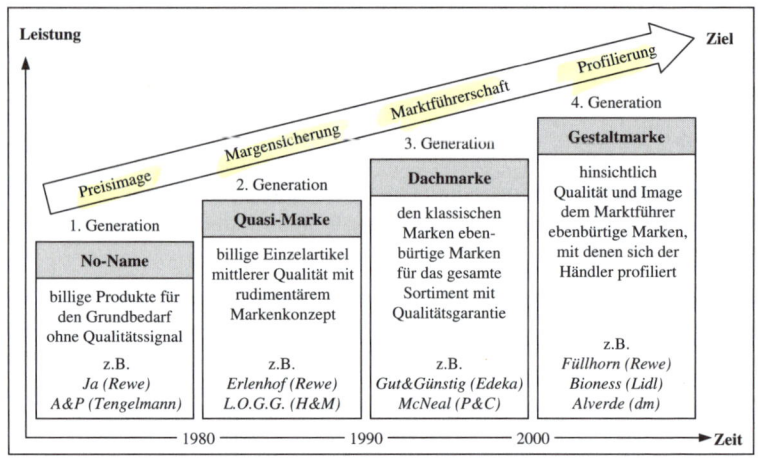

Abb. 3: Trading up der Handelsmarken
Quelle: Boston Consulting Group.

10.4 Ladengestaltung: Wie das Sortiment angeordnet wird

Erscheinungsbild von Verkaufsstätten

Corporate Design: Vereinheitlichung aller visuellen Elemente eines Unternehmens

Das äußere (Gebäude, Schaufenster) und das innere Erscheinungsbild (Verkaufsraum, Präsentation der Waren) von Verkaufsstätten sollten einem einheitlichen, übergeordneten **Konzept** folgen (vgl. Abb. 4). Im Idealfall handelt es sich dabei um ein Corporate Design.

Konzept (Bsp.)	Ziel	Äußere Gestaltung	Innere Gestaltung	
Preis/Leistung *(Aldi, Schlecker)*	• Preiswürdig sein • Ware schnell umschlagen	• Zweckbau • Verzicht auf Schaufensterdekoration	• Kisten, einfache Regale • Bedarfsorientierte Produktanordnung	
Spezialsortiment *(Hugendubel)*	• Informieren • Fachlich beraten	• Funktionell	• Produktspezifische Anordnung • Übersichtlichkeit	
Interaktion *(Fielmann)*	• Vertrauen schaffen • Kommunizieren • Persönlich betreuen	• Ansprechende Schaufensterdekoration • Keine „Einschüchterungsarchitektur"	• Selbstbedienungs- vs. Beratungsbereich • Sitzgruppen und Interaktionsmöglichkeiten	**Einschüchterungsarchitektur:** Häuser, die bedrohlich bzw. imposant wirken, und große Räume, in denen man sich verloren fühlt
Präsentation *(Prada)*	• Beeindrucken • Inszenieren	• Hochwertige Immobilien • Stilvolle Schaufensterdekoration	• Großzügige Raumplanung • Gediegenes Ambiente • Spezielle Beleuchtung	
Animation *(ECE-Shopping-Center)*	• Erlebnisqualität bieten • Unterhalten • Emotionalisieren	• Großflächige „Konsumtempel"	• Shop-in-the-Shop • Sitzgelegenheiten, sanitäre Einrichtungen, Gastronomie, Informations-Desk	

Abb. 4: Übergeordnete Ladenkonzepte
Quelle: in Anlehnung an Ackermann (1997, S.131).

Ladengestaltung

Ein Erfolgsfaktor der Ladengestaltung ist die Raumaufteilung in verschiedene Funktionszonen. Durch eine an den angeborenen Orientierungssinn des Menschen ausgerichtete Anordnung von Regalen und Display-Material lässt sich erreichen, dass der Kunde die Ware in einer bestimmten Reihenfolge passiert – idealerweise entgegen dem Uhrzeigersinn (vgl. Abb. 5):

• Supermärkte platzieren die Obst- und Gemüsetheke nahe am Eingang. Beim Anblick dieser Ware verringert der Kunde sein anfängliches „Straßentempo". Im Kaufhaus übernimmt zumeist die ansprechend beleuchtete Parfümabteilung diese Stopp-Funktion.

• Die am häufigsten benötigten Waren des täglichen Bedarfs (z.B. Wurst, Käse) werden bewusst im hinteren Teil des Marktes angeboten. Auf dem weiten Weg dorthin muss der Kunde die Feinkosttheke und andere Regale passieren. Im mehrstöckigen Waren- und Kaufhäusern wiederum gilt es, die Besucher auch in die oberen Etagen und ins Untergeschoss „zu locken". Deshalb sind besonders attraktive Abteilungen wie Technik zumeist oben und Lebensmittel unten platziert.

- Nachdem er den Getränkebereich passiert hat, wird der Kunde zur Kasse geführt. Dort hat er während der Wartezeit Artikel mit besonders hoher Gewinnspanne (z.B. Schokoriegel, Eis, kleinere Spielsachen) vor Augen. Besonders Kinder können der Versuchung selten widerstehen, weshalb diese Angebote auch „Quengelware" genannt werden. Häufig erweist sich die Kassenzone zudem als Nadelöhr: die im Geschäft geschaffene Erlebnisatmosphäre wird durch lange Wartezeiten und gestresste Kassierer zunichte gemacht. Dabei beeinflusst gerade dieser „letzte Eindruck" maßgeblich Kundenzufriedenheit und -bindung.

Crowding: Überfüllte Einkaufsräume, was bei Käufern zu Frustration und Kontrollverlust führt

- Während Händler zumeist darauf achten, dass hinreichend große Aktionsflächen für den nötigen Produktumschlag sorgen, versäumen sie es allzu oft, mit gezielt platzierten Ruhe- und Auslaufzonen das sog. Crowding zu verhindern. Zudem ist es nicht ratsam, den Kunden durch eine allzu rigide Ladengestaltung (z.B. wechselnde Laufrichtung von Rolltreppen, Verzicht auf Abkürzungen) einen bestimmten Weg aufzuzwingen.

Schlaraffenware: Besondere Delikatessen (z.B. Desserts)

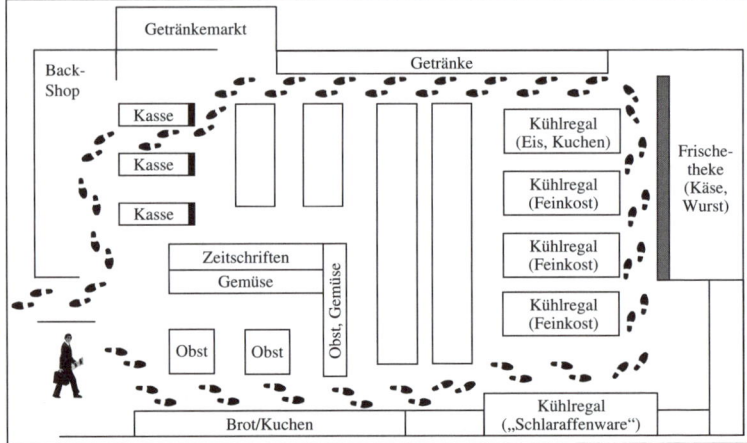

Abb. 5: Typische Raumaufteilung im Supermarkt

Anordnung im Regal

Auch der Regalplatz wird nach bestimmten Ordnungskriterien vergeben. Zunächst einmal betrifft dies die **vertikale Anordnung** der Waren. Hochpreisige bzw. ertragsstarke Erzeugnisse finden sich in Blickhöhe. Sie sollen ins Auge fallen und leicht erreichbar sein (sog. Sichtzone: 140–180 cm). Die Greifzone (60–140 cm) wird für das normale Sortiment genutzt, während besonders preisgünstige Ware in der darunter liegenden Bückzone untergebracht wird; denn preisbewusste Kunden nehmen die kleine Mühe, sich bücken zu müssen, gerne in Kauf. Besonders unattraktiv für Händler und Hersteller ist die Reckzone über 180 cm, da das menschliche Blickfeld nach oben stark begrenzt ist. Dort werden daher Nachfüllware oder aus Sicht des Händlers weniger rentable Produkte platziert.

Die **horizontale Anordnung** folgt ebenfalls diesem Prinzip: Der Kunde soll auf die ertragsstarken Waren zusteuern bzw. „auflaufen" (in der Regel rechts zur Laufrichtung), während die preiswerteren Produkte in seinem Rücken stehen. Dabei ist der erste Platz im Regal zumeist nicht der beste; denn viele Kunden laufen erst einige Meter in einen Gang hinein, bevor sie sich orientieren. Sonderangebote sind an den Stirnseiten der Regalreihen aufgebahrt. Diese Gondelkopf genannte Platzierung ist frequenzstark und daher bei Herstellern begehrt. Ähnliches gilt für die sog. Stopper in den Hauptgängen. Preisaggressive Anbieter wiederum bevorzugen die Schüttplatzierung. Dabei liegt die Ware ungeordnet in sog. Wühltischen, was Preisgünstigkeit suggeriert und Schnäppchenjäger stimuliert.

Stopper: Aktionsstände, die Kunden auf Impulsartikel aufmerksam machen und in Seitengänge leiten

10.5 Verkaufsgespräch: Wie man Kunden überzeugt

Einstiegsphase

Ein Verkaufsgespräch läuft in mehreren Phasen ab. In deren Verlauf wendet ein Verkäufer verschiedene Techniken an, um seine Ziele zu erreichen. In der Einstiegsphase ist es entscheidend, die Sympathie des Kunden zu gewinnen. Dabei hilft die Reziprozitätsnorm. Sie wird u.a. dadurch aktiviert, dass der Verkäufer dem Käufer seine Wertschätzung zeigt („Sie scheinen ein Kenner zu sein. Da haben Sie ja sofort unser bestes Modell erkannt."). Mit einer Anschlussfrage („Haben Sie es schon einmal ausprobiert?") wird dann das Interesse des Gegenübers geweckt.

Reziprozität: Prinzip der Gegenseitigkeit

Argumentationsphase

Nunmehr gilt es, den Kunden von der Vorteilhaftigkeit des Produkts zu überzeugen. Hierzu stehen dem Verkäufer verschiedene Argumentationstechniken zur Verfügung (vgl. Abb. 6).

Wenn Kunden die Beeinflussungsabsicht erkennen und sich manipuliert fühlen, reagieren sie mit Reaktanz und letztlich mit Kaufverweigerung. Daher muss die Argumentationstechnik auf Produkt und Kundentyp **abgestimmt** sein:

Reaktanz: Widerstand gegen wahrgenommene Freiheitseinschränkung

- Rationale Argumente eignen sich, wenn sie unzweifelhaft für das Produkt sprechen (z.B. Testsieger) und der Kunde Produktkenntnis besitzt.
- Emotionale Appelle bieten bei öffentlich und demonstrativ genutzten Produkten (z.B. Handy) sowie bei prestigebewussten Zielgruppen Vorteile.

- **Plausible Argumente** empfehlen sich immer dann, wenn Heuristiken wie „teure Produkte sind besser als andere", „gute Marken bieten Sicherheit" und „Öko-Produkte sind gesünder" eindeutig für den Kauf dieses Produktes (z.b. höchster Preis, führende Marke, Produkt mit Umweltzertifikat) und gegen mögliche Alternativangebote sprechen. Außerdem sollten diese Botschaften mit Beweisen wie dem Urteil der *Stiftung Warentest* („Testsieger") unterlegt werden.
- **Normative Appelle** wirken bei Kunden, die mangels Fachwissen empfänglich für (vermeintliche) Autoritätsaussagen sind.
- Da **moralische Appelle** i.d.R. zum Verzicht auffordern (z.b. ungesüßtes Vollkornbrot, geringer Kraftstoffverbrauch), stoßen sie oft auf Ablehnung. In solchen Fällen ist es besser, den damit verbunden Vorteil zu betonen (z.b. „gesund", „sparsam").

Argument	Inhalt	Beispiel
rational	logische bzw. objektiv nachprüfbare Gründe	„Damit haben wir vergangenes Jahr den deutschen Designpreis gewonnen."
emotional	gefühlsmäßige Vorteile	„In diesem Anzug machen Sie eine gute Figur."
plausibel	Appell an den gesunden Menschenverstand	„Wenn Sie einen derart billigen Rasensprenger kaufen, dann werden Sie nicht lange Freude daran haben."
normativ	übergeordnete Regel bzw. gesellschaftlicher Wert	„Ab nächstem Jahr müssen alle Autos mit einem Rußpartikelfilter ausgestattet sein."
moralisch	ethische, christliche, menschliche Werte	„Die Sicherheit des Kindes sollte an erster Stelle stehen."

Abb. 6: Argumentationsstile beim Verkaufsgespräch
Quelle: in Anlehnung an Diller et al. (2005, S.204).

Oft bringen Kunden **Einwände** vor. Diese lassen sich mit Hilfe der **Bumerang-Methode** entkräften. Dabei stimmt der Verkäufer den Bedenken des Kunden – zu dessen Überraschung – zunächst zu. Daraufhin aber münzt er den Nachteil in einen Vorteil um (z.b. „Unsere Lieferzeiten sind so lang, weil wir die Produkte speziell für Sie anfertigen."). Wenn die Argumentation des Verkäufers nicht verfängt, empfiehlt sich weiterhin die Entlastungsmethode. Dabei solidarisiert sich der Verkäufer mit dem Kunden („Ich war schon einmal in einer ähnlichen Situation, habe dann aber erkannt ...") und verbündet sich mit ihm gegen einen imaginären Schuldigen („Ich weiß, dieser Preis ist sehr hoch; aber wenn Sie es meinem Chef nicht verraten, gewähre ich Ihnen den Sonderkundenrabatt."). Nicht zuletzt hilft der Verkäufer dem Kunden, sein Gesicht zu wahren, indem er ihm Recht gibt (= Entlastung).

Kaufphase

Ein erfolgreicher Abschluss (z.B. Kauf bzw. Bestellung) ist das eigentliche Ziel des Verkaufsgesprächs. Allerdings scheuen viele Kunden eine endgültige Entscheidung. Ein Verkäufer sollte daher versuchen, diese „Abschlussangst" zu überwinden:

- **Alternativtechnik** (= Implikation): Der Verkäufer lenkt die Aufmerksamkeit des Kunden von der Grundfrage des „Ob" („Soll ich es kaufen?") auf das „Wie" bzw. „Was" („Möchten Sie das Gerät lieber leasen oder lieber finanzieren?").
- **Verknappung** (= Scarcity): Der Verkäufer schränkt die Verfügbarkeit des Angebots ein („Diesen Rabatt gibt es nur bis Ende des Monats.").
- **Übertreibung** (= Door-in-the-Face): Wer etwas Übertriebenes vorschlägt (bspw. Kauf des Luxusmodells), provoziert zwar zunächst Widerstand, bereitet so aber den Weg für einen akzeptablen Kompromiss (statt der vom Kunden zunächst erwogenen Einfachausstattung die besonders ertragreiche Komfortvariante).
- **Teilentscheidung** (= Foot-in-the-Door): Kleine Zusagen (z.B. zweiwöchige Testphase, geringer Lieferumfang) sind besser als gar kein Abschluss; denn so hat der Verkäufer zumindest den „Fuß in der Tür" und kann darauf hoffen, dass der Kunde später – wenn er das Produkt bzw. den Service erfolgreich getestet hat – mehr kauft.

Implikation: Aussage, die stillschweigend eine weitere einschließt (hier: Kauf)

Door-in-the-Face: mit der Tür ins Haus fallen

Lässt sich der Kunde gar nicht überzeugen, dann sollte der Verkäufer wenigstens nach den Gründen hierfür suchen (= **Sondierung**). Indem er bspw. fragt „Warum kommt unser Angebot für Sie nicht in Frage?", eröffnet er sich die Chance, beim nächsten Mal nicht denselben Fehler zu begehen.

10.6 Erlebnisqualität: Wie Einkaufen zum Ereignis wird

Inszenierung als Kauferlebnis

Der moderne Verbraucher ist hybrid. Häufig möchte er preiswert und ohne großen Aufwand einkaufen. Zuweilen aber sucht er besondere Einkaufserlebnisse: Er lässt sich Zeit zum Bummeln, möchte angeregt und bisweilen auch verführt werden, sich amüsieren und nebenbei noch etwas essen. In Abgrenzung zu der von Discountern verfolgten Preisstrategie setzen deshalb andere Händler auf den Erfolgsfaktor „Erlebnisorientierung". Sie betreiben **Event-Marketing** und verwandeln ihre Geschäfte in Erlebniswelten. Shopping-Center profitieren hierbei von großzügigen Räumlichkeiten und einer verkehrsgünstigen Lage. Sie veranstalten (kostenlose) Ausstellungen, Auftritte von Bands, Autogrammstunden von Prominenten oder Bastelnachmittage für Kinder. Diese Strategie bietet beiden Seiten Vorteile. Die Kunden können Einkaufen mit Freizeitgestaltung verbinden. Und das Shopping-Center zieht neue Zielgruppen an und bringt Stammkunden dazu, länger zu verweilen und mehr zu konsumieren. Kleineren Einzelhändlern fehlen zwar für derartige Veranstaltungen zumeist alle Voraussetzungen. Sie können sich aber mit zielgruppenspezifischen Events profilieren, die unmittelbar mit ihrem Kerngeschäft zusammenhängen. So veranstalten Buchhändler Lesungen, Kücheneinrichter Kochseminare und Automobilhändler Oldtimer-Ausfahrten.

Good
Corporate
Citizen:
Unternehmen als „guter Bürger", der soziale Verantwortung übernimmt

Events sollen nicht nur Besucher anziehen, sondern das Unternehmen auch im **Image-Wettbewerb** positionieren. So unterstreicht *Ikea* mit einem Midsommerfest seine schwedische Herkunft. Die *VW-Manufaktur* in Dresden wiederum handelte als „Good Corporate Citizen", als sie ihre Räumlichkeiten nach dem Hochwasser 2002 kurzerhand als Ausweichquartier für die teilweise geflutete *Semperoper* zur Verfügung stellte.

Nicht immer muss das Event ein Kulturereignis sein: Selbst der **Kauf des Produkts** lässt sich als Erlebnis inszenieren. So können Autokäufer „ihren" *VW* oder *Audi* auf Wunsch persönlich in der Wolfsburger Zentrale abholen. Bei einem Tagesausflug in die *Autostadt* lässt sich der Kunde durch das Werk führen, bewundert Nobelmarken, wie *Lamborghini* und *Bentley*, die mittlerweile auch zur *VW*-Familie gehören, fährt mit dem 3-D-Simulator und genießt ein erstklassiges Menü, bevor Servicemitarbeiter ihm den Wagen erklären und feierlich übergeben.

Convenience und Erlebnis: eine perfekte Symbiose

Immer mehr Menschen speisen außer Haus. Dabei sind sie zwar zumeist ständig in Eile, möchten aber zugleich auch eine angenehme Atmosphäre geboten bekommen. Dieses hybride Bedürfnis bedient *Vapiano* mit einer perfekten Synthese aus System- und Erlebnisgastronomie. Einerseits verfolgt das Unternehmen ein minimalistisches Konzept: Es bietet seinen Kunden eine beschränkte Auswahl an gängiger mediterraner Küche (Pizza, Pasta, Salate) in abgestuften Preiskategorien. Der Gast muss nicht auf den Kellner warten, weil die Ausgaben für Speisen und Getränke auf einer Chipkarte gespeichert werden – gezahlt wird am Ausgang. Die durchschnittliche Verweildauer liegt daher bei nur 30 Minuten. Andererseits inszeniert *Vapiano* das Essen als Erlebnis: Schauköche bereiten die frischen Gerichte an Garstationen zu, und es gibt eine gut sichtbare, hauseigene Nudelmanufaktur. Das Konzept hat Erfolg: 2002 eröffnete das erste Restaurant in Hamburg; 2007 hatten bereits 22 Franchise-Nehmer das Konzept übernommen.

Quelle: Lachmann (2007); Rentsch (2007, S.25); www.vapiano.de.

Stadtmarketing

PPP (Public Private Partnership): Projektbezogene Kooperation von öffentlicher Hand und privatwirtschaftlichen Unternehmen

Stadtmarketing zielt auf das Umfeld der Verkaufsstätte. In vielen Städten schließen sich Kommunen und Einzelhändler zusammen, um im Rahmen einer PPP-Initiative die **Innenstädte zu revitalisieren**. Derartige Vorhaben sind langfristig angelegt: Eine systematische Ansiedlungspolitik soll gewährleisten, dass wieder mehr Menschen die City aufsuchen, um dort zu konsumieren (Einzelhandel, Dienstleistungen), zu leben (Wohnraum), zu essen (Gastronomie), zu lernen (Bildungseinrichtungen), sich zu erholen (Grünflächen) und sich zu unterhalten (Freizeiteinrichtungen). Weitere Ziele sind Sauberkeit, eine gute Erreichbarkeit, eine ansprechende architektonische und optische Gestaltung sowie ausreichend Fußgängerzonen. Kurz, die Stadt soll – wie jede Marke – ein einzigartiges, positives Image bekommen, welches sie von anderen Städten unterscheidet (*„Leipzig kommt"*, *„Dresden barockt")*.

Indem sich in der Innenstadt bzw. in Subzentren ansässige Händler in das Stadtmarketing einbringen, können sie vom so geschaffenen bzw. zurück gewonnenen **Einkaufserlebnis** profitieren. Dabei gilt es nicht nur, mit Aufräumaktionen und Sicherheitsinitiativen die notwendigen Voraussetzungen zu schaffen (sog. Hygienefaktoren), sondern auch zum verstärkten Besuch der Innenstadt anzuregen. Als Motivatoren eignen sich gemeinsame Events, wie verkaufsoffener Sonntag, Straßen- und Stadtfest, Museumsnacht, Kneipenfestival (z.B. *Honky Tonk* in Leipzig), Open Air-Veranstaltung (z.B. *Filmnächte am Elbufer)* sowie zeitlich begrenzte Einrichtungen (z.B. Stadtstrände und -bäder sowie Open Air-Ausstellungen). Damit sich derartige Aktionen in das Gesamtkonzept der Stadt einpassen, werden vielerorts City-Manager eingesetzt, an deren Kosten sich zumeist ebenfalls die Innenstadthändler beteiligen.

Hygiene-faktor: Notwendige Bedingung für ein Ereignis bzw. eine Handlung

Motivator: Faktor, der zu einer bestimmten Handlung anregt

10.7 Neuere Tendenzen in Wissenschaft und Praxis

Handel als Co-Designer: Niemand kennt die Bedürfnisse der Kunden besser als der Handel. Diesen Informationsvorsprung nutzt er zunehmend, um selbst oder gemeinsam mit Herstellern und Dienstleistern Innovationen zu initiieren. So entwickelte *Tchibo* mit O_2 einen Mobiltelefontarif, bei dem der Kunde für „rund um die Uhr in alle deutschen Netze" einen Einheitspreis bezahlt.

Automatisierung: Eine Schlüsselrolle wird der RFID-Technologie (Radio Frequency Identification) zugebilligt. Sie ermöglicht es u.a., über Funk Daten von Preisetiketten zu lesen. Die Anwendungsfelder sind vielfältig. So erkennen intelligente Wagen und Beratungsterminals Produkte, ohne dass der Kunde Tasten bedienen muss. Entsprechend ausgerüstete Regale (sog. Smart Shelves) melden drohende Regallücken und bestellen entsprechenden Nachschub in der Zentrale. Zudem lassen sich die ausgeschilderten Preise im gesamten Geschäft auf Knopfdruck ändern. Auch das Nadelöhr „Kasse" sollte der Vergangenheit angehören, sobald sich Self-Scanning durchsetzt. Käufer fahren dann durch die mit einem Scanner ausgestattete Kasse und ersparen es sich so, den Einkaufswagen aus- und wieder einzuräumen. Problematisch ist, dass sich die RFID-Chips der gekauften Produkte theoretisch auch daheim noch orten lassen. Händler wollen daher Automaten zur Deaktivierung der Chips aufstellen.

Retail-Branding: Handelsunternehmen nutzen zunehmend die Strategien der Markenpolitik, um sich zu profilieren. Die einzelnen Verkaufsstellen werden als „Produkte" unter einem Markendach integriert. Dabei kann das Markenversprechen nicht nur auf Produktkompetenz (z.B. *Douglas, Edeka)* und Erlebnisatmosphäre (z.B. *Galeria Kaufhof)*, sondern auch auf preisgünstigen Eigenmarken (z.b. *Aldi)* oder aggressiven Sonderangeboten (z.b. *Media Markt)* beruhen. Ein prägnantes Logo und ein Slogan genügen hierzu nicht. Vielmehr bedarf es eines markenspezifisch definierten Marketing-Mix: Kontinuität in der Sortiments- und Preisgestaltung, Nutzung alternativer Absatzwege (z.b. E-Commerce) sowie Instore- und klassische Werbung. Mittlerweile zählen Handelsunternehmen, wie *Media Markt, Lidl* und *Aldi,* regelmäßig zu den Top 10 der werbetreibenden Wirtschaft.

Weiterentwicklung des Stadtmarketing: Klassisches Stadtmarketing bindet Haus- und Grundeigentümer zu wenig ein und lässt den Organisatoren kaum (finanzielle) Handlungsspielräume. Zwei kreative Instrumente sollen diese Probleme überwinden. Im Rahmen des Quartiersmanagement werden einzelne Areale (Quartiere) der Stadt in Zusammenarbeit mit der Immobilienwirtschaft entwickelt (Sauberkeit, Sicherheit, Serviceangebot). Ein Business Improvement District (BID) wiederum ist eine nicht-staatliche Gesellschaft, die ein abgegrenztes Areal umfasst. Alle Grundeigentümer des Distrikts bezahlen eine Abgabe, die zur Umsetzung eines Investitions- und Marketingplans genutzt wird.

Überprüfen Sie Ihr Wissen

Wiederholende und weiterführende Fragen finden Sie in den Begleitmaterialien im Internet unter **www.erfolgsfaktoren-marketing.de**

Grundlegende Literatur

Müller-Hagedorn, L.: Handelsmarketing, 4.Aufl., Stuttgart 2005 (3.Aufl.: 2002).

Bauer, H.H.; Huber, F. (Hrsg.): Strategien und Trends im Handelsmanagement, München 2004.
Diller, H.; Haas, A.; Ivens, B.: Verkauf und Kundenmanagement, Stuttgart 2005.
Weis, H.-C.: Verkaufsmanagement, 6.Aufl., Ludwigshafen 2005.
Zentes, J. (Hrsg.): Handbuch Handel, Wiesbaden 2006.

Weiterführende Literatur

Bänsch, A.: Verkaufspsychologie und Verkaufstechnik, 8.Aufl., München 2006.
Frey, U.D. (Hrsg.): POS-Marketing., Wiesbaden 2001.
Greipl, E.; Müller, S. (Hrsg.): Zukunft der Innenstadt. Herausforderungen für ein erfolgreiches Stadtmarketing, Wiesbaden 2007.
Müller-Hagedorn, L. (Hrsg.): Kundenbindung im Handel, 2.Aufl., Frankfurt/M. 2001.
Weis, H.C.: Verkaufsgesprächsführung, 4.Aufl., Ludwigshafen 2003.

11 Above the Line-Kommunikation

11.1 Reason Why: Was Above the Line-Kommunikation so schwierig
macht 160
11.2 Corporate Identity: Worauf die Kommunikationsstrategie basiert . . . 162
11.3 Elemente der Kommunikationsstrategie: Was und wie kommuniziert
werden soll 163
11.4 Werbemittel: Wie die Werbebotschaft zu gestalten ist 167
11.5 Werbeträger: Über welches Medium geworben wird 170
11.6 Werbewirkung: Wie sich der Effekt von Werbung messen lässt 174
11.7 Neuere Tendenzen in Wissenschaft und Praxis 175

1907 brachte *Henkel* das weltweit erste „selbsttätige" Vollwaschmittel (d.h. ohne „Rubbeln und Bleichen") auf den Markt. Sie nannten es *Persil* – nach den Hauptbestandteilen *Per*borat und *Sil*ikat. Dank einer konsequenten Kommunikationspolitik hat sich die Marke bis heute in Deutschland als Marktführer behaupten können. Dabei stand die Farbe „Weiß" im Vordergrund; denn Anfang des letzten Jahrhunderts galten weiße Kragen, Manschetten, Schürzen und Röcke als Statussymbol, und nach dem Ersten Weltkrieg stand Weiß für den Neubeginn. Um die Innovation bekannt zu machen, flanierten weiß gekleidete Männer mit weißen Schirmen durch Berlin, gefolgt von Promotionpersonal mit übergestülpten *Persil*-Paketen. 1922 schuf der Berliner Maler *K. Heiligenstaedt* mit der sog. *Weißen Dame* eine der bekanntesten Werbefiguren, die *Persil* bis in die sechziger Jahre als Key Visual in der Außen- und Printwerbung nutzte. Aufsehen erregten auch die sog. Himmelsschreiber: Flugzeuge, die mit Rauchschrift für *Persil* warben. Bereits 1921 produzierte *Henkel* einen Zeichentrick-Werbefilm, 1932 sogar einen Kinofilm. Der erste TV-Werbespot, der 1956 vom *Bayerischen Rundfunk* ausgestrahlt wurde, kam ebenfalls von *Persil*. Im Jahr 2007 feierte *Henkel* die 100jährige Marken- und Kommunikationsgeschichte mit dem Slogan „100 Jahre *Persil* – Rein in die Zukunft". Auch dieses Markenjubiläum wurde massiv durch Werbung begleitet. Selbstverständlich beruht der Erfolg nicht ausschließlich auf Mediawerbung. Ein entscheidender Erfolgsfaktor war bspw. auch, dass *Persil* von Anfang an nicht als lose Ware, sondern im markanten Originalkarton verkauft wurde. Hinzu kamen Innovationen (z.B. phosphatfreie Rezeptur, erstes Colorwaschmittel, preisgekrönte „Anti-Grau-Formel") und

Maßnahmen der Produktpflege (z.B. flüssiges Waschmittel, Perlenform statt Pulver, selbstauflösende Tütchen).

11.1 Reason Why: Was Above the Line-Kommunikation so schwierig macht

Vom Produkt- zum Kommunikationswettbewerb

Above the Line-Kommunikation: Kommunikative Maßnahmen, die über der Wahrnehmungsschwelle liegen, d.h. als Werbung erkannt werden

Viele Produkte lassen sich nur schwer von Konkurrenzangeboten differenzieren (z.b. durch besondere Qualität, Innovativität, exklusives Design). Falls doch, können sie schnell imitiert werden, weshalb sich viele Produkte ähneln. Folglich versuchen viele Anbieter v.a. in späteren Phasen des Produktlebenszyklus, sich **kommunikativ von** Wettbewerbern **abzugrenzen.** Damit wandelt sich der Produktwettbewerb zum Kommunikationswettbewerb, der mehrheitlich über Mediawerbung ausgetragen wird. Diese sog. Above the Line-Kommunikation ist jedoch alles andere als einfach; denn die meisten Verbraucher zeigen mittlerweile die typischen Symptome von Menschen, die mit Werbung regelrecht überflutet werden: selektive Wahrnehmung, Markenverwechslung und Reaktanz.

Selektive Wahrnehmung als Folge von Informationsüberlastung

Share of Advertising: Werbeetat eines Unternehmens für eine Produktkategorie im Verhältnis zum Werbeetat aller Unternehmen

Um im Kommunikationswettbewerb zu bestehen, schalten Unternehmen **immer mehr Werbung.** So wurden 1984 auf dem deutschen Markt 39.100 Marken beworben, 2006 bereits 64.000. Die Werbeeinnahmen der vom ZAW erfassten Werbeträger betrugen 2006 ca. 20 Mrd. €, die Gesamtinvestitionen (inkl. Werbemittelproduktion, Agenturkosten etc.) sogar geschätzte 30 Mrd. €. 1970 lagen die Beträge noch bei 3 und 5 Mrd. €. Gleichzeitig stieg die **Zahl der Werbeträger.** 1970 lagen 237 Publikumszeitschriften in den Regalen, 2006 schon 899. Noch stärker wuchsen die elektronischen Medien: 1970 gab es nur 9 TV-Sender, 2006 waren es 193. Hinzu kamen Internet und Mobilfunk. Die Folge ist, dass, obwohl nahezu alle Unternehmen ihre Werbebudgets erhöht haben, der anteilige Werbedruck, gemessen am Share of Advertising (SoA), konstant blieb.

Erschwerend kommt hinzu, dass die Umworbenen nur in begrenztem Maße Informationen verarbeiten können und wollen. Der Psychologe *G. A. Miller* fasste in seinem 1956 erschienenen Werk „The magic number seven, plus or minus two" Befunde einschlägiger Studien zusammen: Menschen können zwar eine Vielzahl von Reizen wahrnehmen, aber durchschnittlich nur 7 ± 2 Informationen im Kurzzeitgedächtnis speichern. Alle störenden bzw. uninteressanten Informationen fallen der **selektiven Wahrnehmung** zum Opfer. Für Werbebotschaften bedeutet dies, dass nur in der jeweiligen Situation interessante, auffällige bzw. überraschende Anzeigen, Spots etc.

wahrgenommen werden. Der große Rest (ca. 98% der Informationen) wird ignoriert bzw. sofort wieder vergessen. Mit selektiver Wahrnehmung lässt sich u.a. erklären, warum wir vor dem Kauf eines Pkws häufiger Werbung für Automobilmarken bemerken und vor dem Urlaubsbeginn Werbemaßnahmen von Touristikanbietern.

Markenverwechslung als Folge von Me too-Werbung

Angesichts steigender Wettbewerbsintensität und Vermeidungsreaktionen der Zielgruppe sinkt die Werbeeffizienz kontinuierlich. Deshalb müssen Unternehmen immer mehr investieren, um eine bestimmte Werbewirkung (z.b. Bekanntheit, Imageeffekt) zu erzielen. Erschwerend kommt hinzu, dass sich Werbestil und Werbebotschaft verschiedener Anbieter immer ähnlicher werden, weil sie einander kopieren (vgl. Abb. 1). Aufgrund solcher **Me too-Werbung** kommt es vielfach zu **Markenverwechslung**: Ein Großteil der Zielgruppe nimmt eine Anzeige zwar wahr und erinnert sich auch an sie, ordnet sie aber keiner oder der falschen Marke zu. Me too-Werbung verfehlt also nicht nur den erwünschten Effekt (Absatz oder Image der eigenen Marke stärken), sondern nutzt u.U. auch der Konkurrenzmarke.

Werbeeffizienz: Verhältnis der monetär bewerteten Werbewirkung zu den Werbekosten

Abb. 1: Kommunikationspatt durch Me too-Werbung

Reaktanz als Folge massiver Beeinflussungsversuche

Immer mehr Menschen empfinden Mediawerbung, die als Massenkommunikation betrieben wird, als störend und aufdringlich. Auf massive Beeinflussungsversuche reagieren sie im besten Fall mit Ignoranz (z.b. „Zappen"), zumeist aber mit **Reaktanz**. Sie wehren sich gegen die wahrgenommenen Beeinflussungsversuche, indem sie auf ihrer bisherigen Meinung beharren, eine negative Einstellung gegenüber dem Werbetreibenden entwickeln bzw. ihm sogar zuwiderhandeln, z.b. durch Kaufboykott. Neben der Problematik, die Zielgruppe im Kommunikationswettbewerb zu erreichen, muss es der Kommunikationspolitik daher auch gelingen, die Rezipienten möglichst unauffällig im Sinne der Ziele des Werbetreibenden zu beeinflussen oder besser noch argumentativ von der Botschaft zu überzeugen.

Massenkommunikation: Verbreitung gleich lautender Botschaften an eine Vielzahl von Menschen mit Hilfe der Massenmedien

11.2 Corporate Identity: Worauf die Kommunikationsstrategie basiert

Definition von Corporate Identity

Kommunikationspolitik soll Meinungen, Einstellungen, Erwartungen und Verhaltensweisen bestimmter Zielgruppen (z.b. Kunden, Handel, Medien) im Sinne des Unternehmens beeinflussen. Den Orientierungsrahmen hierfür bildet die Kommunikationsstrategie, die sich aus der Marketing-Strategie ableitet und die übergeordnete Corporate Identity (CI) in konkrete Werbemaßnahmen umsetzt. Manche Autoren fassen daher Kommunikationspolitik und Corporate Identity zur „Kommunikationspolitik i.w.S." zusammen. Die schriftlich fixierte Unternehmensidentität legt das Merkmalsprofil des Anbieters im Vergleich zu Wettbewerbern fest und sorgt für ein **einheitliches Erscheinungsbild** nach innen und außen. Ziel ist es, eine Erfolg versprechende Unternehmensphilosophie zu schaffen bzw. zu stärken sowie dieses Selbstverständnis intern und extern zu vermitteln.

Teile der Corporate Identity

Unternehmenskultur: Von den Mitgliedern einer Organisation geteilte und gelebte Werthaltungen

Die Corporate Identity besteht aus vier Teilen (vgl. Abb. 2): Den Kern bilden die Unternehmensphilosophie (z.b. *Deutsche Post* als Logistik-Dienstleister) und die Unternehmenskultur (z.b. soziale Verantwortung, Kundenorientierung). Aufbauend darauf werden im Corporate Design Grundregeln des optischen Erscheinungsbilds definiert, welche bspw. Briefbogen, Gebäude, Arbeitskleidung, Homepage, Verpackungsgestaltung und Werbemittel erfüllen müssen. Die Vorgaben der Corporate Communication sorgen dafür, dass der Anbieter über alle „Kanäle" (z.b. Verkaufsgespräch, Werbeanzeige, Mitarbeiterzeitung) nach innen und außen einheitlich kommuniziert. Auch die Verhaltensweisen aller Mitarbeiter des Unternehmens sollen die Unternehmensidentität widerspiegeln: von der Verkaufs- über die Presse- und Personal- bis zur Beschwerdeabteilung. Die Richtlinien dafür setzt das Corporate Behavior.

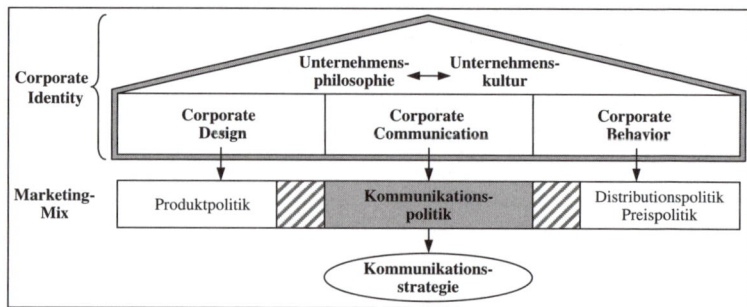

Abb. 2: Corporate Identity als strategische Basis der Kommunikationspolitik

Zwar sollte der gesamte Marketing-Mix die Corporate Identity umsetzen. Aber für die Produktpolitik sind insb. die Vorgaben des Corporate Designs bedeutsam (z.b. Produkt- und Verpackungsdesign) und für die Distributionspolitik sowie die Preispolitik v.a. das Corporate Behavior (z.B. Verhalten bei Konflikten mit dem Handel, Preisfairness). Die **Kommunikationspolitik** i.e.S. wiederum orientiert sich vorwiegend an der Corporate Communication, aber auch am Corporate Design (z.b. Platzierung des Logos in der Anzeige) und am Corporate Behavior (z.b. persönliches Verkaufsgespräch).

11.3 Elemente der Kommunikationsstrategie: Was und wie kommuniziert werden soll

Überblick

Die Kommunikationsstrategie orientiert sich am Ablauf des **Kommunikationsprozesses** (vgl. Abb. 3): Ein Sender (z.b. *Beiersdorf AG)* kodiert eine Botschaft (z.b. „Neuartiges Aftershave von *Nivea")* in Form eines Werbemittels (z.b. Werbeanzeige mit Leitbild *Michael Ballack)* und verbreitet dieses über bestimmte Werbeträger (z.b. Publikumszeitschrift) an die Empfänger (z.b. Männer unter 45 Jahren). Im Idealfall dekodieren diese die Werbebotschaft entsprechend der Zielvorstellung des Senders, speichern sie im Langzeitgedächtnis (z.b. „sportliches Aftershave") und reagieren darauf (z.b. Kauf des Aftershaves).

Werbemittel: Reale, sinnlich wahrnehmbare Erscheinungsform der Werbebotschaft

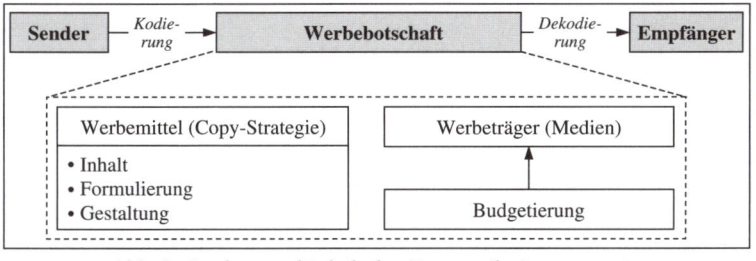

Abb. 3: Struktur und Inhalt der Kommunikationsstrategie

Zunächst muss der **Sender** der Werbebotschaft das Objekt der Kommunikation definieren. Zumeist ist dies das Unternehmen (z.b. *Henkel),* die Marke (z.b. *Persil)* oder ein Produkt (z.b. *Persil Color Pulver).* Aus der Marketing-Strategie muss der Sender außerdem seine Kommunikationsziele ableiten: bspw. den Bekanntheitsgrad einer Marke von 20 auf 40% steigern. Je nach Ziel lassen sich unterschiedliche Typen von Kommunikationsstrategien unterscheiden (vgl. Abb. 4). Parallel dazu sind die **Empfänger** der Werbebotschaft zu konkretisieren: Welche Zielgruppe (z.b. DINKs) wird wo (z.b. lokal, regional, national), wann (z.b. kontinuierlich von Juni bis August) und wie (z.b. individuell vs. undifferenziert) angesprochen?

Werbeträger: Medium, mit dessen Hilfe die Werbebotschaft übermittelt wird

DINK: Zielgruppe der (noch) kinderlosen Doppelverdiener (Engl.: „Double Income no Kids")

Marketing-Strategie	Ziel (Beispiel)	Merkmale/Vorgehen
Bekanntmachung	Bekanntheitsgrad erhöhen	aufmerksamkeitsstark
Information	Wissen über Produkteigenschaften vermitteln	informativ, sachlich
Imageprofilierung	Nutzen und einzigartiges Image kommunizieren	emotional, erlebnisorientiert
Konkurrenzabgrenzung	Gegenüber Wettbewerber abgrenzen	vergleichend, aggressiv
Zielgruppenerschließung	Zielgruppe besser ausschöpfen bzw. neu erschließen	zielgruppenspezifisch
Beziehungspflege	Vertrauen und Loyalität schaffen	persönlich, vertrauenswürdig

Abb. 4: Arten von Kommunikationsstrategien
Quelle: Bruhn (2007, S.229ff.).

Dorfman-Steiner-Modell: Marginal-analytische Ermittlung des gewinn-maximalen Kommunikationsbudgets auf Grundlage von Erfahrungswerten

Sodann muss das **Budget** festgelegt und auf geeignete Kommunikationsträger verteilt werden. In seltenen Fällen greifen Unternehmen hierfür auf analytische Ansätze wie das *Dorfman-Steiner*-Modell zurück. Zumeist bedienen sie sich heuristischer Methoden. Vor allem werbeskeptische Unternehmen setzen die All you Can Afford-Methode ein, bei der sich das Kommunikationsbudget als Residualgröße ergibt, d.h. nach Abzug aller anderen betrieblichen Kosten. Andere Unternehmen legen das Budget als festen Betrag pro in der letzten Periode abgesetzten Stück (Per Unit-Methode) oder als Prozentsatz des Umsatzes (Percentage of Sales-Methode) bzw. des Gewinns (Percentage of Profit-Methode) fest. Der entscheidende Nachteil dieser Budgetierungsmethoden ist ihr prozyklischer Ansatz, der angesichts schlechter Zahlen die Unternehmen dazu zwingt, weniger zu werben und somit weitere Marktanteilsverluste hinzunehmen („aus dem Markt sparen").

Andere Methoden richten sich stärker **am Markt** aus. Wer der Wettbewerbs-Paritäts-Methode folgt, orientiert sich am Budget der wesentlichen Konkurrenten (absolutes Budget, Anteil am Umsatz oder Anteil am Gewinn). Dies versetzt das Unternehmen in die Lage, am Markt Schritt zu halten. Verfechter der Werbeanteils-Marktanteils-Methode wiederum bestimmen das Werbebudget als Anteil am gesamten Kommunikationsaufkommen der Branche. Falls der sog. Share of Advertising (SoA) dem Marktanteil entspricht, verfolgt das Unternehmen eine defensive Strategie; es möchte seine bisherige Marktstellung halten. Liegt der SoA über dem Marktanteil, will der Anbieter seine Wettbewerbsposition verbessern.

Copy-Strategie

Das Herzstück der Kommunikationsstrategie aber ist die Copy-Strategie. Sie enthält wichtige Richtlinien für die Gestaltung aller Kommunikationsmittel. Diese Vorgaben betreffen in erster Linie den **Inhalt der Botschaft**: Welches sind die charakteristischen, mit allen Medien zu kommunizierenden Eigenschaften des Unternehmens, der Marke bzw. des Produktes (z.B. „innovativ" bei der *Siemens AG*, „traditionsbewusst" bei *AfterEight*, „umweltfreundlich" beim *Toyota Prius)?* Diese eher allgemeine Positionierung wird durch ein konkretes Nutzenversprechen (Consumer Benefit) ergänzt: die Unique Selling Proposition (USP). So verspricht *Mercedes* „Sicherheit", und der *Weiße Riese* steht für „Waschkraft". Der USP soll die Zielgruppe überzeugen und das beworbene Objekt von Wettbewerbern abgrenzen.

Unique Selling Propostion (USP): Einzigartiges Nutzenversprechen eines Produkts

---

Kundenorientierter und wettbewerbsorientierter USP

Die USP muss zwei Anforderungen erfüllen: Zum einen soll sie die beworbene Marke einzigartig erscheinen lassen. Zum anderen gilt es, der aus Sicht der jeweiligen Zielgruppe „idealen Marke" möglichst zu entsprechen (= Zielgruppen-Fit). Der USP von *Yogurette* erfüllt diese Funktionen: Er hebt das Produkt als leichte Schokolade in Riegelform eindeutig von Konkurrenten wie *Duplo* und *Lindt* ab und schafft dadurch gleichzeitig die nötige Nähe zum Idealprodukt der fitnessorientierten Zielgruppe.

Hinzu kommen Vorgaben zur **Formulierung der Botschaft.** Die Werbebotschaft, insb. der USP, muss begründet und geeignet „verpackt" werden. Das Kommunikationsmittel soll glaubhaft machen, dass Produkt bzw. Marke das Nutzenversprechen einlösen werden. Um diese Reason Why zu verdeutlichen, wird das Produkt rational und/oder emotional als Problemlöser dargestellt: Im *Mercedes* kann das Kleinkind ruhig und sicher auf dem Rücksitz schlafen, der *Weiße Riese* bewältigt wahre Wäscheberge, und *Haribo* macht im Werbespot Kinder froh. Hinzu kommt die sog. Tonalität der Botschaft: Die vom Kommunikationsmittel vermittelte Stimmung bzw. Atmosphäre, welche unterschwellig die Werbebotschaft unterstützt. *Marlboro* etwa setzt hierbei auf Abenteuerlust, *Landliebe* zeigt idyllische Naturerlebnisse und *After* humorvolle, traditionsreiche Gediegenheit.

Reason Why: Grund, warum jemand ein Produkt kaufen sollte

Schließlich enthält die Copy-Strategie Richtlinien zur **Gestaltung der Botschaft.** Diese lassen sich aus dem Corporate Design (Position des Logos, andere Layout-Vorgaben) und den Merkmalen des beworbenen Objektes ableiten. Das für die jeweilige Werbebotschaft optimale Text/Bild-Verhältnis etwa ergibt sich aus dem Involvement der Zielgruppe (vgl. Abb. 5): Wer für finanziell (z.B. Geldanlage) oder funktional risikoreiche Produkte (z.B. Waschmaschine) wirbt, muss die vorwiegend rational involvierte Zielgruppe mit einem hohen Textanteil überzeugen. Bei sozial (z.B. Kleidung) oder psychisch relevanten Produkten (z.B. Urlaub), die mit emotionalem Involvement verbunden sind, ist hingegen die emotionale Ansprache in Form von Bildern der Erfolgsfaktor. Ist die Zielgruppe jedoch weder rational noch emotional beteiligt, muss aufmerksamkeitsstark geworben werden. Aus Tonalität und konkreten Gestaltungsmerkmalen erwächst schließlich der USP (= Unique Selling Proposition). Er verleiht zum einen dem USP ein Gesicht und erweitert ihn zum anderen um emotionale Merkmale wie „Harmonie" bei *Melitta,* „Liebe" bei *TUI* und „Humor" bei *Red-Bull.*

Unique Advertising Proposition (UAP): Werblich kommunizierter Verkaufsvorteil, welcher den USP „übersetzt"

		rationales Involvement	
		niedrig	hoch
emotionales Involvement	niedrig	**aufmerksamkeitsstark** (reizintensive Bilder, Farben etc., z.b. Lebensmittel)	**rational** (hoher Textanteil, z.b. Versicherung)
	hoch	**emotional** (hoher Bilderanteil, z.b. Parfum)	**emotional & rational** (ausgewogenes Text/Bild-Verhältnis, z.b. Automobil)

Abb. 5: Text/Bild-Anteil nach Maßgabe des rationalen und/oder des emotionalen Involvement

Agentur-Briefing

Aufgabe der Marketing- bzw. Kommunikationsabteilung ist es, die Kommunikationsstrategie in konkrete Kampagnen umzusetzen. Zumeist werden **Pitching:** Präsentation der Konzepte für eine Werbestrategie durch konkurrierende Agenturen **Kommunikationsagenturen** (bzw. Werbe-, Eventagenturen etc.) damit beauftragt, derartige Maßnahmen zu konzipieren, umzusetzen (Kreation, Produktion, Media-Planung etc.) und bisweilen auch zu kontrollieren. Grundlage ist das sog. Agentur-Briefing: Potenzielle Agenturen erhalten alle nötigen Informationen und Vorgaben (vgl. Abb. 6), auf deren Basis sie Konzepte entwerfen, ihr Angebot im Rahmen des sog. Pitching dem Unternehmen vorstellen und – falls sie den Auftrag erhalten – die Vorlage für die Produktion des Werbemittels entwickeln (= Creative Brief).

Ist-Situation	Unternehmen (z.B. Historie, Kultur, Philosophie, Corporate Identity, Stärken/Schwächen)
	Kommunikationsobjekt (z.B. Marktstellung, Marketing-Strategie und -Mix, Image, Stärken/Schwächen, bisherige Kommunikationsmaßnahmen inkl. Beispiele)
	Markt (z.B. Volumen/Potenzial, Region, Konkurrenten, deren Image und Auftritt, Trends)
	Zielgruppe (z.B. soziodemographische/psychographische Merkmale, Mediennutzung, Trends)
Geplante Maßnahme	Ziele, Zielgruppe, Raum, Zeit und Streuung der Kampagne
	Kommunikations-Mix und Media-Mix (inkl. Gewichtung)
	Copy-Strategie (relevante Positionierungsmerkmale, Consumer Benefit, Reason Why, Tonalität, Gestaltungsrichtlinien → USP und UAP)
Auftrag	Leistung: Konzeption, Umsetzung (z.B. Kreation, Produktion), Erfolgskontrolle/Monitoring (inkl. Aufteilung zwischen Unternehmen und Agentur sowie evtl. anderen Agenturen)
	Termine und Budgetrestriktion

Abb. 6: Beispielhafte Struktur eines Agentur-Briefing

11.4 Werbemittel: Wie die Werbebotschaft zu gestalten ist

Formulierung der Werbebotschaft

Die Werbebotschaft soll den Rezipienten im Sinne des Werbetreibenden beeinflussen. In der Praxis haben sich hierfür verschiedene **Beeinflussungsstrategien** bewährt, die an sozialen Normen oder psychologischen Prinzipien anknüpfen.

Gegenseitigkeit (Reziprozität): Menschen neigen dazu, Geschenke, Begünstigungen und Hilfeleistungen zu erwidern (z.b. durch Kauf, Loyalität). Diese soziale Norm nutzte *Media-Markt*, als es angesichts der Erhöhung der Mehrwertsteuer versprach, diese für eine bestimmte Zeit zu übernehmen. Auch Abonnenten lassen sich mit Hilfe dieser Beeinflussungstechnik werben: In der Hoffnung, dass sie zum Dank die Zeitschrift wesentlich länger als ein Jahr beziehen, verspricht man ihnen ein wertvolles Geschenk.

Konsistenz: Das Bedürfnis, sich selbst und anderen gegenüber widerspruchsfrei zu erscheinen, ist die Grundlage der Foot-in-the-Door-Technik. Hierbei verbreitet die Werbung eine (selbstverständliche) Aussage, welche der Betrachter höchstwahrscheinlich bejahen wird (z.b. „Ist ihr Strompreis zu hoch?", „Essen Sie gern und nehmen dabei ab?"). Daraufhin werden Menschen gezeigt, die das beworbene Produkt kaufen (z.b. *Yello, Du Darfst*), um konsistent mit dieser Aussage zu handeln.

Testimonial: Der Zielgruppe ähnliche Person in der Werbung, die ein Produkt nutzt bzw. konsumiert

Vertrautheit und Sympathie: Es fällt vergleichsweise leicht, Wünsche von Menschen, die man kennt und mag, zu erfüllen. Daher empfiehlt es sich, in der Werbung vertraute und sympathische Kommunikatoren einzusetzen. Dies können Testimonials sein, die aufgrund ihrer Ähnlichkeit mit der Zielgruppe besonders glaubwürdig wirken, aber auch Prominente, die als sympathische und erstrebenswerte Leitbilder erscheinen (z.b. *Günther Jauch*). Ein Glücksfall ist es, wenn der Prominente zugleich als typischer Anwender/Käufer gilt (z.b. *Boris Becker* in der *AOL*-Werbung: „Bin ich schon drin?").

Autorität: Personen, die aufgrund ihres Wissens (z.b. Experten), Berufes (z.b. Pilot) oder Talents (z.b. Schriftsteller) über Autorität verfügen, beeinflussen ihr Umfeld stärker als andere. Deshalb empfahlen, solange es rechtlich erlaubt war, Zahnärzte in Werbespots Zahnpflegeprodukte. Heute übernehmen die Ehepartner („Zahnarztfrau") oder fiktive Personen mit Doktortitel (z.b. *Dr. Best)* diese Funktion.

Leitbild-Werbung: Darstellung vorbildlicher Personen, Gebäude, Regionen oder Sportarten, deren Image sich auf das beworbene Produkt übertragen soll

Knappheit („Scarcity"): Alles, was nur in geringer Anzahl, nicht überall oder nur für einen begrenzten Zeitraum zur Verfügung steht, erscheint uns wertvoll. Zum einen gelten knappe Güter als qualitativ hochwertig; zum anderen wirken Optionen, auf die wir nicht unbeschränkt zugreifen können, besonders attraktiv. Auch dafür finden sich Werbebeispiele: sei es ein als „Limited Edition" angepriesenes Duschbad von *Axe*, die Sommerpause von *MonCheri* oder eine nur kurze Zeit gültige Gutscheinaktion.

Soziale Validierung ("Social Proof"): Menschen wollen ihre Meinungen und ihr Verhalten bewerten. Fehlen dafür objektive Maßstäbe, greifen sie auf soziale Vergleiche zurück. „Was alle tun, mögen etc., kann nicht falsch sein". Daher werden Bücher und CDs als Bestseller und Finanzdienstleister als Marktführer beworben. Und die *Ferrero Küsschen*, die der Gastgeber seinen Gästen anbietet, finden reißenden Absatz.

Zusätzlich steht dem Kommunikator eine Reihe von **Argumentationstechniken** zur Verfügung, die auch in Verkaufsgesprächen zum Einsatz kommen. Rationale, emotionale, plausible, normative oder moralische Argumente sollen den Empfänger der Botschaft von der Vorteilhaftigkeit seines Produkts bzw. seiner Marke überzeugen (ausführlicher Kap. 10.5).

Zuweilen kann es auch nötig sein, **taktisch** zu argumentieren, d.h. implizit oder explizit auf konkurrierende Angebote Bezug zu nehmen. In besonders aggressiver Form bedienen sich US-amerikanische Unternehmen hierzu der **Vergleichenden Werbung.** Dabei werden der Hauptkonkurrent (zumeist der Marktführer) genannt und die Überlegenheit des eigenen Angebotes – häufig auf humorvolle Weise – betont (z.B. im sog. Cola-Krieg zwischen *Coca-Cola* und *Pepsi).* In Deutschland ist Vergleichende Werbung seit 2000 ebenfalls erlaubt, sofern sie nicht gegen das Gesetz gegen unlauteren Wettbewerb verstößt. Es dürfen nur Waren, die für den gleichen Bedarf bestimmt sind, in Bezug auf objektiv nachprüfbare, relevante Eigenschaften in nicht irreführender, herabsetzender bzw. verunglimpfender und auf Verwechslung angelegter Weise verglichen werden. Nicht zulässig wären demzufolge der Vergleich von Mobilfunk- und Festnetztarif sowie die Botschaft „Big-Mac schmeckt besser als Whopper", denn Geschmack ist im Gegensatz zum Fettgehalt subjektiv. *Der Spiegel* darf nicht mit „Ist Ihnen der *Stern* auch zu langweilig" werben und Konkurrenten der *Deutschen Telekom* nicht deren geschützte Corporate Identity-Farbe Magenta einsetzen.

Design der Werbebotschaft

Um die Botschaft in sinnlich wahrnehmbare Reize umzusetzen, stehen verschiedene Gestaltungsmittel zur Verfügung. Diese sollten nicht nur helfen, die Werbebotschaft zu kommunizieren, sondern auch die angestrebte Tonalität und den UAP vermitteln. Am leichtesten fällt es zumeist, die Werbebotschaft in sog. kognitive Reize zu übersetzen, z.B. in Form von geschriebenem oder gesprochenem **Text.** Dominiert dieses Stilmittel, spricht man von informierender Werbung. Sie bietet sich v.a. für Produkte an, die mit hohem finanziellem und funktionalem Risiko verbunden sind (z.B. Versicherungsleistungen). Der Werbetext sollte verständlich und zielgruppengerecht formuliert sowie möglichst kurz und prägnant sein. Dabei helfen u.a. Aktiv-Sätze (statt Passiv-Sätzen) und Verben (statt Substantivierungen). Auch sollten unnötige Fachwörter und Anglizismen vermieden werden.

Die Imagery-Forschung hat jedoch gezeigt, dass **Bilder** reinen Texten in mehrfacher Hinsicht überlegen sind. Geeignete Bilder erregen mehr Aufmerksamkeit, werden besser erinnert und haben zugleich eine emotionalisierende Wirkung. So lösen Bilder von Kleinkindern das sog. Kindchenschema aus. Als besonders erfolgreich erweist sich die Kombination von Bild und Text, da sie es dem Betrachter ermöglicht, Informationen dual zu kodieren. In der rechten Gehirnhälfte werden Bilder und andere ganzheitliche Informationen verarbeitet und mit sprachlichen Informationen, die in der linken Gehirnhälfte verarbeitet werden, verknüpft. Dual kodierte Informationen sind besonders gut erinnerbar; denn das Bild dient als Schlüssel zu den Detailinformationen. Dieses Prinzip nutzen Werbeagenturen, indem sie sog. Key Visuals (zentrale Bildmotive) einsetzen: das Segelschiff von *Beck's*, das Freiheit und Abenteuer signalisiert, die *Semperoper* von *Radeberger*, die für Kultur und Hochwertigkeit steht, oder der See von *Krombacher*, der Heimat- und Naturverbundenheit anspricht.

> **Kindchenschema:** Bilder von Kindern oder Jungtieren, die den Beschützerinstinkt wecken und sympathisch wirken

In TV- und Hörfunk-Spots erfüllen musikalische **Lautbilder** (Jingles) eine ähnliche Funktion. Sie werden aber nicht nur ganzzeitlich gespeichert und entsprechend gut erinnert, sondern sind, wie der *Bacardi*-Song, auch bestens geeignet, bestimmte Emotionen zu aktivieren (z.B. Urlaubsstimmung). Elektronische Medien ermöglichen es zudem, Handlungsstränge darzustellen. Dabei wird zunächst ein Problem aufgeworfen und daraufhin das Produkt als Problemlöser präsentiert. Angewendet wird die sog. Slice of Life-Technik z.B. in den Spots von *Gelbe Seiten* (Handwerker bestellen) oder *Miracoli* (Familie zum Essen locken). Print- und Außenwerbung sind für das Story-Telling weniger geeignet.

> **Slice of Life-Technik:** Realistische Darstellung von Alltagsszenen mit typischen Verbrauchern

Um in der wachsenden Flut von Werbebotschaften wahrgenommen zu werden, setzen viele Werbetreibende **aufmerksamkeitsstarke, aktivierende Reize** ein (vgl. Abb. 7). So werden auffällige, große Anzeigen und kräftige Farben häufiger beachtet als kleine Formate und Pastellfarben. Allerdings steigt, wie es das Quadratwurzelgesetz zum Ausdruck bringt, die Aufmerksamkeit nur unterproportional mit der Reizintensität (z.B. Größe einer Anzeige). Auch können allzu grelle Farben wie Warnfarben wirken und Vermeidungsreaktionen (z.B. Wegsehen) bzw. negative Assoziationen (z.B. Rot = Gefahr) auslösen.

> **Quadratwurzelgesetz:** Verdopplung der Personen, welche die Anzeige wahrnehmen, bei Vervierfachung der Anzeigengröße

Emotional aktivierende Reize sind ebenfalls nicht unproblematisch. So aktiviert erotische (z.B. *CoolWater*) und humorvolle (z.B. *RedBull)* Werbung u.U. derart stark, dass die beworbene Marke und die Botschaft nicht bemerkt oder nicht erinnert werden. Bei Furchtappellen droht neben diesem **Vampir-Effekt** zusätzlich der **Bumerang-Effekt**. Mit furchteinflößenden Werbebotschaften machen sich Anbieter zunutze, dass die meisten Menschen die Quelle einer wahrgenommenen Gefährdung zu beseitigen oder zu meiden versuchen. Sie kommunizieren daher der Zielgruppe, dass das beworbene Produkt dabei hilft, dass also z.B. eine Rentenversicherung vor Altersarmut schützt. Allerdings kann es sein, dass der Betrachter sich durch den übermäßig intensiven Reiz in seiner freien Entscheidung eingeschränkt fühlt und versucht, die bedrohte Freiheit wiederherzustellen, indem er den Sender der Botschaft „bestraft", also z.b. das beworbene Produkt nicht kauft und schlecht über den Anbieter spricht.

Zeigarnik-Effekt: Bessere Erinnerung unvollständiger Formen und Handlungen (sog. Cliffhanger) im Vergleich zu vollständigen Formen und Handlungen

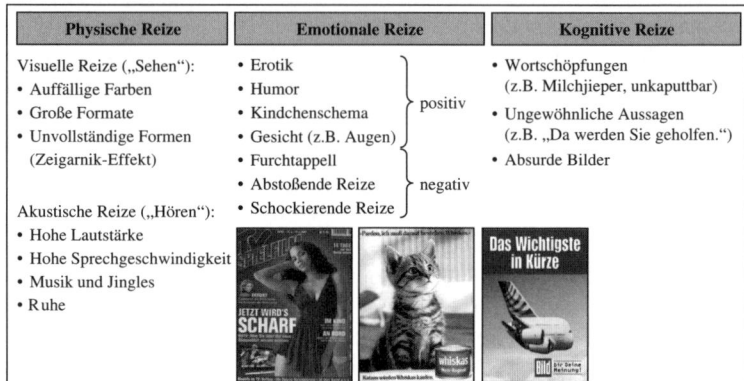

Physische Reize	Emotionale Reize	Kognitive Reize
Visuelle Reize („Sehen"): • Auffällige Farben • Große Formate • Unvollständige Formen (Zeigarnik-Effekt) Akustische Reize („Hören"): • Hohe Lautstärke • Hohe Sprechgeschwindigkeit • Musik und Jingles • Ruhe	• Erotik • Humor • Kindchenschema • Gesicht (z.B. Augen) • Furchtappell • Abstoßende Reize • Schockierende Reize } positiv } negativ	• Wortschöpfungen (z.B. Milchjieper, unkaputtbar) • Ungewöhnliche Aussagen (z.B. „Da werden Sie geholfen.") • Absurde Bilder

Abb. 7: Formen aufmerksamkeitsstarker, aktivierender Reize

11.5 Werbeträger: Über welches Medium geworben wird

Intermedia-Selektion

Cross Media: Platzierung einer Werbebotschaft parallel oder zeitlich vor- bzw. nachgeschaltet in zwei oder mehr Werbeträgern (z.B. TV und Radio)

Mediawerbung zielt darauf ab, ein Massenpublikum mit Hilfe von Medien zu beeinflussen. Je nach Art des Werbeträgers differenziert man in Print-, TV- und Hörfunk-Werbung sowie Kino-, Außen- und Online-Werbung. Dabei unterscheidet man hauptsächlich drei Formen mit jeweils charakteristischen Vor- und Nachteilen (vgl. Abb. 8). Dass viele Werbeträger erst in Kombination mit anderen ihre volle Wirkung entfalten, macht sich die sog. Cross Media-Kommunikation zunutze.

Werbeträger		Einnahmen (in Mio. €)[*]	Vorteile	Nachteile	Eignung
Print-medien	Zeitung	4.793	Aktualität, Regionalität	Gestaltung, Wahrnehmung, Streuverluste	Informierende Werbung
	Zeitschrift	2.812	Gestaltung, Reichweite, passendes Umfeld	Streuverluste	Sympathie-Werbung
Elektro-nische Medien	TV	4.114	Gestaltung, Reichweite, passendes Umfeld	Streuverluste, Zapping	Sympathie-Werbung
	Hörfunk	680	Aktualität, Regionalität, Reichweite	Gestaltung, Flüchtigkeit	Informierende Werbung
	Kino	117	Aktualität, Länge, Aufmerksamkeit	Reichweite	Sympathie-Werbung
	Internet	495	Aktualität, Reichweite, Interaktivität, Gestaltung	Umfeld, Technikabhängigkeit, internetferne Zielgruppen	universal
Außen-medien	Plakat/ Verkehrsmittel	787	Kaufnähe, Reichweite, geringe Vermeidbarkeit	Streuverluste, Wahrnehmung, unpassendes/kein Umfeld	universal

[*] Netto-Werbeeinnahmen erfassbarer Werbeträger (ZAW 2006); weitere Werbeträger: Anzeigenblätter (1.943), Verzeichnismedien (1.199), Supplements (90)

Abb. 8: Ausgewählte Werbeträger im Überblick

Printmedien: Unter den periodisch erscheinenden Druckerzeugnissen, in denen Anbieter Werbung schalten können, spielen **Zeitungen** immer noch die bedeutendste Rolle. Ihre Reichweite nimmt jedoch kontinuierlich ab: 2006 waren noch 74% der Gesamtbevölkerung regelmäßige Zeitungsleser, bei den 20-29-Jährigen aber nur noch 58%. Der Vorteil von **Zeitschriften** liegt v.a. darin, dass Anzeigen hochwertiger gestaltet, auf die spezielle Leserschaft zugeschnitten und neben thematisch passenden Artikeln platziert werden können. Dabei unterscheidet man Publikums-, Fach-, Kunden- und Mitarbeiterzeitschriften. Unter den Publikumszeitschriften wiederum gibt es General-Interest-Titel wie *Stern* oder *TV-Spielfilm*, die ein breites Publikum ansprechen, und Special Interest-Zeitschriften wie *auto motor sport*, *Brigitte* oder *Bravo*, die eine spezielle Zielgruppe haben. Ebenfalls dem Print-Bereich zuzuordnen sind Anzeigenblätter (kostenlose, reine werbefinanzierte Zeitungen), Verzeichnismedien wie Telefon- und Adressbücher sowie Supplements.

Supplements: Periodisch erscheinende Beilagen von Zeitungen und Zeitschriften (z.B. TV-Programm)

Elektronische Medien: Der zweitwichtigste Werbeträger ist das **Fernsehen.** Es bietet die Möglichkeit, die Zielgruppe multisensorisch (Text, Ton, bewegte Bilder) und, dank vieler unterschiedlicher Sender und Sendungen, gezielt anzusprechen. Beeinträchtigt wird TV-Werbung durch das Zapping-Phänomen und die während der Werbepause sinkende Aufmerksamkeit (z.B. Raum verlassen, Lesen, Telefonieren). Mit großem Abstand folgt der **Hörfunk**, der auf akustische Reize beschränkt ist und als Hintergrundmedium gilt, das weniger beachtet wird. Im **Kino** wiederum schalten große Werbetreibende aufwendig produzierte, zumeist längere Werbefilme und regionale Anbieter Kinospots mit speziellen Hinweisen (bspw. auf Geschäftseröffnungen, Sonderaktionen). Vorteile der Kino-Werbung sind die größere Aufmerksamkeit der Zielgruppe und der Gestaltungsspielraum. Schließlich kommt mit dem **Internet** ein weiterer elektronischer Werbeträger hinzu, der seit 2004 jährlich zweistellig wächst und v.a. von seiner Interaktivität profitiert. Über Werbebanner wie Skyscrapers und PopUps gelangen Internetnutzer direkt zur Webseite des Anbieters und können dort die beworbenen Produkte kaufen oder um Kontaktaufnahme bitten. Problematisch ist, dass dieses Medium noch nicht alle Zielgruppen (insb. mittleres Alter, Frauen) gleichermaßen erreicht und Informationen aus dem Internet v.a. bei älteren Nutzern als wenig glaubwürdig gelten.

Skyscraper: Vertikale Werbebanner

PopUp: Werbung, die beim Öffnen einer Internetseite im eigenen Fenster erscheint

Medien der Außenwerbung: Der öffentliche Raum ist voller ungewöhnlicher Werbeträger (z.B. Großplakate, Verkehrsmittel, Häuserfronten). Stärken dieser Werbeform sind die von der Mediennutzung der Zielgruppe unabhängige hohe Reichweite (v.a. in Städten) und die Kaufnähe: Noch auf dem Weg zum Einkauf können Verbraucher auf diese Weise durch Werbebotschaften beeinflusst werden. Als Schwachstelle gilt die geringe Aufmerksamkeit der Zielgruppe; denn Passanten oder Fahrgäste sind nicht gleichermaßen involviert wie Leser einer Zeitschrift oder Zuschauer einer Sendung. Das Motiv muss demzufolge höchst aufmerksamkeitsstark gestal-

CLP:
Beleuchtete
Plakate in
hochfrequen-
tierter Lage

tet sein (z.b. attraktive Menschen als Key Visual). Besondere Erscheinungsformen sind Road-Poster (z.b. an Rückseiten von LKWs), City Light
Poster (CLP) und BlowUps (Riesenposter an bspw. Fassaden und speziell
installierten Gerüsten).

Intramedia-Selektion

**Quantitative
Reichweite:**
Leser pro
Ausgabe
(LpA) = Ver-
kaufte Auf-
lage · Leser
pro Exem-
plar (LpE)

Hat sich der Werbetreibende für einen Werbeträger (z.b. Rundfunk) entschieden, wählt er den konkreten Sender anhand eines **Kosten-Nutzen-Ver-
gleichs** aus. Die Belegungskosten sind dem Nutzen, der aus der Schaltung
des Werbemittels entsteht, gegenüberzustellen. Zumeist verfolgt man dabei
einen pragmatischen Ansatz, indem man den Nutzen als „Zahl der Kontakte
des Mediums mit der Zielgruppe" definiert. Grundlage ist die quantitative
Reichweite, d.h. die Anzahl der Leser, Hörer bzw. Seher, die mit einer Ausgabe des Mediums in einem bestimmten Zeitraum Kontakt haben. Multipliziert mit dem Anteil der Zielgruppe an allen Kontakten ergibt sich die qualitative Reichweite, d.h. die Anzahl der von einer Ausgabe erreichten
Vertreter der Zielgruppe. Die verschiedenen Reichweitenmaße können absolut (Anzahl der Leser) oder prozentual (Anteil an der Grundgesamtheit)
angegeben werden.

Um das Kosten-Nutzen-Verhältnis verschiedener Medien miteinander vergleichen zu können, wird der **Tausend-Kontakte-Preis** berechnet, d.h. der
Preis, der zu bezahlen ist, um bei einmaliger Belegung 1.000 Personen zu
erreichen:

$$TKP = \frac{Kosten\ je\ Belegung*}{Leser/Seher/Hörer\ pro\ Ausgabe} \cdot 1000\ Leser/Seher/Hörer$$

* Zeitungen: Kosten für viertelseitige Schwarz/Weiß-Anzeige
  Zeitschrift: Kosten für einseitige Farb-Anzeige
  TV/Funk: Kosten für 30-Sekunden-Spot

Wählt man nicht die quantitative, sondern die qualitative Reichweite als
Nenner, ergibt sich der **gewichtete TKP**: Wie viel kostet es, 1.000 Vertreter
der Zielgruppe zu erreichen? Bevorzugt wird das Medium mit dem gerings-
ten TKP. Allerdings sind die 1.000 Leser, Seher bzw. Hörer lediglich potenzielle Kontakte des Werbemittels; denn nicht jeder liest jede Seite (schon
gar nicht die Anzeigen) und bleibt während der Werbepause in Reichweite
bzw. aufmerksam. Zudem bedarf es bei mehrmaliger Belegung und mehreren Medien komplexer Reichweitenmaße, die u.a. berücksichtigen, welche
Zielpersonen mehrfach erreicht werden.

Schließlich muss über die **Platzierung** des Spots bzw. der Anzeige innerhalb des Mediums entschieden werden. Im TV gelten die Eckplätze der
Werbepausen als besonders erfolgreich, da dort zum einen die Aufmerksamkeit der Zuschauer noch hoch ist bzw. wieder steigt. Zum anderen erinnern wir uns an die ersten (Primacy-Effekt) und die letzten Informationen

(Recency-Effekt) aus einer längeren Reihe von Informationen am besten. In Zeitschriften werden die Umschlagseiten stark beachtet; Anzeigen im hinteren Teil erzielen weniger Kontakte. Außergewöhnliche Formen wie ausklappbare und mit Produktproben versehene Anzeigen fallen überdurchschnittlich auf. Wichtig ist weiterhin das Umfeld des Werbemittels. So zieht eine neben dem Leitartikel platzierte Anzeige viel Aufmerksamkeit auf sich, ebenso ein Schwarz/Weiß-Spot inmitten zahlreicher Farb-Spots. Eine besonders starke Erinnerungswirkung verspricht schließlich auch die sog. Reminder- oder Tandem-Technik.

Reminder-Technik: Wiederholung eines Spots in einem Werbeblock bzw. zweimalige Schaltung einer Anzeige in einer Zeitschrift

Sonderformen der Werbung

Getarnte Werbung: Um sich Vorteile (z.B. Akzeptanz) zu verschaffen, werben manche Unternehmen in einer Form, die den Werbecharakter verschleiert. Derartige Schleichwerbung ist in Deutschland gemäß UWG verboten, während die EU sie mittlerweile unter bestimmten Bedingungen erlaubt, z.B. wenn sie als Werbung kenntlich gemacht wird. Eine Variante ist das Product Placement, bei dem ein Produkt scheinbar als Requisit in einem Spielfilm oder einer Sendung gegen Entgelt platziert oder genannt wird (z.B. *BMW Z3* im *James Bond*-Film oder *Nutella*-Glas in einer Serie). In Zeitungen wiederum sind sog. Advertorials verbreitet: Anzeigen, die so gestaltet sind, dass sie auf den Leser wie redaktionelle Beiträge wirken. Allerdings strengen Konkurrenten dagegen gerne Unterlassungsklagen an. Und von den Verbrauchern droht den Werbetreibenden Reaktanz, falls sie bemerken, dass sie getäuscht werden sollen.

Word-of-Mouth: Werbebotschaften, die von Freunden bzw. Bekannten übermittelt werden, gelten als glaubwürdige Informationsquelle. Aktivieren lässt sich die sog. Mund-zu-Mund-Kommunikation durch Kunden-werben-Kunden-Aktionen (z.B. Prämien für die Kundenempfehlung) sowie mit Hilfe von Spots und Anzeigen, in denen Freunde einander ein Produkt empfehlen. Die elektronische Spielart dieser Werbeform, das sog. Virale Marketing, löst im Internet und Mobilfunk den Schneeballeffekt aus: Werbebotschaften wie Gewinnspiele und lustige Werbefilme verbreiten sich per E-Mail oder SMS wie ein Virus im Freundeskreis.

Ambient-Media: Mit immer neuen Varianten von Außenwerbung versuchen Anbieter dort zu werben, wo sich die Zielgruppe aufhält und die Aufmerksamkeit groß ist, weil Werbebotschaften in einem solchen Umfeld nicht erwartet werden. Beispiele sind Gratispostkarten, Getränkeuntersetzer, Toiletten-, Spind- und Duschplakate sowie Werbung auf Pizzakartons, Coffee-to-Go-Bechern, Einkaufstüten und Kanaldeckeln.

11.6   Werbewirkung: Wie sich der Effekt von Werbung messen lässt

AIDA-Modell als einfaches Stufenmodell der Werbewirkung

Der Erfolg einer Werbemaßnahme hängt davon ab, ob die verfolgten Ziele im gewünschten Maße erreicht wurden (= Zielerreichungsgrad). Notwendige Bedingung für Werbeerfolg ist demzufolge Werbewirkung: die Werbung muss die Zielkriterien wie Bekanntheit, Einstellung, Image und Marktanteil verändern. Dabei geht die Werbewirkungsforschung von mehr oder weniger **komplexen Wirkungsketten** aus (vgl. Abb. 9): Eine Anzeige sollte zunächst Aufmerksamkeit, sodann Interesse an der Botschaft und schließlich am beworbenen Produkt wecken. Als Folge davon sollte die Zielgruppe das Produkt präferieren sowie bereit sein, es zu kaufen. Aus betriebswirtschaftlicher Sicht entscheidend aber ist der tatsächliche Kauf, danach der Wiederkauf und letztlich die dauerhafte Loyalität zum Produkt bzw. zur Marke.

Präferenz: Bevorzugen eines Objekts (z.B. Produkt) gegenüber einem anderen

Einfache Stufenmodelle der Werbewirkung berücksichtigen nur Teile dieser komplexen Kette. Das bekannteste ist das **AIDA-Modell**, welches *E. Lewis* 1898 ursprünglich als idealen Ablauf eines Verkaufsgesprächs entwickelt hat: Aufmerksamkeit → Interesse → Kaufwunsch → Kauf. Ob eine Werbemaßnahme die einzelnen Stufen der Kette aktiviert, lässt sich an verschiedenen Erfolgskriterien ablesen. Die Praxis konzentriert sich dabei allerdings auf die Aufmerksamkeitswirkung; Einstellungswirkung und reales Kaufverhalten werden selten analysiert.

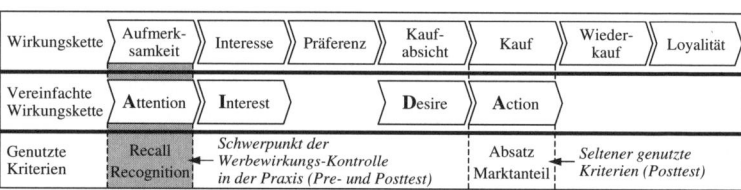

Abb. 9: Kriterien der Werbewirkung

Grundlegende Ansätze zur Wirkungskontrolle

Storyboard: Erster Entwurf eines TV-Spots in Form einer Abfolge von Skizzen

Idealerweise testet bzw. prognostiziert ein Werbetreibender die Wirksamkeit potenzieller Kampagnen vor deren Einsatz. Nicht selten jedoch wird aus Zeit- und Kostengründen auf **Pretests** verzichtet, obwohl sich so Fehlinvestitionen verhindern, Schwächen eines Werbemittels beheben, alternative Gestaltungen vergleichen und Storyboards testen ließen. Überprüft man die Wirkung erst nach Abschluss einer Werbekampagne, spricht man von **Posttest**.

Sowohl im Pretest als auch im Posttest wird zumeist die Erinnerungswirkung gemessen. Hierzu zieht man gewöhnlich folgende zwei Standardkriterien heran. Der **Recall-Wert** gibt an, ob sich die Testpersonen an die Anzeige bzw. den Spot erinnern. Durch eine offene Frage wie „Nennen Sie mir die Werbeanzeigen, an die Sie sich erinnern" lässt sich der ungestützte Recall-Wert erheben (Unaided Recall). Der gestützte Recall-Wert (Aided Recall) wird unter Vorlage einer Liste von Anzeigen, Spots etc. folgendermaßen erfragt: z.b. „Welche der folgenden Anzeigen haben Sie in der Zeitschrift gesehen?" Ein verbreitetes Recall-Verfahren ist die DAR-Methode: Der Day After Recall wird nicht sofort nach der Konfrontation mit dem Werbemittel, sondern erst 24 Stunden später ermittelt, wobei zufällig ausgewählte Vertreter der Zielgruppe angerufen und zu der Werbemaßnahme befragt werden. Mit dieser Zeitverzögerung trägt man dem Umstand Rechnung, dass die Kaufentscheidung im Regelfall auch nicht unmittelbar nach der Konfrontation mit einer Werbebotschaft gefällt wird.

Der **Recognition-Wert** hingegen zeigt an, ob die Zielgruppe das Werbemittel unter einer Reihe von Anzeigen, die man ihr vorgelegt, oder Werbespots, die man ihr zeigt, wiedererkennt. Da es leichter ist, etwas wiederzuerkennen, als sich aktiv daran zu erinnern, fallen die Recognition-Werte zumeist deutlich höher aus als die Recall-Werte. Ein bekanntes Recognition-Verfahren ist der Starch-Test. Dabei wird dreistufig gefragt, ob man die Anzeige bereits gesehen (noted), Teile davon und insb. den Absender erinnert (seen/associated) sowie mehr als die Hälfte gelesen hat (read most). Um sozial erwünschte Antworten zu vermeiden, werden oft auch Anzeigen einbezogen, welche der Proband nicht gesehen haben kann. Die Erinnerungswerte dieser Pseudo-Werbemittel sind von denen „echter" Werbemittel abzuziehen.

Für den Posttest greifen große Unternehmen häufig auf die Dienste großer Marktforschungsinstitute zurück. Im Rahmen der von diesen angebotenen **Tracking-Studien** (z.b. *GfK-Werbeindikator* oder *AdEffect* von *TNS Infratest)* werden neben der Erinnerung an Slogans und konkrete Kampagnen (auch von Konkurrenten) allgemeine Merkmale der Marke (z.b. Bekanntheit, Einstellung) in regelmäßigen Abständen erhoben. Auf diese Weise lässt sich der Share of Mind berechnen. Stellt man den Share of Mind dem Share of Advertising gegenüber, erhält man ein Maß für die Werbeeffizienz.

Share of Mind: Anteil der von der Zielgruppe erinnerten Werbebotschaften eines Unternehmens an allen erinnerten Werbebotschaften

11.7 Neuere Tendenzen in Wissenschaft und Praxis

Mobile Advertising: Kaum ein elektronisches Gerät nutzen junge Menschen intensiver als ihr Mobiltelefon. Deshalb wird dieses Medium zunehmend als Werbeträger genutzt. Zunächst waren es nur virale SMS-Kampagnen (z.b. Einladungen in Diskotheken mit Gutschein zum Weitersenden). Heute lässt sich dieses Prinzip – dank MMS und anderer technologischer Verbesserungen – auf Bildbotschaften, Videos, Spiele und Klingeltöne ausweiten. Da das „Handy" zunehmend auch internetfähig ist, erwächst der Internet-Werbung hieraus ein neuer Kommunikationskanal.

Corporate Publishing: Um unterschiedliche Anspruchsgruppen zu erreichen, verlegen Unternehmen eigene Medien bzw. beauftragen Verlage oder Agenturen damit. Die häufigste Erscheinungsform des Corporate Publishing sind Kunden- und Aktionärszeitschriften; aber auch unternehmenseigene CDs und Videos und sogar TV-, Radio- und Podcast-Angebote sind denkbar. Zunehmender Beliebtheit erfreut sich bspw. das Mitarbeiter-TV.

SplitScreen: **Infotainment:** Durch die Fusion von Information und Entertainment soll die Aufmerksamkeit von Zielgruppen gewonnen werden, die durch traditionelle Medien (z.b. Tageszeitung) kaum mehr erreichbar sind. Dieses Prinzip wird bspw. in Form von LCD-Anzeigen in Wartebereichen (Haltestelle, Wartezimmer), an stark frequentierten Plätzen (z.b. Bahnhof) und in Verkehrsmitteln umgesetzt: Wartende und Passanten werden auf unterhaltsame Weise über aktuelle Ereignisse informiert und dabei zugleich umworben (z.B. durch SplitScreens).

Aufteilung des Bildschirms in zwei oder mehr Teile, sodass Werbung parallel zum regulären Programm läuft

Überprüfen Sie Ihr Wissen

Wiederholende und weiterführende Fragen finden Sie in den Begleitmaterialien im Internet unter www.**erfolgsfaktoren-marketing.de**

Grundlegende Literatur

Bruhn, M.: Kommunikationspolitik, 4.Aufl., München 2007.

Cialdini, R.B.: Die Psychologie des Überzeugens, 5.Aufl., Bern 2007.
Fuchs, W.; Unger, F.: Management der Marketing-Kommunikation, 4.Aufl., Berlin 2007.
Mayer, H.; Illmann, T.: Markt- und Werbepsychologie, 3.Aufl., Stuttgart 1999.
Schweiger, G.; Schrattenecker, G.: Werbung. Eine Einführung, 6.Aufl., Stuttgart 2005.

Weiterführende Literatur

Eng, L.L.; Keh, H.T.: The Effects of Advertising and Brand Value on Future Operating and Market Performance, in: Journal of Advertising, Vol.36 (2007), No.4, pp.91-100.
Havlena, W.; Cardarelli, R.; De Montigny, M.: Quantifying the Isolated and Synergistic Effects of Exposure Frequency for TV, Print, and Internet Advertising, in: Journal of Advertising Research, Vol.47 (2007), No.3, pp.215-221.
Henderson, S.B.: Are So-called Successful Advertising Campaigns Really Successful?, in: Journal of Advertising Research, Vol.40 (2000), No.6, pp.25-31.

12 Below the Line-Kommunikation

12.1 Reason Why: Warum Unternehmen neue Kommunikationswege
beschreiten 178
12.2 Verkaufsförderung: Wie sich der Absatz kurzfristig stimulieren
lässt 179
12.3 Direkt-Marketing: Wie Kunden ummittelbar erreicht werden
können 182
12.4 Öffentlichkeitsarbeit: Wie ein Unternehmen Beziehungen
zu Stakeholdern pflegt 184
12.5 Sponsoring und Events: Wie man die Erlebnisorientierung
der Kunden nutzt 186
12.6 Guerilla-Taktik: Wie sich Kunden und Konkurrenten überraschen
lassen 188
12.7 Neuere Tendenzen in Wissenschaft und Praxis 189

Die 1803 von der Familie *Schadeberg* in Krombach gegründete Privatbrauerei schaltete bereits in den siebziger Jahren Printkampagnen für *Krombacher Pils*. Dabei positionierte sie die Marke konsequent als naturverbunden. Diente anfangs noch ein Förster als Key Visual, setzt man seit langem erfolgreich auf die sog. *Krombacher Insel*. Diese Above the Line-Kommunikation unterstützt die Brauerei durch alternative Kommunikationsformen. Eine besondere Rolle spielen Sport-Sponsoring (z.B. Champions League, Formel 1, VfL Gummersbach) sowie dazu passendes Event- und Programm-Sponsoring (z.B. Berlin Marathon, ARD-Sportschau). Als Erfolgsfaktor erwies sich das 2002 gestartete *Krombacher Regenwald-Projekt*, eine Mischung aus Öko-Sponsoring, Verkaufsförderung und klassischer Werbung. Pro abgesetzten *Krombacher*-Kasten stiftete die Brauerei, unterstützt vom Leitbild *Günther Jauch* und dem *WWF*, einen bestimmten Betrag für den Schutz des Regenwaldes. Auf diese Weise konnte bisher 83 Mio. m² Regenwald gekauft werden. Außerdem betreibt das Unternehmen Direkt-Marketing, indem es Kunden die kostenlose Mitgliedschaft im *Krombacher Club* anbietet. Dort können sie u.a. sog. Club Perlen gegen Prämien eintauschen, an Gewinnspielen teilnehmen und exklusive Vorteile nutzen. Zuweilen betreibt die Brauerei auch Guerilla-Marketing. So verloste sie unter dem Motto „Drive The Dragon!" 1.000 mit dem hauseigenen Mixgetränk *Cab* plakatierte *VW Fox* (vergünstigte Leasing-Rate). Die Aktion wurde im Internet und über eine virale SMS-Kampagne bekannt gemacht. Alle diese Maßnahmen werden miteinander vernetzt und durch Pressearbeit unterstützt. Offenbar ist diese integrierte Kommunikation von Erfolg gekrönt: *Krombacher Pils* behauptet sich als Marktführer und konnte den Marktanteil von 7,2% im Jahr 2001 auf 10,1% im Jahr 2007 steigern. Auch *Krombacher Radler* und *Krombacher Alkoholfrei* sind in ihren Kategorien Marktführer. Damit gelingt es der Privatbrauerei, sich gegen die internationalen Braukonzerne zu behaupten und im schrumpfenden Biermarkt zu wachsen.

12.1 Reason Why: Warum Unternehmen neue Kommunikationswege beschreiten

Kommunikationspolitik jenseits von Mediawerbung

Angesichts des steigenden Werbedrucks und der Werbemüdigkeit der Mehrzahl der Kunden suchen viele Anbieter andere Wege als die klassische Mediawerbung, um mit ihrer Zielgruppe zu kommunizieren. Mit Verkaufsförderung, Sponsoring, Guerilla-Marketing etc. steht eine Vielzahl von Instrumenten zur Verfügung, die zwar keine der Werbung vergleichbare Breitenwirkung entfalten, aber es ermöglichen, eine kleine Gruppe von Konsumenten **zielgenau**, kostengünstig und weitgehend konkurrenzlos zu erreichen (vgl. Abb. 1). Diese sog. Below the Line-Kommunikation liegt zumeist unterhalb der Wahrnehmungsschwelle („Line") und wird von der Zielgruppe häufig nicht als Werbung erkannt. Dabei ist die Zuordnung der Maßnahmen durchaus nicht unproblematisch: In der Verkaufsförderung etwa werden häufig auch Kommunikationsmittel eingesetzt, die an „klassische Werbung" erinnern (z.B. Instore-Radio), und Online-Werbung gilt aufgrund ihrer Modernität oft (noch) als Below the Line-Instrument. Zuweilen wird auch die persönliche Kommunikation (z.B. Verkaufsgespräch) zu den Instrumenten der Kommunikationspolitik gezählt.

Abb. 1: Systematik der Kommunikationsinstrumente

Für Below the Line-Kommunikation spricht ebenfalls, dass Werbung zwar positive Einstellungen und Präferenzen schaffen kann, die Zielgruppe die Kaufentscheidung aber zumeist außerhalb des Einflussbereiches der Medien trifft: z.B. im Supermarkt oder in den Fußgängerzonen der Städte. Da dort erneut eine Fülle von andersartigen Reizen auf die Verbraucher einströmt, bleiben die beim Medienkonsum gelernten Einstellungen und

Präferenzen häufig wirkungslos. Unternehmen suchen daher nach Möglich-keiten, ihre **Werbebotschaft** am PoS zu **aktivieren**, durch zusätzliche Kaufimpulse zu verstärken und so die werblich geschaffene positive Einstellung in Kaufverhalten umzusetzen. Und auch Unternehmen, die bspw. aus finanziellen Gründen auf Media-Werbung verzichten, können mit Below the Line-Instrumenten Verkaufserfolge erzielen, indem sie auf andere Marken „programmierte" Konsumenten am PoS umstimmen.

PoS: Ort, an dem die Ware verkauft wird: Point of Sale

Schließlich lassen sich **drei wesentliche Erfolgsfaktoren** des Marketing nur in begrenztem Maße durch werbliche Kommunikation über Massenmedien sicherstellen: der persönliche Kontakt zum Kunden, das Vertrauen potenzieller Käufer und der emotionale Zugang zur Zielgruppe. Direktmarketing, Öffentlichkeitsarbeit sowie Sponsoring und Event-Marketing und andere Below the Line-Instrumente können hier Abhilfe schaffen.

Integrierte Kommunikation

Below the Line- und Above the Line-Maßnahmen weisen jeweils spezifische Stärken und Schwächen auf. Deshalb empfiehlt es sich, sie zu einem Kommunikations-Mix zu bündeln. Dabei ist darauf zu achten, dass alle Botschaften sowohl in ihrer Innenwirkung (z.b. gegenüber Mitarbeitern) als auch in ihrer Außenwirkung (z.b. gegenüber Kunden und Presse) eine Einheit bilden, d.h. den Zielen der Corporate Communication entsprechen und **aufeinander abgestimmt** sind. So wird ein Anbieter, der gleichzeitig kurzfristig den Absatz steigern und die Markenbekanntheit erhöhen möchte, Verkaufsförderungsmaßnahmen mit aufmerksamkeitsstarker TV-Werbung kombinieren. Sponsoring wiederum verspricht v.a. dann Erfolg, wenn es durch Öffentlichkeitsarbeit (z.B. Pressekonferenzen mit dem Sponsornehmer) und klassische Werbung (z.B. Hörfunk-Spots) unterstützt wird.

12.2 Verkaufsförderung: Wie sich der Absatz kurzfristig stimulieren lässt

Maßnahmen der Verkaufsförderung sind vorrangig darauf ausgerichtet, durch spezielle Aktionen kurzfristig Absatz und Umsatz zu steigern. Die auch Promotion genannten Kommunikationsformen zielen auf nachgelagerte Vertriebsstufen und lassen sich nach Absender und Adressat systematisieren (vgl. Abb. 2).

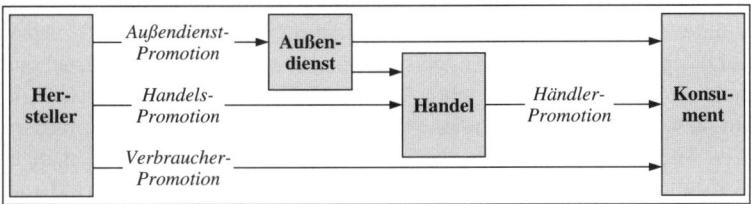

Abb. 2: Erscheinungsformen der Verkaufsförderung

An Absatzhelfer und Absatzmittler gerichtete Verkaufsförderung

Der Hersteller versucht, Absatzhelfer und Absatzmittler davon zu überzeugen, seine Produkte bevorzugt anzubieten. Für die **Außendienst-Promotion** eigenen sich bspw. Informationsmaterial, Schulungen, motivierende Freizeitveranstaltungen, interne Verkaufswettbewerbe, Prämien sowie Verkaufshilfen (z.B. Unterstützung durch Hostessen am Messestand). Sie alle haben ein Ziel: Dass der Außendienst den Endkunden (= direkter Vertrieb) oder dem Handel (= indirekter Vertrieb) die beworbenen Produkte mit besonderem Nachdruck anbietet und so Absatz sowie Umsatz kurzfristig stimuliert. Diese Instrumente sind auch für die **Handels-Promotion** einsetzbar. Hinzu kommen spezielle Maßnahmen, die Händler bzw. deren Verkaufspersonal dazu motivieren sollen, die Produkte des Herstellers erstmalig oder erneut zu listen, hochwertiger zu platzieren (z.B. in der Blickzone des Regals) und im individuellen Verkaufsgespräch zu empfehlen:

Listung: Aufnahme eines Produkts in das Sortiment durch den Handel

- Werbegeschenke (sog. Give Aways) an den Händler und das Verkaufspersonal.

Zweitnutzen-Display: Mehrfach verwendbares Shop-in-the-Shop-System zur Produktpräsentation

- Dekorationsservice, Ladenbaukonzepte und Zweitnutzen-Displays (kostenlos oder vergünstigt).
- Besondere Zugaben, sog. Near-Pack-Promotion, die an bewusst ausgewählten Standorten im Ladengeschäft zum Abholen bzw. zum vergünstigten Kauf bereit stehen, um für Kundenlaufverhalten und Verbundkäufe zu sorgen.
- Vom Anbieter gestelltes Personal, das am PoS den Verkauf, die Regalpflege, die Dekoration und Verkostungsaktionen unterstützt bzw. eigenständig bewerkstelligt.
- In Handelszeitungen und -zeitschriften wie der *LebensmittelZeitung* geschaltete Werbeanzeigen, deren Nutzenversprechen anders als bei Endverbraucher-Kampagnen in der Verkaufsunterstützung, welche der Hersteller leistet, besteht (z.B. Werbebotschaften wie „Neue Verpackung sorgt für höhere Kundenfrequenz!" oder „Die Neueinführung wird von einer breit angelegten TV-Kampagne begleitet!").

An Endverbraucher gerichtete Verkaufsförderung

Die **direkt am PoS** durchgeführten Verkaufsförderungsmaßnahmen werden entweder vom Händler (zumeist in Kooperation mit einem oder mehreren Anbietern) oder von Herstellern in Absprache mit dem Handel initiiert.

Floor Graphics: Auf dem Fußboden oder Treppen als Aufkleber angebrachte „Bodenplakate"

Während die reine **Händler-Promotion** (z.B. Anwohnerfest, 10% Rabatt auf das gesamte Sortiment) allgemein den Absatz der Handelsunternehmen steigern soll, besteht die wichtigste Aufgabe kooperativer Promotions darin, den Abverkauf der Produkte der teilnehmenden Hersteller zu fördern. Als Werbeträger werden bspw. Floor Graphics, Plakate, Deckenhänger, Aufsteller, Regalbeschilderung (sog. Shelf Talker) sowie zunehmend auch PoS-Radio, PoS-TV und Info-Terminals genutzt.

Das wichtigste Promotion-Instrument des Handels aber sind **Sonder- bzw. Zweitplatzierungen**: Das beworbene Produkt wird neben der Stammplatzierung (z.b. im Regal) an einer weiteren, stark frequentierten Stelle angeboten (z.b. Aktionsfläche, Gondelkopf). Um die Kunden anzuregen, bedarf es allerdings mehr als einer derart verstärkten Präsenz, nämlich im Regelfall eines **Preisnachlasses**. Möglich sind aber auch imagewirksame Aktionen wie durch Deckenhänger beworbene **Gewinnspiele**, die das sog. Key Visual der klassischen Werbung aufgreifen. *Radeberger* etwa verlost Karten für die *Dresdner Semperoper*.

Besonders starke Kaufimpulse lösen erfahrungsgemäß kostenlose oder vergünstigte **Produktzugaben** aus. Geringwertige „Dreingaben" sind dann am wirksamsten, wenn sie einen unmittelbaren Produktbezug aufweisen (z.b. Bierglas zum Kasten Bier). Mitunter handelt es sich bei Produktzugaben sogar um Self-Liquidating-Angebote, mit denen der Anbieter keinen Gewinn erzielt und die daher besonders preiswert sind. Wer dieses Instrument einsetzt, profitiert davon, dass viele Verbraucher nicht wissen, wie günstig der Handel Produkte einkauft, wenn er große Mengen bestellt. Daher sind sie bereit, bspw. für eine DVD einen Preis zu bezahlen, welcher die Kosten des Anbieters zumindest deckt.

Self-Liquidating-Angebot: Angebot eines Produkts zu einem Preis, der gerade die Einkaufskosten des Händlers deckt

Bei **Sampling-Aktionen** werden den Käufern kostenlose Probepackungen eines Produkts mitgegeben. Sie induzieren Erstkäufe und erzeugen eine starke Erinnerungswirkung. Der entscheidende Erfolgsfaktor hierbei ist, dass Produktprobe und Verpackung dem Originalprodukt bestmöglich entsprechen (z.b. Miniatur-Duschbad). Für Erzeugnisse, bei denen Geruch (z.b. Parfüm) bzw. Geschmack (z.b. Frischkäse) kaufentscheidende Merkmale sind, empfehlen sich durch Promotion-Personal unterstützte Dufttests bzw. Verkostungen. Komplexe bzw. erklärungsbedürftige Produkte, wie Laminat zum Selbstverlegen, kann das Handelsunternehmen (z.b. Baumarkt) den Kunden mit Hilfe von Produktvorführungen näher bringen.

Darüber hinaus kann ein Anbieter Konsumenten außerhalb von Einkaufsstätten unmittelbar, d.h. ohne Mitwirkung von Handelsunternehmen, ansprechen. Klassische Erscheinungsformen dieser **Verbraucher-Promotion** sind bspw. Sampling- und Gewinnspiel-Aktionen in Einkaufsstraßen. Möglich sind auch in Tages- bzw. Gratiszeitungen oder auf der Produktverpackung beworbene Treueaktionen: Im Austausch gegen eine gewisse Menge an eingesendeten Packungen oder Packungsteilen (z.b. EAN-Codes) erhält der Kunde einen Preisnachlass oder ein mehr oder minder wertvolles Geschenk. Beim v.a. in den USA beliebten **Couponing** verteilt ein Anbieter über verschiedene Medien Wertgutscheine (z.b. an bzw. in der Verpackung, am Regal, durch Zeitungen, im Internet oder über SMS). Diese Coupons lassen sich an der Kasse gegen einen bestimmten Anreiz einlösen. Dabei kann es sich um einen prozentualen oder absoluten Preisnachlass, eine Zugabe, eine größere Menge des Produktes (z.b. BOGOF = „buy one, get one

In-/On-Pack-Coupon: Wertgutschein, der in oder an der Verpackung angebracht ist

Clearing:
Abrechnung
von Coupons
(zumeist
werden dem
Handel
Preisreduk-
tion und
Handling er-
stattet)

free") oder ein anderes Erzeugnis desselben Herstellers handeln. Im Übrigen ermöglicht diese Form der Verkaufsförderung eine Preisdifferenzierung: Smart-Shopper und Schnäppchenjäger investieren Zeit (für Ausschneiden, Sammeln und Einlösen der Coupons etc.), um einen Preisvorteil zu erlangen, die qualitäts- und statusorientierten Käufer hingegen ignorieren derartige Aktionen und bezahlen somit den Originalpreis. Problematisch ist indessen die Durchführung von Couponing-Aktionen. Nur wenn es dem Anbieter gelingt, die Gutscheine kostengünstig einzulösen, indem er geeignete Clearing-Stellen damit beauftragt, stehen Aufwand und Ertrag in einem sinnvollen Verhältnis.

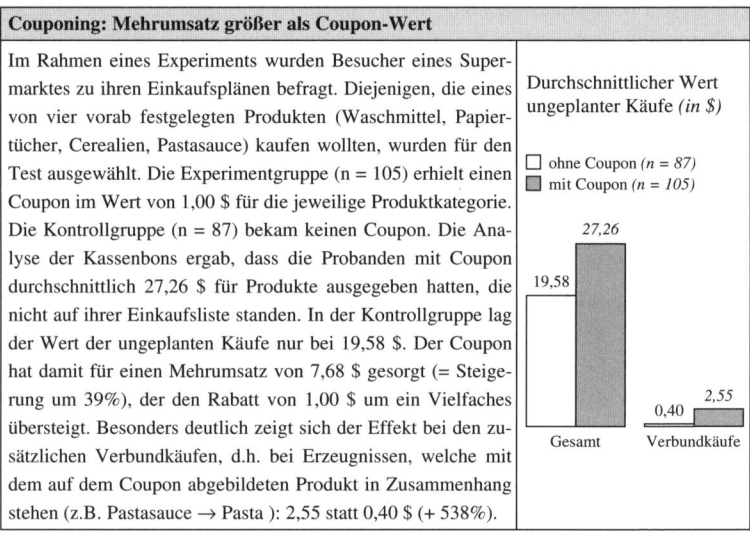

Couponing: Mehrumsatz größer als Coupon-Wert

Im Rahmen eines Experiments wurden Besucher eines Supermarktes zu ihren Einkaufsplänen befragt. Diejenigen, die eines von vier vorab festgelegten Produkten (Waschmittel, Papiertücher, Cerealien, Pastasauce) kaufen wollten, wurden für den Test ausgewählt. Die Experimentgruppe (n = 105) erhielt einen Coupon im Wert von 1,00 $ für die jeweilige Produktkategorie. Die Kontrollgruppe (n = 87) bekam keinen Coupon. Die Analyse der Kassenbons ergab, dass die Probanden mit Coupon durchschnittlich 27,26 $ für Produkte ausgegeben hatten, die nicht auf ihrer Einkaufsliste standen. In der Kontrollgruppe lag der Wert der ungeplanten Käufe nur bei 19,58 $. Der Coupon hat damit für einen Mehrumsatz von 7,68 $ gesorgt (= Steigerung um 39%), der den Rabatt von 1,00 $ um ein Vielfaches übersteigt. Besonders deutlich zeigt sich der Effekt bei den zusätzlichen Verbundkäufen, d.h. bei Erzeugnissen, welche mit dem auf dem Coupon abgebildeten Produkt in Zusammenhang stehen (z.B. Pastasauce → Pasta): 2,55 statt 0,40 $ (+ 538%).

Quelle: Heilman et al. (2002, S.248).

12.3 Direkt-Marketing: Wie Kunden ummittelbar erreicht werden können

Wesen und Zweck des Direkt-Marketing

**Kunden-
nähe:** Individuelle und
entgegen-
kommende
Art und
Weise der
Kundenbe-
treuung

Zum Direkt-Marketing zählen alle Maßnahmen, die es erlauben, Vertreter der Zielgruppe direkt oder indirekt anzusprechen, um mit ihnen zu kommunizieren oder in Interaktion zu treten. Auf diese Weise lassen sich neue Kunden gewinnen, vorhandene Kunden binden sowie insgesamt Kundennähe demonstrieren. Die einzelnen Instrumente des Direkt-Marketing sind teilweise kaum vom Vertrieb (z.B. Telefonverkauf) und anderen Kommunikationsformen (z.B. Kundenansprache bei einer Verkostungsaktion) abzugrenzen.

Direkte Ansprache

Um mit aktuellen bzw. potenziellen Kunden unmittelbar Kontakt aufzunehmen, versenden Anbieter Werbebriefe per Post, E-Mail oder SMS bzw. betreiben Telefonmarketing. Erfolg verspricht v.a. die **individualisierte Form**, d.h. ein adressiertes Schreiben oder die persönliche Ansprache am Telefon. Die anonyme Kontaktaufnahme hingegen löst bei vielen Verbrauchern Reaktanz aus: Sie fühlen sich belästigt und verweigern den Kontakt. Zudem scheitern Hauswurfsendungen häufig am „Bitte keine Werbung"-Schild, und anonyme E-Mails bleiben am Junk-Mail-Filter hängen. Besonders bedeutsam ist die direkte Ansprache naturgemäß für den Versandhandel, für Anbieter mit Direktvertrieb sowie für Branchen wie die Tabakindustrie, für die Werbeverbote oder Selbstbeschränkungen gelten. Mit Blick auf Produkte (z.B. *Whiskas*), welche die Zielgruppe (z.B. Katzenliebhaber) emotional ansprechen, lassen sich mit Hilfe von Direkt-Marketing Kundenclubs etablieren und pflegen.

Eine personalisierte Ansprache setzt ein funktionierendes **Database-Marketing** voraus. Hierbei werden Merkmale von aktuellen und potenziellen Kunden (z.B. Adresse, bevorzugte Produkte) systematisch erfasst, aufbereitet und ausgewertet. Auf Grundlage derartiger Kundendatenbanken kann die *Daimler AG* bspw. geeignete Adressaten eines Werbeschreibens für die neue *A-Klasse* auswählen (z.B. Personen, die einen vergleichbaren Wagen fahren) und denjenigen, die bereits den bisherigen Wagen auf Kredit gekauft haben, ein entsprechendes Finanzierungsangebot beilegen. Zudem können Unternehmen Kontaktdaten potenzieller Kunden von **Adresslieferanten** wie der *Schober Information Group* beziehen. Allerdings ist die sog. Kaltakquise, d.h. die Ansprache von Personen, zu denen keine Geschäftsbeziehung besteht (d.h. zumindest eine Kundenanfrage), nicht zulässig. Beachten sollten Werbetreibende darüber hinaus die vom Verbraucherschutz und Verbänden für Direkt-Marketing geführte Robinsonliste.

Robinson-Liste: Erfasst Personen, die keine unaufgeforderte, personalisierte Werbung erhalten wollen

---

Schober: Geschäft mit qualifizierten Adressen

Die *Schober Information Group* hat sich auf den Handel mit qualifizierten Adressdaten spezialisiert. Hierfür sendet das Unternehmen regelmäßig Fragebögen an deutsche Verbraucher, in denen nach Kaufgewohnheiten (z.B. Wie oft kaufen Sie bei *Aldi* ein?), Freizeitverhalten (z.B. Welchen sportlichen Aktivitäten gehen Sie nach?), Mediennutzung (z.B. Welche Fernsehprogramme werden in Ihrem Haushalt gesehen?) oder dem Interesse für bestimmte Dienstleistungen (z.B. Sind Sie an Flusskreuzfahrten interessiert?) gefragt wird. Auch Informationen wie Gewichtsprobleme, Einkommen oder Telefonnummer werden erhoben. Unternehmen können dann die Adressen sowie zugehörige personenbezogene Daten kaufen und potenzielle Interessenten für ihre Produkte direkt anschreiben.

Indirekte Ansprache

Ebenfalls dem Direkt-Marketing zuzurechnen ist die sog. **Direct Response-Werbung**. Dabei fordert der Werbetreibende indirekt, d.h. über in Medien platzierte Werbemittel, dazu auf, telefonisch, schriftlich oder in elektronischer Form mit ihm in Kontakt zu treten. Anders als herkömmliche Werbung muss Direct Response-Werbung ein deutlich erkennbares Response-Element enthalten: z.B. eine Werbeanzeige mit Feedback-Formular, ein Plakat mit hervorgehobener Telefonnummer bzw. Internetadresse oder eine Aufforderung, Informationsmaterial bzw. Produktproben anzufordern. Ziel dieser Maßnahmen ist es, Interessenten zu identifizieren, um sie in weiteren Schritten (z.B. Zusendung der Probe, persönlicher Anruf) als Kunden zu gewinnen.

12.4 Öffentlichkeitsarbeit: Wie ein Unternehmen Beziehungen zu Stakeholdern pflegt

Zweck der Öffentlichkeitsarbeit

Mit der auch als Public Relations bezeichneten Öffentlichkeitsarbeit verfolgen Unternehmen das Ziel, bei Teilöffentlichkeiten bzw. Anspruchs-

Goodwill: gruppen **Vertrauen** zu bilden und **Verständnis** zu gewinnen (bspw. Baby-
Positive nahrungsmittelhersteller → Kinderärzte → junge Eltern). Die auf diese
Einstellung Weise geschaffene wohlwollende Einstellung gegenüber dem Unterneh-
von An- men unterstützt den Einsatz anderer Marketing-Instrumente (z.B. Direkt-
spruchs-
gruppen Werbung, Preiserhöhung), erleichtert die Personal- und Kapitalbeschaf-
gegenüber fung und sorgt für Akzeptanz im öffentlichen Raum (bspw. bei politischen
dem Unter- Instanzen). Außerdem kann der so aufgebaute Goodwill in Krisenzeiten ei-
nehmen nen Vertrauensverlust verhindern bzw. zumindest dämpfen (z.B. *Brent-Spar*-Skandal bei *Shell*, Unfälle in Chemie-Unternehmen, Preispolitik der Energiebranche).

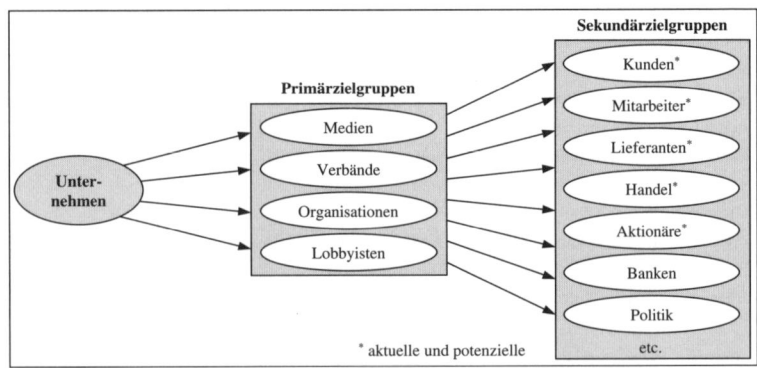

Abb. 3: Zielgruppen der Öffentlichkeitsarbeit

Zielgruppen

Zu den PR-Zielgruppen zählen in erster Linie **Meinungsführer und Multiplikatoren** wie Medienvertreter, Verbände, Lobbyisten und gesellschaftlich relevante Organisationen (z.b. Umweltorganisationen, Kirchen; vgl. Abb. 3). Mit kommunikativer Unterstützung dieser Primärzielgruppe lassen sich dann auch die für den Unternehmenserfolg maßgeblichen Sekundärzielgruppen erreichen: Absatzmarkt (Kunden, Handel), Beschaffungsmarkt (Lieferanten), Kapitalmarkt (Aktionäre, Banken), Arbeitsmarkt (Mitarbeiter), Politik (Behörden, Regierung) und Öffentlichkeit (Anwohner, Stammtische etc.).

Instrumente

Im Mittelpunkt der Öffentlichkeit steht im Regelfall die **Pressearbeit** in Form von Pressemitteilungen (per Telefax und online), Pressekonferenzen, Informationsmaterial (z.b. Öko- und Sozialbilanz) und Interviews. Dabei ist es nicht ratsam, rein reaktiv zu handeln, d.h. lediglich Anfragen der Presse zu beantworten, und somit ihr die Themenwahl zu überlassen. Notwendig ist eine proaktive Pressearbeit: das sog. Agenda Setting. Außerdem sollten Unternehmen einen **persönlichen Dialog** mit den für sie bedeutsamen Multiplikatoren pflegen. Seit der Kommunikationskrise um die angekündigte Versenkung der Ölplattform *BrentSpar* bspw. lädt der *Shell*-Konzern regelmäßig Vertreter von Umweltorganisationen wie *Greenpeace* zum kritischen Diskurs ein, um derartige Konfliktmöglichkeiten schon frühzeitig erkennen und vermeiden zu können. Zum Standardrepertoire der Öffentlichkeitsarbeit zählen weiterhin öffentlichkeitswirksame Veranstaltungen wie ein „Tag der offenen Tür" und Betriebsbesichtigungen, Vorträge von Unternehmensvertretern (z.b. an Universitäten) sowie das Ausloben von Preisen (z.b. Umweltpreis, Preis für junge Wissenschaftler).

Agenda Setting: Thematisieren von Sachverhalten, über die „man" spricht

Schließlich kann auch die **Mediawerbung** für die Ziele der Öffentlichkeitsarbeit eingesetzt werden. Möglich sind etwa Anzeigen, in denen sich das Unternehmen als Good Corporate Citizen darstellt, der einen wichtigen Beitrag zum Umweltschutz leistet und verantwortungsbewusster Arbeitgeber ist. In Krisensituationen (z.b. Streik, öffentliche Kritik) kann **Advocacy Advertising** helfen: Das Unternehmen bezieht mit Hilfe verschiedener Werbemittel Stellung zu öffentlich kontrovers diskutierten Sachverhalten. So versuchte die *Deutsche Bahn*, ihre Reaktion auf den langwierigen Streik der *GDL* in Anzeigen zu erklären bzw. zu rechtfertigen.

Good Corporate Citizen: Das Unternehmen als „guter Bürger", als verdienstvolles Mitglied der Gesellschaft

12.5 Sponsoring und Events: Wie man die Erlebnis- orientierung der Kunden nutzt

Sponsoring

Ein Sponsor stellt Personen oder Organisationen Geld, Sachmittel, Dienst- leistungen oder Know-how zur Verfügung, um kommunikative Ziele zu er- reichen. Im Gegensatz zum Spender oder Mäzen verlangt er also eine **Ge- genleistung** für seine Zuwendung: z.b. die Platzierung seines Logos im Umfeld des Begünstigten, die Erwähnung in der Pressearbeit oder gemein- same Werbung, in welcher der Gesponsorte z.b. das Produkt des Sponsors empfiehlt. Abhängig von der Art des Gesponserten unterscheidet man Sport-, Kultur-, Sozio-, Öko-, Schul- bzw. Hochschul- und Medien- bzw. Programm-Sponsoring (z.b. *Radeberger* präsentiert die Blockbuster auf *ProSieben*). Eine besondere Kategorie ist das Event-Sponsoring, bei dem der Sponsor einzelne Veranstaltungen (z.b. Konzerte, Stadtfeste) unter- stützt und die positive Stimmung der Besucher nutzt, um dort seine Marke oder Werbebotschaft zu präsentieren. Die Ausgaben deutscher Unterneh- men für Sponsoring sind in den letzten Jahren kontinuierlich gestiegen. Be- trugen sie im Jahr 2000 noch 2,5 Mrd. €, prognostizieren Experten für 2009 einen Anstieg auf 4,4 Mrd. €. Das meiste Geld wird in Sport-Sponsoring in- vestiert (vgl. Abb. 4).

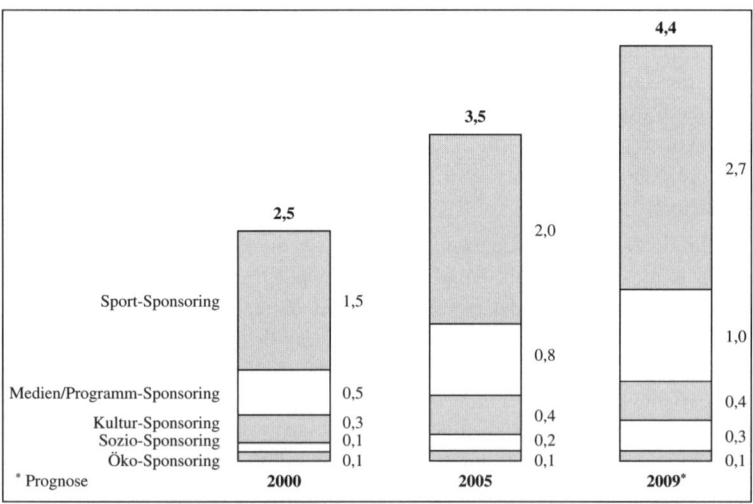

Abb. 4: Sponsoringausgaben deutscher Unternehmen (in Mrd. €)
Quelle: Sponsoring-Visions (2007).

Für Sponsoring spricht zum einen, dass Anbieter damit in einem äußerst günstigen Umfeld eine spezielle Zielgruppe erreichen können, etwa junge Sportbegeisterte im Stadion oder Kulturinteressierte in der Philharmonie.

Zum anderen ist ein **Imagetransfer** möglich: Ein langfristiges Engagement vorausgesetzt, kann es gelingen, die Merkmale (z.b. jung, dynamisch, fröhlich), welche die Zielgruppe mit dem Gesponserten assoziiert (z.b. Olympische Spiele), auf den Sponsor (z.b. *Coca-Cola)* zu übertragen. Ein Fußballclub kann einer Marke das Imagemerkmal „erfolgreich" verleihen; ein Comedian wirkt „humorvoll", ein Rockkonzert „modern" und eine Oper „gediegen". Daraus erwächst jedoch auch das Risiko, dass eine Krise des Gesponserten das Image des Sponsors beschädigt (z.b. Doping-Skandal beim Radteam *T-Mobile).*

Besseres Image durch Sportsponsoring

Um die Wirksamkeit von Sponsoring zu überprüfen, wurden Besucher der Spiele eines Football-Vereins zum Image des Hauptsponsors befragt. Dabei handelte es sich um einen Getränkeanbieter, der den Verein bereits seit drei Jahren unterstützte (Trikot-, Ticket-, Bandenwerbung, Stadiondurchsagen, Ausschank). Zusätzlich wurden vergleichbare Personen befragt, welche die Spiele nicht besucht hatten. In der Gruppe, die dem Sponsoring ausgesetzt war, wurde der Sponsor öfter als engagiert, erfolgreich und sportlich eingestuft als in der Gruppe „ohne Sponsoring". Auch in anderen Studien zeigte sich, dass diese Imagekriterien besonders gut durch Sponsoring von regionalen Sportvereinen beeinflussbar sind. Aber auch die kaufentscheidenden Merkmale „kompetent" und „zuverlässig" profitierten deutlich. Mit Hilfe von Sponsoring ist es also möglich, die Positionierung einer Marke vorteilhaft zu verändern.

Anteil der Personen, die dem Unternehmen die jeweiligen Eigenschaften zuschreiben *(in %)*

Quelle: Leuteritz et al. (2008, S.120ff.)

Event-Marketing

Um ihre Produkte und Werbebotschaften erlebnisorientiert präsentieren zu können, veranstalten Unternehmen zunehmend eigene Events. *Coca-Cola* etwa schickt seine Weihnachtsrucks Jahr für Jahr auf eine Roadshow, und viele Brauereien laden die Region jährlich zu einem Brauereifest ein. Weitere Beispiele für Event-Marketing sind Jubiläumsfeiern, Neueröffnungen und Produktpräsentationen. Diese Veranstaltungen sind dann erfolgreich, wenn es gelingt, nicht vordergründig das Produkt zu vermarkten, sondern z.b. mit Hilfe von Auftritten von Bands, Autogrammstunden von Prominenten und Unterhaltungsshows für Kinder eine **Erlebnisatmosphäre** zu schaffen, an die sich die Besucher bei der nächsten Kaufentscheidung – so die Hoffnung der Ausrichter – erinnern. Im Idealfall versetzt ein Event die Anwesenden in einen sog. **Flow-Zustand**: Man vergisst die Zeit und nimmt alle Informationen und Ereignisse (auch Werbebotschaften) sehr aufmerksam wahr.

Messen und Ausstellungen

Messen und Ausstellungen sind zeitlich begrenzte und räumlich festgelegte Veranstaltungen, auf denen Unternehmen sich und ihre Produkte potenziellen Käufern und Wiederverkäufern im Konkurrenzvergleich präsentieren können. Der Vorteil besteht v.a. darin, dass Messe- und Ausstellungsbesucher **involviert** und somit bereit sind, sich ausführlich über neue Angebote informieren zu lassen. In vielen Fällen handelt es sich dabei um Meinungsführer, die ihre Eindrücke und Erfahrungen an Kunden (im Falle einer Messe für Wiederverkäufer) bzw. an Freunde und Bekannte (im Falle einer Endverbraucher-Messe) weitergeben.

Ebenso wie in Einkaufsstätten ist auf Messen die **Platzierung** einer der wesentlichen Erfolgsfaktoren: Stark frequentiert und beachtet werden bspw. Kopf-, Eck- und Blockstände. Da auch Aussteller um die Aufmerksamkeit des Publikums konkurrieren, sollte der Stand zudem möglichst **aufmerksamkeitsstark** bzw. reizvoll gestaltet sein (z.b. Beleuchtung, große LCD-Bildschirme, stündliche Events, gutaussehende Präsenter).

12.6 Guerilla-Taktik: Wie sich Kunden und Konkurrenten überraschen lassen

Strategie der Nadelstiche

Kleinen und mittelständischen Unternehmen fällt es angesichts des Werbedrucks der „großen Marken" zumeist schwer, sich im traditionellen Kommunikationswettbewerb durchzusetzen. Daher suchen sie nach ungewöhnlichen Kommunikationsformen. Mitte der achtziger Jahre prägte *J.C. Levinson* hierfür den Begriff „Guerilla-Marketing". Analog zu Guerilla-Kämpfern sollten finanzschwächere Unternehmen die „Strategie der Nadelstiche" wählen, um gegen übermächtige „Feinde" bestehen zu können. **Überfallartige, ungewöhnliche Aktionen** sollen helfen, mit möglichst geringen Investitionen nachhaltige Werbewirkung zu erzielen, häufig auf Kosten von Konkurrenten und bisweilen am Rande der Legalität.

Erscheinungsformen

Prinzipiell lässt sich jede Art der Kommunikation für die Guerilla-Taktik nutzen: bspw. das einmalige und massive Verteilen von Flyern auf dem Campus einer Universität (Verkaufsförderung), ein auf das Schaufenster des Anbieters gerichtetes Fernglas in der Fußgängerzone (Event-Marketing) oder das Kleben von *PostIts* in Verkehrsmitteln, auf denen Werbebotschaften stehen (Außenwerbung).

Eine besonders aggressive Form des Guerilla-Marketing ist das **Ambush-Marketing**. Hierbei handelt es sich um „Werbung aus dem Hinterhalt"; denn der sog. Ambusher versucht, von einem Sponsoring-Engagement eines Wettbewerbers zu profitieren, indem er im Umfeld der Veranstaltung wirbt oder indirekt darauf Bezug nimmt. Die hierzu eingesetzten Praktiken reichen von Plakaten neben dem Stadion der gesponserten Mannschaft über das zeitgleiche Programm-Sponsoring einer ähnlichen Veranstaltung (z.b. Sportsendung während der Olympiade) oder das Sponsoring einer Unterkategorie des jeweiligen Events (z.b. an der Fußballweltmeisterschaft teilnehmende Mannschaft) bis zur Thematisierung des Ereignisses in der klassischen Werbung (z.b. Spot über Fußball). Bei der Fußballweltmeisterschaft 1998 trat *Bitburger* bspw. nicht als Haupt-Sponsor auf. Dennoch konnte die Biermarke durch gleichzeitiges Programm-Sponsoring den in Erinnerungswerten gemessenen Erfolg der meisten offiziellen Geldgeber übertreffen.

12.7 Neuere Tendenzen in Wissenschaft und Praxis

Interaktives Plakat: Auch Plakate sind als Dialogmedium einsetzbar. Im einfachen Fall bringt das werbende Unternehmen daran Klebezettel mit der Telefonnummer bzw. Internetadresse oder Halter mit Produktproben bzw. Informationsmaterial an. Neue Technologien (z.b. Bluetooth) ermöglichen es zudem, dass Passanten automatisch über SMS eine Werbebotschaft erhalten und sie einen Coupon oder Gratis-Klingelton abrufen können. Über integrierte Touchpads lassen sich durch Berührung auch akustische Signale (z.b. Werbung für eine neue CD) und Düfte (z.b. Werbung für Parfüm) freisetzen.

Corporate Blog: Der Begriff „Blog" setzt sich zusammen aus Web und Log (= Tagebuch). Diese Internettagebücher, die neben Texten auch Bilder oder Videos enthalten können, erfreuen sich wachsender Beliebtheit. Zunehmend erkennen auch Unternehmen, welches Potenzial dieses Kommunikationsinstrument bietet. Laut einer Studie der *Deutsche Bank Research* gibt es in Deutschland derzeit etwa 300 sog. Corporate Blogs, in den USA sind es bereits 5.000. Die Vorteile liegen auf der Hand: Das Unternehmen zeigt Transparenz und wirkt dadurch glaubwürdig und kundennah. Zudem lassen sich aus den Kommentaren von Mitarbeitern und Kunden Verbesserungsvorschläge und neue Produkt- und Serviceideen ableiten. Allerdings ist auch dieses Kommunikationsinstrument nicht unproblematisch. Denn die Einträge müssen fortwährend aktualisiert werden, und negative Kommentare erreichen auf diesem Weg schnell eine breite Öffentlichkeit, wenn das Unternehmen nicht unverzüglich und angemessen darauf reagiert.

Podcasting: Diese Wortschöpfung aus *iPod* und Broadcasting bezeichnet das Produzieren und Anbieten von Audio- und Videodateien (insb. über das Internet). Nutzer können sich diese Dateien individuell zu Radio- oder TV-Programmen zusammenstellen, über sog. Feeds (z.b. RSS-Reader) abonnieren und auf bspw. einem tragbaren mp3-Player abspielen. Wurde dieses Instrument bislang v.a. von Medienunternehmen genutzt, setzen es Anbieter von Markenartikeln zunehmend als Kommunikationsinstrument ein, um etwa Pressemitteilungen, Verkaufsförderungsaktionen, virale Kampagnen, Informationen an Clubmitglieder und herkömmliche Werbebotschaften zu verbreiten. Der besondere Vorteil liegt in den geringen Streuverlusten und der hohen Aufmerksamkeit der Zielgruppe; denn die Empfänger abonnieren den „Feed" freiwillig. Daraus leitet sich auch der wesentliche Erfolgsfaktor ab: Das Podcast-Angebot muss hinreichend attraktiv sein, d.h. für die Zielgruppe einen Zusatznutzen stiften (z.b. Insider-Informationen, exklusive Vorteile, Unterhaltungswert).

Überprüfen Sie Ihr Wissen

Wiederholende und weiterführende Fragen finden Sie in den Begleitmaterialien im Internet unter **www.erfolgsfaktoren-marketing.de**

Grundlegende Literatur

Bruhn, M.: Unternehmens- und Marketing-Kommunikation, München 2005.

Fuchs, W.; Unger, F.: Management der Marketing-Kommunikation, Berlin 2007.
Pepels, W.: Marketing-Kommunikation. Werbung – Marken – Medien, Rinteln 2005.

Weiterführende Literatur

Gedenk, K.: Verkaufsförderung, Vahlen 2002.
Heilman, C.M.; Nakamoto, K.; Rao, A.G.: Pleasant Surprises. Consumer Response to Unexpected In-Store Coupons, in: Journal of Marketing Research, Vol.39 (2002), No.2, pp.242-252.
Levinson, J.C.: Guerilla-Marketing. Offensives Werben und Verkaufen für kleinere Unternehmen, 5.Aufl., Frankfurt/Main 1990.
Leuteritz, A.; Wünschmann, S.; Schwarz, U.; Müller, S.: Erfolgsfaktoren des Sponsoring, Göttingen 2008.
Puttenat, D.: Praxishandbuch Presse- und Öffentlichkeitsarbeit, Wiesbaden 2007.
Wirtz, B.W: Integriertes Direktmarketing, Wiesbaden 2005.

Literaturverzeichnis

Aaker, D.A.: Brand Portfolio Strategy, New York 2004.

Aaker, J.L.: Dimensions of Brand Personality, in: Journal of Marketing Research, Vol.34 (1997), No.3, pp.347-356.

Ackermann, C.: Konzepte der Ladengestaltung, Lohmar 1997.

Ahlert, D.: Distributionspolitik, 4.Aufl., Stuttgart 2004.

Albers, S.; Herrmann, A.: Handbuch Produktmanagement, 2.Aufl., Wiesbaden 2006.

Allred, C.R.; Money, R.B.: Customer Satisfaction with the Performance of Multivendor, After-Sales Service Alliances, in: Mohr, J.; Fisher, R. (Eds.): Enhancing Knowledge Development in Marketing, Chicago 2007.

Backhaus, K.; Erichson, B.; Plinke, W., Weiber, R.: Multivariate Analyseverfahren, 11.Aufl., Berlin 2006.

Balderjahn, I.; Scholderer, J.: Konsumentenverhalten und Marketing, Stuttgart 2007.

Bänsch, A.. Verkaufspsychologie und Verkaufstechnik, 8.Aufl., München 2006.

Bauer, H.H.; Huber, F. (Hrsg.): Strategien und Trends im Handelsmanagement, München 2004.

Baumgarth, C.: Markenpolitik, 2.Aufl., Wiesbaden 2004.

Becker, J.: Marketing-Konzeption. Grundlagen des zielstrategischen und operativen Marketing-Managements, 8.Aufl., München 2006.

Berekoven, L.; Eckert, W.; Ellenrieder, P.: Marktforschung, 11.Aufl., Wiesbaden 2006.

Borden, N.: The Concept of the Marketing Mix, in: Journal of Advertising Research, Vol.4 (1964), No.2, pp.2-7.

Bosman, A.: Scents and Sensibility. When Do (In)Congruent Ambient Scents Influence Product Evaluations?, in: Journal of Marketing, Vol.7 (2006), No.2, pp.243-262.

Bruhn, M.: Handbuch Markenführung, 2.Aufl., Wiesbaden 2004.

Bruhn, M.: Unternehmens- und Marketing-Kommunikation, München 2005.

Bruhn, M.: Kommunikationspolitik, 4.Aufl., München 2007.

Bruhn, M.; Hadwich, K.: Produkt- und Servicemanagement, Wiesbaden 2006.

Buber, R.; Holzmüller, H. (Hrsg.): Qualitative Marktforschung. Theorie, Methode, Analyse, Wiesbaden 2007.

Chernatony, L. de; McDonald, M.H.B.: Creating Powerful Brands, Oxford 1992.

Cialdini, R.B.: Die Psychologie des Überzeugens, 5.Aufl., Bern 2007.

Constantinides, E.: The Marketing Mix Revisited. Towards the 21st Century Marketing, in: Journal of Marketing Management, Vol.22 (2006), No.3/4, pp.407-438.

Dehr, G.; Biermann, T.: Marketing Management, München 1998.

Diller, H.: Vahlens Großes Marketing Lexikon, 2.Aufl., München 2003.

Diller, H.: Preispolitik, 4.Aufl., Stuttgart 2006.

Diller, H.; Haas, A.; Ivens, B.: Verkauf und Kundenmanagement, Stuttgart 2005.

Domizlaff, H.: Die Gewinnung des öffentlichen Vertrauens, Hamburg 1982.

Eng, L.L.; Keh, H.T.: The Effects of Advertising and Brand Value on Future Operating and Market Performance, in: Journal of Advertising, Vol.36 (2007), No.4, pp.91-100.

Esch, F.-R.: Strategie und Technik der Markenführung, 4. Aufl., München 2008.

Frey, U.D. (Hrsg.): POS-Marketing, Wiesbaden 2001.

Fritz, W.; von der Oelsnitz, D.: Marketing, 4.Aufl., Stuttgart 2006.

Fruchter, G.E.; Rao, R.C.: Optimal Membership Fee and Usage Price over Time for a Network Service, in: Journal of Service Research, Vol.4 (2001), No.1, pp.3-14.

Fuchs, W.; Unger, F.: Management der Marketing-Kommunikation, 4.Aufl., Berlin 2007.

Gedenk, K.: Verkaufsförderung, München 2002.

Gedenk, K.; Sattler, H.: The Impact of Price Thresholds on Profit Contribution. Should Retailers Set 9-Ending Prices?, in: Journal of Retailing, Vol.55 (1999), No.1, pp.33-57.

Gelbrich, K.: Kundenwert, Göttingen 2001.

Gelbrich, K.; Wünschmann, S.; Leuteritz, A.: Beitrag des qualitativen Ansatzes zur Verbesserung quantitativer Zufriedenheitsmessung, in: Buber, R.; Holzmüller, H. (Hrsg.): Qualitative Marktforschung, Wiesbaden 2007, S.903-928.

Gerpott, T.J.: Strategisches Technologie- und Innovationsmanagement, 2.Aufl., Stuttgart 2005.

Greipl, E.; Müller, S. (Hrsg.): Zukunft der Innenstadt. Herausforderungen für ein erfolgreiches Stadtmarketing, Wiesbaden 2007.

Grönroos, C.: Quo Vadis, Marketing? Toward a Relationship Marketing Paradigm, in: Journal of Marketing Management, Vol.10 (1994), No.5, pp.347-360.

Havlena, W.; Cardarelli, R.; De Montigny, M.: Quantifying the Isolated and Synergistic Effects of Exposure Frequency for TV, Print, and Internet Advertising, in: Journal of Advertising Research, Vol.47 (2007), No.3, pp.215-221.

Heilman, C.M.; Nakamoto, K.; Rao, A.G.: Pleasant Surprises. Consumer Response to Unexpected In-Store Coupons, in: Journal of Marketing Research, Vol.39 (2002), No.2, pp.242-252.

Hemetsberger, A.; Godula, G.: Virtual Customer Integration in New Product Development in Industrial Markets, in: Journal of Business-to-Business Marketing, Vol.14 (2007), No.2, pp.1-37.

Henderson, S.B.: Are So-called Successful Advertising Campaigns Really Successful?, in: Journal of Advertising Research, Vol.40 (2000), No.6, pp.25-31.

Herrmann, A., Homburg, A.; Klarmann, M. (Hrsg.): Handbuch Marktforschung, 3.Aufl., Wiesbaden 2008.

Homburg, C.; Koschate, N.: Behavioral-Pricing-Forschung im Überblick, Teil 1/2, in: Zeitschrift für Betriebswirtschaft, 75.Jg. (2005), Nr.4/5, S.383-423/501-525.

Homburg, C.; Krohmer, H.: Grundlagen des Marketingmanagements, Wiesbaden 2006.

Hummel, S.; Männel, W.: Kostenrechnung, 4.Aufl., Wiesbaden 1995.

Kahnemann, D.; Tversky, A.: Prospect Theory. An Analysis of Decision under Risk, in: Econometrica, Vol.39 (1979), pp.341-350.

Keller, K.L.: Conceptualizing, Measuring, and Managing Customer-Based Brand Equity, in: Journal of Marketing, Vol.57 (1993), No.1, pp.1-22.

Kim, H.M.; Kramer, T.: "Pay 80%" versus "Get 20% off". The Effect of Novel Discount Presentation on Consumers' Deal Perceptions, in: Market Letters, Vol.17 (2006), No.4, pp.311-321.

Kleinschrodt, A.: Preispsychologie im Marketing, Berlin 2007.

Koppelmann, U.: Produktmarketing, 6.Aufl., Berlin 2000.

Kotler, P.; Armstrong, G.; Saunders, J.; Wong, V.: Grundlagen des Marketing, 4.Aufl., München 2006.

Kreutzer, R.T.: Praxisorientiertes Marketing. Grundlagen – Instrumente – Fallbeispiele, Wiesbaden 2006.

Kroeber-Riel, W.; Weinberg, G.: Konsumentenverhalten, 8.Aufl., München 2003.

Lachmann, J.: Pizza, Pasta – basta, in: stern.de vom 15.6.2007.

Laker, M.; Zinöcker, R.: Eine Preisschlacht gewonnen, den Preiskrieg verloren?, in: absatzwirtschaft, o.Jg. (2006), Nr.12, S.45-49.

Lamnek, S.: Qualitative Sozialforschung, Bd. 1: Methodologie, 3.Aufl., München 1995.

Lang, F.: Die Marketing-Konzeption, 3.Aufl., Düsseldorf 2002.

Leuteritz, A.; Wünschmann, S.; Schwarz, U.; Müller, S.: Erfolgsfaktoren des Sponsoring, Göttingen 2008.

Levinson, J.C.: Guerilla-Marketing. Offensives Werben und Verkaufen für kleinere Unternehmen, 5.Aufl., Frankfurt/Main 1990.

Lindenmeier, J.: Yield-Management und Kundenzufriedenheit, Wiesbaden 2005.

Magrath, A.: When Marketing Services, 4 P's Are Not Enough, in: Buiness Horizons, Vol.29 (1986), No.3, pp.44-50.

Mayer, H.; Illmann, T.: Markt- und Werbepsychologie, 3.Aufl., Stuttgart 1999.

Meffert, H.: Marketing. Grundlagen marktorientierter Unternehmensführung, 9.Auf., Wiesbaden 2000.

Meffert, H.; Burmann, C.; Koers, M.: Markenmanagement, 2.Aufl., Wiesbaden 2005.

Mellerowicz, K.: Markenartikel. Die ökonomischen Grenzen ihrer Preisbildung und Preisbindung, 2.Aufl., München 1963.

Mende, J.: Sein im noblen Schein, in: Bestseller, o.Jg. (2006), Nr.6, S.34-38.

Müller, S.: Grundlagen der Qualitativen Marktforschung, in: Herrmann, A.; Homburg, C. (Hrsg.): Marktforschung, Wiesbaden 1999, S.127-157

Müller, S.; Gelbrich, K.: Marktpsychologie, in: Handelsblatt (Hrsg.): Wirtschaftslexikon, Stuttgart 2006, S.3817-3835.

Müller-Hagedorn, L. (Hrsg.): Kundenbindung im Handel, 2.Aufl., Frankfurt/M. 2001.

Müller-Hagedorn, L.: Handelsmarketing, 4.Aufl., Stuttgart 2005 (3.Aufl.: 2002).

Müller-Hagedorn, L.; Zielke: Das Preissetzungsverhalten von Handelsbetrieben im Zuge der Währungsumstellung in Euro, in: Zeitschrift für betriebswirtschaftliche Forschung, 50.Jg. (1998), Nr.10, S.946-965.

Nagle, T.T.; Hogan, J.E.: Strategie und Taktik in der Preispolitik, München 2006.

Nieschlag, R.; Dichtl, E.; Hörschgen, H.: Marketing, 19.Aufl., Berlin 2002.

Olbrich, R.: Instrumente des Marketing. Distributionspolitik, Hagen 2006.

Pechtl, H.: Preispolitik, Stuttgart 2005.

Pepels, W.: Einführung in das Distributionsmanagement, 2.Aufl., München 2001.

Pepels, W.: Marketing-Kommunikation. Werbung – Marken – Medien, Rinteln 2005.

Porter, M.E.: Competitive Strategy. Techniques for Analyzing Industries and Competitors, New York 1980.

Puttenat, D.: Praxishandbuch Presse- und Öffentlichkeitsarbeit, Wiesbaden 2007.

Raab, G.; Unger, F.: Marktpsychologie, 2.Aufl., Wiesbaden 2005.

Rentsch, A.: McDonalds der Pasta-Fans, in: Sächsische Zeitung vom 10.8.2007, S.25.

Richins, M.L.: Measuring Emotions in the Consumption Experience, in: Journal of Consumer Research, Vol.24 (1997), No.3, pp.127-146.

Saldern, M. v.: Zum Verhältnis von qualitativen und quantitativen Methoden, in: König, E.; Zedler, P. (Hrsg.): Bilanz qualitativer Forschung. Grundlagen qualitativer Forschung, Bd. 1, Weinheim 1995, S.331-371.

Schweiger, G.; Schrattenecker , G.: Werbung. Eine Einführung, 6.Aufl., Stuttgart 2005.

Shadish, W.R.; Cook, T.D.; Campbell, D.T.: Experimental and Quasi-Experimental Designs for Generalized Causal Inference, Boston 2002.

Simon, H.: Preispolitik, Mainz 1994.

Solomon, M.; Bamossy, G.; Søren, A: Konsumentenverhalten. Der europäische Markt, München 2001.

Specht, G.; Fritz, W.: Distributionsmanagement, 4.Aufl., Stuttgart 2005.

Van Westendorp, P. H.: NSS Price Sensitivity Meter – A New Approach to the Study of Consumer Perception of Price, Proceedings of the 29th ESOMAR Congress Amsterdam 1976.

Weis, H.-C.: Verkaufsgesprächsführung, 4.Aufl., Ludwigshafen 2003.

Weis, H.-C.: Verkaufsmanagement, 6.Aufl., Ludwigshafen 2005.

Welker, M.; Werner, A.; Scholz, J.: Online-Research. Markt- und Sozialforschung mit dem Internet, Heideberg 2005.

Wernerfelt, B.: An Efficiency Criterion for Marketing Design, in: Journal of Marketing Research, Vol.31 (1994), No.4, pp.462-470.

Wirtz, B.W: Integriertes Direktmarketing, Wiesbaden 2005.

Wübker, G.: Professionelle Preisfindung, Göttingen 2004.

Wünschmann, S.: Beschwerdeverhalten und Kundenwert, Wiesbaden 2007.

Wünschmann, S.; Müller, S.: Markenvertrauen. Ein Erfolgsfaktor des Markenmanagements, in: Bauer, H.H.; Neumann, M.; Schüle, A. (Hrsg.): Konsumentenvertrauen, München 2006, S.221-234.

Zentes, J. (Hrsg.): Handbuch Handel, Wiesbaden 2006.

Zentes, J.: Logistische Distributionspolitik in Multi-Channel-Systemen, in: Wirtz, B.W. (Hrsg.): Handbuch Multi-Channel-Marketing, Wiesbaden 2007, S.451-472.

Zhang, M.; Tseng, M.M.: A Product and Process Modeling Based Approach to Study Cost Implications of Product Variety in Mass Customization, in: IEEE Transactions on Engineering Management, Vol.54 (2007), No.1, pp.130-144.

Sachregister

Above the Line-Kommunikation 164
Absatz 2
Absatzhelfer 134
Absatzmittler 136
Absatzweg 130
Abschlussangst 156
Adaptionsniveau-Theorie 117
Add-on 187
Adequacy Importance-Modell 41
Ad hoc-Forschung 59
Adoptionskurve 73
Adresslieferant 189
Advertorial 177
Advocacy Advertising 191
Agenda Setting 191
Agentur-Briefing 170
AIDA-Modell 178
Akquisitorische Distribution 130
Aktivierende Reize 173
All you can afford-Methode 168
Alternativtechnik 157
Ambient-Media 177
Ambush-Marketing 194
Ansoff-Matrix 23
Antworttendenzen 58
Arbitrage 110
Argumentationstechniken 155, 172
Assimilations-Kontrast-Theorie 118
Atomisierter Markt 67
Außendienst-Promotion 186
Außenwerbung 175
Ausstellung 194
Ausstrahlungseffekt 90
Austauschbeziehung 3

Battle of Attention 82
Bedarf 36
Bedürfnis 36
Bedürfnisprogression 82
Bedürfnispyramide 36
Beeinflussungsstrategien 171
Befragung 57
Behavioral Pricing 114
Behaviorismus 34
Below the Line-Kommunikation 184
Benchmarking 21
Beobachtung 55

Beschwerdemanagement 71
Betriebliches Vorschlagswesen 71
Betriebsblindheit 70
Beziehungsorientierung 9
Bezugsebene des Marketing-Konzepts 2
Bezugsgruppe 43
Bionik 71
Blickregistrierung 56
Blindtest 85
Blueprinting 62
BOGOF 123, 187
Brand Parity 82
Branding 88
Break Even-Analyse 72
Bückzone 154
Bumerang-Effekt 173
Bumerang-Methode 156
Business Improvement District 160
Buying Center 30

Catalogue Showroom 134
Category Captain 140
Category Management 139
Cause Marketing 46
City Light Poster (CLP) 176
City-Marketing 158
Co-Branding 93
Convenience 137
Convenience-Good 68
Convenience-Store 148
Copy-Strategie 168
Corporate Behavior 166
Corporate Blog 195
Corporate Communication 166
Corporate Design 166
Corporate Identity 166
Corporate Publishing 180
Cost-plus-Pricing 103
Couponing 187
Cross Media-Kommunikation 174
Crowding 154

Dachmarke 90
Database-Marketing 189
Dauerniedrigpreis 25, 98
Day After Recall 179
Deckungsbeitrag 103

Desk-Research 53
Dienstleistung 30, 68, 76
Dienstleistungs-Marketing 30
Differenzierung 29
Diffusionskurve 73
Direct Costing 103
Direct Response-Werbung 190
Direkter Vertrieb 131, 133
Direkt-Marketing 188
Discount Framing 122
Distributionsdichte 137
Distributionslogistik 142
Distributionsorientierung 6
Diversifikation 24
Door-in-the-Face 157
Dorfman-Steiner-Modell 168
Duale Kodierung 89

Eckartikel 115
E-Commerce 135
Economic Man 114
Effektivität 11
Efficient Consumer Response 140
Effizienz 11
Effizienzorientierung 11
Eigenmarke 151
Einstellung 41
Einstellungs-Verhaltensdiskrepanz 42
Einzelhandel 136
Einzelmarke 90
Elektronische Medien 175
Emotion 45, 94, 126
Entlastung 156
Entscheidungsgrundlage 50
Entwicklungslinien des Marketing 4
Equity-Theorie 122
Erfolgsfaktorenperspektive 12
Erfolgskontrolle 31
Erlebnisatmosphäre 193
Erlebnisorientierung 157
Erlebniswelt 157
Event-Marketing 193
Evoked Set 41
Exklusiver Vertrieb 137
Experiment 60
Ex post Facto-Experiment 61
Extensive Kaufentscheidung 39

Factory Outlet Center 133
Familienmarke 90
Feldexperiment 61
Figur-Grund-Kontrast 89
Flagship-Store 130
Floor Graphics 186

Floprate 66
Flow-Zustand 193
Follow-the-Free-Pricing 111
Foot-in-the-Door 157, 171
Franchising 141
Funktionszone 153

Gatekeeper 7, 138
Gattungsbegriff 89
Gebrochene Preise 120
Gewinnspiel 187
Goldene Regel 11
Gondelkopf-Platzierung 155
Good Corporate Citizen 158, 191
Goodwill 190
Greifzone 154
Grenzgänger-Phänomen 143
Großhandel 136
Guerilla-Marketing 194

Habituelle Kaufentscheidung 39
Handel 136
Handelsmacht 139
Handelsmarke 151
Handels-Marketing 7, 31
Handels-Promotion 186
Handelsspanne 131
Händlerwert 12
Hersteller-/Handelskonflikt 130, 138
High Involvement-Produkt 68
Hygienefaktor 159

Ideengewinnung 70
Ideen-Killing 72
Imagery-Forschung 173
Imagetransfer 193
Impulsive Kaufentscheidung 39
Indirekter Vertrieb 131
Industriegüter-Marketing 30
Information-Overload 82
Informationsgewinnung 49
Informationsverarbeitung 38
Infotainment 180
Ingredient Branding 83
Innovation 70
Innovationsbarriere 74
Innovationsprozess 70
Innovator 74
Inszenierung 147, 157
Intangible Ressourcen 11
Integrative Preisfindung 102
Integrierte Kommunikation 185
Integriertes Marketing 30
Intensiver Vertrieb 137

Interaktives Plakat 195
Intermedia-Selektion 174
Interne Vertriebsträger 133
Internes Marketing 9
Interviewereinfluss 57
Intramedia-Selektion 176
Intuition 16
Involvement 38

Ja-Sage-Tendenz 59

Kalkulatorischer Ausgleich 104
Kannibalisierungseffekt 77, 91
Kaufentscheidung 39, 41
Kaufentscheidungsprozess 35
Käufermarkt 4
Käuferverhalten 34
Kaufkraft 150
Key Account-Management 134, 139
Key Performance Indicator 35
Key Visual 173
Kindchenschema 173
Klassische Konditionierung 40
Kommunikationsbudget 168
Kommunikationspolitik i.e.S. 167
Kommunikationspolitik i.w.S. 166
Kommunikationsstrategie 167
Kommunikationswettbewerb 164
Konsumentenrente 109
Konsumgüter-Marketing 30
Kontaktpunktanalyse 62
Kontinuität 88
Konzepttest 72
Kostenführerschaft 28, 106
Kreativitätstechniken 70
Kultur 46, 126
Kundenbindung 45
Kundenclub 189
Kundenintegration 78
Kundenloyalität 10
Kundenorientierte Strategien 22
Kundenorientierung 7
Kunden-werben-Kunden-Aktion 177
Kundenwert 11
Kundenzufriedenheit 8, 45
Künstliche Veralterung 23

Laborexperiment 61
Laddering 38
Ladengestaltung 153
Ladenkonzepte 153
Lagerhaltung 142
Lead User 78
Lebenszyklus 37

Leitbild 171
Lernprozess 40
Limitierte Kaufentscheidung 39
Listung 139, 186
Lobby 74
Lockvogel-Angebot 104, 151
Logfile-Analyse 57
Long Tail 143
Low Involvement-Produkt 68
Low Level-Händler 146
Luxusmarke 84

Markenarchitektur 90
Markenartikel 83
Markenauftritt 86
Markendehnung 92
Markendreiklang 55
Markenemotionen 94
Markenentwicklung 92
Markenerweiterung 92
Markenidentität 86
Markenimage 87
Markenkombination 93
Markenlogo 89
Markenloyalität 94
Markenname 88
Markennutzen 84
Markenpersönlichkeit 94
Markenpolitik 87
Markenrestrukturierung 93
Markentrichter 55
Markenvertrauen 94
Markenverwechslung 82, 165
Markenwert 11, 94
Market Maven 115
Marketing 2
Marketing-Controlling 31
Marketing-Forschung 50
Marketing-Kontrolle 31
Marketing-Konzeption 17
Marketing-Mix 30
Marketing-Strategie 22
Marketing-Theorie 3
Marketing-Ziele 19
Market-Pull 70
Markierung 82
Markt- und Mediastudien 53
Marktanteils-Marktwachstums-Portfolio
    21 f.
Marktarealsstrategie 27
Marktdurchdringung 23
Markteinführung 73
Marktentwicklung 23
Marktfeldstrategie 23

Marktnische 26
Marktorientierte Unternehmens-
führung 2
Marktparzellierungsstrategie 26
Marktsättigung 76
Marktsegmentierung 26
Marktstimulierungsstrategie 24
Markttest 73
Marktveranstaltung 134
Marktwachstum 74
Mass Customization 79
Massenkommunikation 165
Massenmarktstrategie 26
M-Commerce 135
Means End-Kette 38
Mediaplanung 54, 174
Mediawerbung 174
Mehrmarkenstrategie 91
Meinungsführer 44, 191
Mental Accounting 125
Messen 194
Me-too-Werbung 165
Mischkalkulation 104
Mission 19
Mixed-Method-Ansatz 62
Mobile Advertising 179
Modell-Lernen 40
Modifikation 76
Moral 46, 156
Motivator 159
Multiattributiv-Modell 41
Multi Channel-Vertrieb 133
Multisensorische Produktpolitik 78
Mystery Shopping 56

Nachbarschaftsgeschäft 98
Nachkaufdissonanz 44
Nachkaufphase 35, 44
Nachkaufservice-Allianz 143
Near-Pack-Promotion 186
Netzeffekt 101
Neuro-Marketing 46
Nischenstrategie 29
Nutzen 67
Nutzenversprechen 8, 87

Odd Pricing 120
Öffentlichkeitsarbeit 190
One-Stop-Shopping 145, 149, 150
Operante Konditionierung 40
Out of Stock 140
Outpacing 29
Outsourcing 142

Panel 59
Paradigmen-Wechsel 3
Penetrationsstrategie 102
Per Unit-Methode 168
Percentage of Profit-Methode 168
Percentage of Sales-Methode 168
Physische Distribution 131
PIMS-Studie 66
Pitching 170
Podcasting 195
Polarisierung des Marktes 91
Portfolio-Analyse 21
Positionierung 86
Posttest 178
Präferenzstrategie 25
Prägnanz 88
Präsentation des Angebots 145
Preis-Absatz-Funktion 99
Preisauslobungseffekt 117
Preisbereitschaft 105
Preisbrechersymbol 117
Preisdifferenzierung 109
Preiselastizität der Nachfrage 100
Preis-Emotionen 126
Preisfairness 122
Preisfindung 97
Preisfolgerschaft 107
Preisführerschaft 106
Preisgünstigkeit 121
Preisimage 115
Preisinteresse 114
Preiskampf 108
Preiskorridor 105
Preis-Leistungs-Verhältnis 98, 121
Preis-Mengen-Strategie 25
Preisobergrenze 105
Preispolitische Wettbewerbsstrategie 125
Preispromotion 123
Preispsychologie 113
Preis-Qualitäts-Illusion 98
Preisschwelle 120
Preissuche 115
Preisüberbietung 107
Preis-Umsatz-Funktion 100
Preisunterbietung 108
Preisuntergrenze 102
Preisurteil 121
Preisvertrauen 122
Preiswahrnehmung 116
Preiswissen 123
Preiswürdigkeit 121
Preiszufriedenheit 122
Premiummarke 91

Premiumstrategie 25
Pressearbeit 191
Pretest 178
Pricing 102
Primacy-Effekt 120, 176
Primärforschung 55
Printmedien 175
Product Placement 177
Product Stewardship 70
Produkt 67
Produktdesign 74
Produktdifferenzierung 76
Produkteliminierung 78
Produktentwicklung 23, 70
Produktionsorientierung 6
Produktklinik 71
Produktlebenszyklus 69
Produktlinienerweiterung 92
Produktorientierung 6
Produktpflege 77
Produktpiraterie 66
Produktqualität 74
Produkttest 72
Produkttypologien 68
Produktvariation 77
Produktwettbewerb 164
Produktzugabe 187
Prohibitivpreis 100
Prospect-Theorie 119
Pseudoinnovation 70
Psychophysik 116
Public Private Partnership 158
Public Relations 190
Pull-Strategie 85, 139
Push-Strategie 139

Quadratwurzelgesetz 173
Qualitative Marketing-Forschung 52
Qualitätspatt 82
Quality Function Deployment (QFD) 72
Quantitative Marketing-Forschung 52
Quartiersmanagement 160
Quasi-Filiale 141
Quengelware 154

Rabattsplittungseffekt 119
Randomisierung 60
Range-Theorie 118
Reaktanz 155, 165
Reason Why 169
Recall 124, 179
Recency-Effekt 177
Reckzone 155
Recognition 124, 179

Referenzpreis 116
Regalgestaltung 154
Regaltest 56
Regret 44
Reichweite 176
Reihenfolge-Effekt 59
Relationship-Pricing 110
Relaunch 69, 77
Reminder-Technik 177
Repräsentativität 51
Retail-Branding 159
Reziprozität 155, 171
RFID 140, 159
Robinsonliste 189

Sales Promotion 185
Sample Lab 63
Sampling 187
Scarcity 138, 157, 171
Schlaraffenware 154
Schleichwerbung 177
Schnäppchenjäger 124
Schüttplatzierung 117, 155
Scoring-Verfahren 72
Sekundärforschung 53
Selbstverständnis des Marketing 2
Selektive Wahrnehmung 38, 164
Selektiver Vertrieb 137
Self Liquidating-Angebot 187
Self-Scanning 159
Service-Marketing 30
Share of Advertising 164
Share of Mind 179
Shelf Talker 186
Shop-in-the-Shop 151
Shopping-Center 149
Shopping-Good 68
Sichtzone 154
Signaling 28
Single Channel-Vertrieb 132
Skala 58
Skimmingstrategie 101
Slice-of-Life-Technik 173
Smart Shelves 159
Smart Shopper 82, 152
Social Proof 172
Sonderplatzierung 187
Sonderpreis 25, 98
Sondierung 157
S-O-R-Modell 34
Sortiment 132, 150
Sortimentsgestaltung 150
Soziale Erwünschtheit 59
Sozialer Einfluss 43

Speciality-Good 68
Spill-over-Effekt 90
Sponsoring 192
Stadtmarketing 158
Stakeholder 9
Standortagglomeration 149
Standortwahl 147
Starch-Test 179
Stichprobe 51
Stilamplitude 88
Stopper 155
Storetest 73
Storyboard 178
Stuck in the Middle-Problem 29
SWOT-Analyse 22
Szenario-Analyse 21

Tandem-Technik 177
Target Costing 103
Tausend-Kontakte-Preis 176
Technology-Push 70
Teilkostenkalkulation 103
Tendenz zur Mitte 58
Testimonial 171
Testmarkt 73
Testmarktsimulation 72
Timing 73
Tonalität 169
Tracking 179
Trade-Marketing 7
Trading down 26
Trading up 25, 91, 146
Transaktionsorientierung 9
Transport 142
Treatment 60
Trendanalyse 55

Übervorteilungsstrategie 25
Ubiquität 84, 132, 137
Umfeldorientierung 8
Umweltanalyse 20
Unique Advertising Proposition (UAP) 169
Unique Selling Proposition (USP) 169
Unternehmensanalyse 21
Unternehmenskultur 19, 166
Unternehmensphilosophie 19, 166

Validität 51
Value Added Service 76
Value-Pricing 111
Vampir-Effekt 173
Van Westendorp-Methode 105
Variantenmanagement 78

Variety Seeker 92
Variety Seeking 10
Verbraucher-Promotion 187
Verbundbeziehung 78
Verbundeffekt 151
Vergleichende Werbung 172
Verkäufermarkt 4
Verkaufsförderung 185
Verkaufsgespräch 155
Verkaufsniederlassung 133
Verkaufsorientierung 7
Verlustaversion 120
Verpackung 76
Versandhandel 137
Vertikales Marketing 139
Vertragshändler 141
Vertrauen 10, 94
Vertrieb 131
Verwendungszusammenhang 24
Vier Ps 30
Virales Marketing 177
Vision 19
Vollkostenkalkulation 103
Vorteilsstrategie 25
Vorwärtsintegration 141

Wechselbarrieren 10
Werbeanteils-Marktanteils-Methode 168
Werbebotschaft 167, 171
Werbedruck 164
Werbeeffizienz 165, 179
Werbekostenzuschuss 7, 139
Werbemittel 167
Werbeträger 167, 174
Werbewirkung 178
Wertschöpfungsprozess 2
Wettbewerbsorientierte Strategien 28
Wettbewerbsorientierung 8
Wettbewerbs-Paritäts-Methode 168
Wettbewerbsvorteil 28
Wheel of Retailing 146
Word-of-Mouth 177

Yield Management 110

Zapping 165
Zeigarnik-Effekt 174
Zielbeziehungen 20
Zielerreichungsgrad 31, 178
Zielgruppe 26
Zielgruppenstrategie 26
Zielhierarchie 20
Zweitplatzierung 187